冶金工业建设工程预算定额

（2012 年版）

第七册　总图运输工程

U0315284

北　京

冶 金 工 业 出 版 社

2013

图书在版编目（CIP）数据

冶金工业建设工程预算定额:2012年版.第七册,总图
运输工程/冶金工业建设工程定额总站编.—北京：冶金
工业出版社，2013.1

ISBN 978-7-5024-6118-8

Ⅰ.①冶…　Ⅱ.①冶…　Ⅲ.①冶金工业—运输工程—
预算定额—中国　Ⅳ.①TU723.3

中国版本图书馆 CIP 数据核字（2012）第 261811 号

出　版　人　谭学余
地　　　址　北京北河沿大街嵩祝院北巷 39 号，邮编 100009
电　　　话　(010)64027926　电子信箱　yjcbs@cnmip.com.cn
责任编辑　李培禄　于昕蕾　美术编辑　彭子赫　版式设计　孙跃红
责任校对　王贺兰　刘　倩　责任印制　牛晓波
ISBN 978-7-5024-6118-8
冶金工业出版社出版发行；各地新华书店经销；三河市双峰印刷装订有限公司印刷
2013 年 1 月第 1 版，2013 年 1 月第 1 次印刷
850mm×1168mm　1/32；14 印张；377 千字；430 页
80.00 元

冶金工业出版社投稿电话：**(010)64027932**　投稿信箱：**tougao@cnmip.com.cn**
冶金工业出版社发行部　电话：**(010)64044283**　传真：**(010)64027893**
冶金书店　地址：北京东四西大街 46 号（100010）　电话：**(010)65289081（兼传真）**
（本书如有印装质量问题，本社发行部负责退换）

冶金工业建设工程定额总站 文件

冶建定[2012]52 号

关于颁发《冶金工业建设工程预算定额》(2012 年版)的通知

为适应冶金工业建设工程的需要,规范冶金建筑安装工程造价计价行为,指导企业合理确定和有效控制工程造价,由总站组织冶金系统造价专业人员修编的《冶金工业建设工程预算定额》(2012 年版)已经完成。经审查,现予以颁发,自 2012 年 11 月 1 日起施行。原冶金工业建设工程定额总站颁发的《冶金工业建设工程预算定额》(2001 年版)(共十四册)同时停止执行。

本定额由冶金工业建设工程定额总站负责具体解释和日常管理。

冶金工业建设工程定额总站
二〇一二年九月十九日

综 合 组：张德清　林希玎　赵　波　陈　月　张连生　吴永钢　吴新刚　万　缨　乔锡凤　文　萃

孙旭东　陈国裕　郭绍君　付文东　郑　云　朱四宝　杨　明　徐战艰　张福山

主 编 单 位：本溪钢铁（集团）有限公司

本溪钢铁（集团）建设有限责任公司

副主编单位：中国一冶建设集团公司

参 编 单 位：中冶南方工程技术有限公司

协 编 单 位：鹏业软件股份有限公司

主　　　编：赵　波　丁志永

副 主 编：王洪宇　武　坚

参 编 人 员：马文义　王志强　卢汉宏　刘春芳　邵剑超　张　弛　蔡帆竣　陈　阳

编 辑 排 版：赖勇军

总　说　明

一、《冶金工业建设工程预算定额》(2012 年版)共分十四册,包括:

第一册《土建工程》(上、下册)

第二册《地基处理工程》

第三册《机械设备安装工程》(上、下册)

第四册《电气设备安装工程》

第五册《自动化控制仪表安装工程、消防及安全防范设备安装工程》

第六册《金属结构件制作与安装工程》

第七册《总图运输工程》

第八册《刷油、防腐、保温工程》

第九册《冶金炉窑砌筑工程》

第十册《工艺管道安装工程》

第十一册《给排水、采暖、通风、除尘管道安装工程》

第十二册《冶金施工机械台班费用定额》

第十三册《材料预算价格》

第十四册《冶金工厂建设建筑安装工程费用定额》

二、《冶金工业建设工程预算定额》(2012年版)(以下简称本定额)是完成规定计量单位分项工程计价所需的人工、材料、施工机械台班的指导性消耗量标准;是统一冶金建筑安装工程预算工程量计算规则、项目划分、计量单位的依据;是编制冶金建筑安装工程施工图预算、招标控制价、确定工程造价的依据;是编制概算定额(指标)、投资估算指标的基础;也可作为制定企业定额和投标报价的基础;其中建筑安装工程的工程量计算规则、项目划分、计量单位、工作内容等也可作为实行工程量清单计价、编制冶金建筑安装工程量清单的基础依据。

三、本定额适用于冶金工厂的生产车间和与之配套的辅助车间、附属生产车间的新建、扩建工程(包括技术改造工程)。

四、本定额是依据国家及冶金行业现行有关产品标准、设计规范、施工及验收规范、技术操作规程、质量评定标准和安全操作规程编制的,同时也参考了有代表性的工程设计、施工资料和其他资料。

五、本定额是按目前冶金施工企业普遍采用的施工方法、机械化装备程度、合理的工期、施工工艺和劳动组织条件,同时也参考了目前冶金建筑市场招投标工程的中标价格行情进行编制的,基本上反映了冶金建筑市场目前的投标价格水平。

六、本定额基价为2012年基期市场价格的水平,是建筑安装工程费用定额进行取费的基础。为维护冶金建筑市场正常秩序和参建各方的合法权益,本基价应根据冶金建筑安装工程市场要素(人工、材料、机械)价格的变化情况,进行动态管理。冶金行业各单位的工程造价管理部门,可根据社会发展和施工技术水平的进步,依据典型工程的测算,适时发布不同类型(别)工程的调整系数,对其进行调整,使之与冶金建筑市场的招投标价格行情基本上相适应。

七、本定额是按下列正常的施工条件进行编制的：

1. 设备、材料、成品、半成品、构件完整无损，符合质量标准和设计要求，附有合格证书、实验记录和技术说明书。

2. 安装工程和土建工程之间的交叉作业正常。如施工与生产同时进行时，其降效增加费按人工费的10%计取。

3. 正常的气候、地理条件和施工环境。如在特殊的自然地理条件下进行施工的工程，如高原、高寒、沙漠、沼泽地区以及洞库、水下工程，其增加费用应按省、自治区、直辖市的有关规定执行；如省、自治区、直辖市无规定时，可按有关部门的规定执行。

4. 如在有害身体健康的环境中施工时，其降效增加费按人工费的10%计取。

5. 水、电供应均满足建筑安装工程施工正常使用。

6. 安装地点、建筑物、设备基础、预留孔洞等均符合安装要求。

八、人工工日消耗量的确定：

1. 本定额的人工工日以综合工日表示，包括基本用工和其他用工。

2. 基价中的定额综合工日单价采用2011年市场调查综合取定。其中：建筑工程75元/工日，安装工程80元/工日，包括基本工资、辅助工资和工资性津贴等。

九、材料消耗量的确定：

1. 本定额中的材料消耗量包括直接消耗在建筑安装工作内容中的主要材料、辅助材料和零星材料等，并计入了相应损耗。其内容和范围包括：从工地仓库、现场集中堆放地点或现场加工地点到操作或安装地点的运输损耗、施工操作损耗、施工现场堆放损耗。

2. 凡定额中未注明单价的材料均为主材，本定额基价中不包括其价格，应按"（ ）"内所列的用量，向材料供应商询价、招标采购或按经建设单位批准认可的工程所在地的市场价格进行采购，计算工程招投标书中的材料价格。

3. 本定额基价的材料单价是采用《冶金工业建设工程预算定额》（2012年版）第十三册《材料预算价格》取定的，不足部分予以补充。

4. 用量少、对定额基价影响很小的零星材料合并为其他材料费，按占定额基价中材料费的百分比计算，以"元"表示，其费用已计入材料费内。具体占材料费的百分数，详见各册说明。

5. 施工措施性消耗部分，周转性材料按不同施工方法、不同材质分别列出一次使用量和一次摊销量。

6. 主要材料损耗率见各册附录。

十、施工机械台班消耗量的确定：

1. 本定额的机械台班消耗量是按正常合理的机械配备和冶金施工企业的机械化装备程度综合取定的。

2. 凡单位价值在2000元以内、使用年限在两年以内的不构成固定资产的工具、用具等未进入定额，已在建筑安装工程费用定额中考虑。

3. 本定额基价中的施工机械使用费是采用《冶金工业建设工程预算定额》(2012 年版)第十二册《冶金施工机械台班费用定额》中的台班单价计算的。其中允许在公路上行走的机械,需要交纳车船使用税的机型,机械台班使用费单价中已包括车船使用税、保险费、年检费等其他费用。

4. 零星小型机械对定额影响不大的,合并为其他机械费,按占机械使用费的百分比计算,以"元"表示,其费用已计入机械使用费内。具体占机械费的百分数,详见各册说明。

十一、施工仪器仪表台班消耗量的确定:

1. 本定额的施工仪器仪表消耗量是按冶金施工企业的现场校验仪器仪表配备情况综合取定的,实际与定额不符时,除各章另有说明外,均不作调整。

2. 凡单位价值在 2000 元以内、使用年限在两年以内的不构成固定资产的施工仪器仪表等未进入定额,已在建筑安装工程费用定额中考虑。

3. 施工仪器仪表台班单价,是按 2000 年建设部颁发的《全国统一安装工程施工仪器仪表台班费用定额》计算的。

十二、关于水平和垂直运输:

1. 设备:包括自安装现场指定堆放地点运至安装地点的水平和垂直运输。

2. 材料、成品、半成品:包括自施工单位现场仓库或现场指定堆放地点运至建筑安装地点的水平和垂直运输。

3. 垂直运输基准面:室内以室内地平面为基准面,室外以安装现场地平面为基准面。

十三、本定额适用于海拔高程 2000m 以下、地震烈度七度以下的地区，超过上述情况时，可结合具体情况，由建设单位与施工单位在合同中约定。

十四、本定额中注有"XXX 以内"或"XXX 以下"者均包括 XXX 本身，"XXX 以外"或"XXX 以上"者均不包括 XXX 本身。

十五、本说明未尽事宜，详见各册和各章、节的说明。

目　录

第四章　桥涵工程

第五章　道路排水工程

册　说　明

一、《冶金工业建设工程预算定额》(2012 年版)第七册《总图运输工程》,是在 2001 年冶金工业部颁发的《冶金工业总图运输工程》的基础上,依据国家有关法律法规及政策规定,编制完成的规定计量单位分项工程计价所需的人工、材料、施工机械台班的指导性消耗量标准;是统一冶金建筑安装工程预算工程量计算规则、项目划分、计量单位的依据;是编制冶金建筑安装工程施工图预算、招投标控制价、确定工程造价的依据;是编制概算定额(指标)、投资估算指标的基础;是作为制定企业定额和投资报价的基础;也是建筑安装工程的工程量计算规则、项目划分、计量单位、工作内容等作为实行工程量清单计价、冶金建筑安装工程量清单的指导性依据基础。

二、本册定额适用于冶金工厂的生产车间和与之配套的辅助车间、附属生产设施的新建、扩建、技术改造工程建设项目。

三、本册定额是依据国家及冶金行业有关的产品标准、设计规范、施工及验收规范、技术操作规程、质量评定标准和安全技术操作规程编制的,同时也参考了具有代表性的工程设计、施工和其他资料。

四、本册定额是按目前冶金工业施工企业采取的施工方法,施工机械装备水平、合理的工期、施工工艺和劳动组织条件,同时也参考了目前冶金企业建设市场价格情况经分析进行编制的,基本上反映了冶金企业建设市场的价格水平。除各章节另有具体说明外,均不作调整或换算。

五、本册定额是按下列正常的施工条件进行编制的:

1. 设备、材料、成品、半成品、构件完整无损,符合质量标准和设计要求,附有合格证书、试验记录和技术说明书。

2.安装工程和土建工程之间的交叉作业正常。如施工与生产同时进行,其降效增加费按人工费的10%计取。

3.正常的气候、地理条件和施工环境,如在特殊的自然地理条件下进行施工的工程,如高原、高寒、沙漠沼泽地区以及洞库、水下工程,其增加的费用,应按省、自治区、直辖市有关规定执行;如省、自治区、直辖市无规定时,可按有关部门的规定执行。如在有害身体健康环境中施工,其降效增加费用按人工费的10%计取。

六、人工工日消耗量的确定:

1.本册定额的人工包括基本用工和其他用工,不分工种和技术等级,一律以综合工日表示。

2.本册定额的综合工日单价包括基本工资、工资性津贴、辅助工资、劳动保护费等。综合工日单价取定为75元/工日。

七、材料消耗量的确定:

1.本册定额的材料单价是采用《冶金工业建设工程预算定额》(2012年版)第十三册《材料预算价格》取定,不足部分补充。

2.用量很少,对定额影响很小的零星材料合并为其他材料费,以"元"表示加入基价。

八、施工机械台班消耗量的确定:

1.本册定额中的施工机械台班是按正常合理的机械配备和冶金施工企业的机械化程度综合取定的,实际与定额不一致时,除各章另有说明外,均不作调整。

2.施工机械台班单价是按《冶金工业建设工程预算定额》(2012年版)第十二册《冶金施工机械台班费用定额》取定。

3.零星小型机械对基价影响不大的,合并为其他机械费,按其占机械费的百分比计算,以"元"表示加入基价中的机械费。

九、本册定额中未包括的施工排水和工作面排水,具体计算办法按各省、自治区、直辖市规定进行。

十、本册定额中混凝土、砂浆标号(包括骨料颗粒)与设计规定不同时,允许换算。

十一、本册定额现浇混凝土是按现场拌制考虑的,如使用商品混凝土时,按当地规定的商品混凝土计价办法计算。如采用蒸汽养护时蒸汽养护费另计。

十二、本册混凝土预制构件、混凝土半成品的运输,其运输费的计算规则和办法,按本定额第一册《土建工程》执行。

十三、本说明未尽事宜详见各章节说明。

第一章　土石方工程

说　　明

一、土壤、岩石分类,详见土壤及岩石分类附表。

二、本章中的土石方体积均按天然的密实体积(自然方)计算。

三、定额内未包括挖方和填方区的障碍物清理以及铲草皮、挖淤泥等内容,发生时应另行计算。

四、定额内未包括地下水位以下施工排水费用。发生时其人工、机械等按实计算。

五、定额内的爆破材料是按炮孔中无地下渗水、积水(雨水积水除外)计算的。炮孔中若出现地下渗水、积水时,其隔水所需材料是按炸药费用的5%计算。定额内未计算爆破时需覆盖的安全网、草袋、架设安全屏障等,发生时,人工、材料等费用另行计算。

六、定额内未包括工作面以外运输路面维修及养护和城区内的环保清洁费,发生时,应另行计算。

七、人工土石方

1. 人工挖土方,均以天然温度的干土为准编制的,挖湿土时,则按相应的定额项目乘以系数1.18。

2. 干、湿土的划分,应根据地质勘查资料规定的地下水位为准划分,常水位以上为干土,以下为湿土。干、湿土处于同一开挖地时应分别计算,但使用定额时按挖土全深计算。

3. 在支有挡土板情况下挖土时,按相应定额乘以系数1.1。

4. 定额中挖土深度编制为4m以内;人工运土为200m以内;双轮车运土为1000m以内。如果人工运土运距超过200m,应按双轮车运土定额计算。双轮车运距超过1000m以上和挖土深度超过4m时,由各地编制补充定额。

5. 浅孔爆破是指在需进行平整的断面面积上50cm厚的这一部分岩石表面平整,在总的石方工程量中,这 50cm 厚岩石按表面平整计算,其余按爆破岩石计算。

八、机械土石方

1. 推土机或铲运机在挖方区土层平均厚度小于 30cm 施工时,铲运机乘以系数 1.17;推土机乘以系数 1.25。

2. 填土碾压定额按羊足碾 12 遍、二轮压路机 12 遍、三轮压路机 8 遍计算,并已计算了洒水所需的人工和机械,设计要求不同时,不予换算。原土碾压按碾压两遍计算的,设计要求不同时,可按比例换算。

3. 土壤中砾石比例大于 30%,多年沉积的砂砾,以及泥砾层石质时,执行机械明挖出碴定额。

4. 如用抓铲挖土施工时,按反、拉铲定额执行,但机械台班乘以系数 1.35,其他不变(如只用抓铲挖土,则按反铲定额执行。拉铲机械和推土机乘以系数 1.35,其他不变)。

5. 挖掘机在垫板上进行工作时,人工、机械乘以系数 1.25,铺设垫板用材料、人工、辅助机械等费用,按实计算。

6. 铲运机铲运堆积土、砂时,一律按三类土计算;推土机推未经压实的堆积土时,按推一、二类土乘以系数 0.87。

7. 机械挖土均以天然湿度土壤为准,若含水量达到或超过 25% 时,人工、机械乘以系数 1.15。

8. 机械土方施工时,机械上下行驶的坡道,应按施工组织设计规定修筑,其土方工程量合并在单项土方工程量内同样计价结算。

9. 本定额已综合了不同的开挖阶段高度、坡面开挖、找平因素。如设计规定爆破有粒径要求时,需增加的人工、材料和机械费用,应按实际发生计算。

10. 石方沟槽和基坑开挖,按图示尺寸加允许超挖量以立方米(m³)计算;允许超挖量等于被开挖的坡度面积乘以允许超挖厚度,允许超挖厚度:次坚岩为 20cm,坚岩为 15cm。

11. 石方爆破根据现场情况,必须采用集中供风时,增加的风量损失不得另行计算,但增加的临时管路的材料安装拆卸费应另行计算。

九、大型机械进退场及组装费另行计算。

十、机械土石方所使用的机械规格，除定项注明者外，均已按不同机械规格综合取定，在执行中无论使用何种机械，不得另行换算。

十一、平均挖差在30cm以内的按平整场地计算，超过上述范围的按挖土方计算。

十二、机械挖土石方，单位工程小于2000m³时，按定额基价乘以系数1.1。

十三、推土机推土、推石渣，铲运机铲运土重车上坡，坡度大于5%时，运距按斜坡长度乘以下列系数计算。

坡度系数表

坡度(%)	5～10	15 以内	20 以内	25 以内
系数	1.75	2.0	2.25	2.50

十四、修整路拱、边坡、路基面、挖路槽、过沟、天沟及培路肩均适用于厂区铁路和公路路基土方工程。但修整路拱的中线挖填土深度超过15cm者，土方量另计并使用土方工程定额。

十五、路床(槽)整形项目的内容，包括平均厚度10cm以内的人工挖高填低平整路床，使之形成设计要求的纵横坡度，并经重型压路机碾压密实。

十六、铺草皮、栽草、播草籽定额除草籽外均未包括草皮、草的数量，如需浇水，其用水量及浇水工应另计。

十七、挡土墙定额亦适用于护墙。其中挡土墙是按无筋编制，如设计有筋，可按"钢筋制作及绑扎"定额另行计算。

十八、定额中的圬工用砂量，已将配合比中含水率为零的干砂，按其体积膨胀系数换算成自然湿度砂。

工程量计算规则

一、挖土以立方米(m^3)为计量单位。

二、平整场地是指厚度在±30cm以内的挖、填找平,其工程量按总图用地范围线以内的面积计算。

三、机械土方中包括了机械挖不到的人工挖土,不另列项目计算。

四、当无地下水,在天然湿度的土中挖土时,普通土在1m以内,坚土和砂砾坚土在1.5m深以内,均不放坡和不支挡土板。深度在5m以内需要放坡时,又无规定者,普通土按1:0.5;坚土按1:0.33;砂砾坚土按1:0.25。

五、支挡土板以垂直的支撑面积计算,双面支撑亦按单面垂直面积计算套用双面支挡土板定额,不论连续或断续均执行本定额。凡放坡部分不得再计算挡土板工程量,支挡土板部分不得计算放坡工程量。

六、计算支挡木板的挖土工程量时,按挖方区图示底宽尺寸每边各加10cm计算。

七、回填土按夯填和松填分别以立方米(m^3)计算。

八、在编制土、石方运输预算时,如施工组织设计规定有运距,按该运距考虑。如无规定者,按50m考虑,超过50m时,按实结算。

九、石方一般开挖,按图示尺寸以立方米(m^3)计算。

十、场地原土碾压按图示尺寸碾压面积以平方米(m^2)计算;填土碾压按图示尺寸计算,体积乘以系数1.1。

十一、运距应根据施工组织设计规定计算,如无施工组织设计者,按下列方法计算。

1. 推土机运距:按挖方区重心至填方区重心的直线距离计算。

2. 铲运机运距:按铲土区重心至卸土区重心加转向距离计算。

3. 自卸汽车运土:挖方区重心至填方区重心之间,按一次循环行驶距离的平均值计算。

十二、人工、机械挖槽、基坑需要放坡时,应按施工组织设计的规定,如果无规定需要放坡,可按下表计算。

土壤分类	放坡起点（m）	人工挖土	机械挖土	
			在坑内作业	在坑上作业
Ⅰ、Ⅱ类土（松土）	1.20	1:0.50	1:0.33	1:0.75
Ⅲ类土（普通土）	1.50	1:0.33	1:0.25	1:0.69
Ⅳ类土（硬土）	2.00	1:0.25	1:0.10	1:0.33

十三、修整路拱按图示尺寸的路拱底面宽度与路拱延伸长度计算的面积（m²）为工程量单位。

十四、修整边坡及路基面均按图示尺寸的表面积(m²)计算。

十五、挖路槽以路槽上口宽计算的面积(m²)为工程量单位。

十六、培路肩以路肩的图示尺寸表面积(m²)为工程量单位。

十七、挖水沟以体积(m³)为工程量单位。

十八、路床(槽)整形按下口宽计算的面积(m²)为工程量单位。

土壤及岩石(普氏)分类表

定额分类	普氏分类	土壤及岩石名称	天然湿度下平均容重(kg/m³)	极限压碎强度(kg/cm²)	用轻钻孔机钻进1m耗时(min)	开挖方法及工具	紧固系数(f)
一、二类土壤	I	砂	1500			用尖锹开挖	0.5~0.6
		砂壤土	1600				
		腐殖土	1200				
		泥炭	600				
	II	轻壤土和黄土类土	1600			用锹开挖并少数用镐开挖	0.6~0.8
		潮湿而松散的黄土,软的盐渍土和碱土	1600				
		平均15mm以内的松散而软的砾石	1700				
		含有草根的密实腐殖土	1400				
		含有直径在30mm以内根类的泥炭和腐殖土	1100				
		掺有卵石、碎石和石屑的砂和腐殖土	1650				
		含有卵石或碎石杂质的胶结成块的填土	1750				
		含有卵石、碎石和建筑料杂质的砂壤土	1900				
三类土壤	III	肥黏土其中包括石炭纪,侏罗纪的黏土和冰黏土	1800			用尖锹并同时用镐开挖(30%)	0.81~1.0
		重壤土、粗砾石、粒径为15~40mm的碎石和卵石	1750				
		干黄土和掺有碎石或卵石的自然含水量黄土	1790				
		含有直径大于30mm根类的腐殖土或泥炭	1400				
		掺有碎石或卵石和建筑碎料的土壤	1900				
四类土壤	IV	土含碎石重黏土,其中包括侏罗纪和石炭纪的硬黏土	1950			用尖锹并同时用镐和撬棍开挖(30%)	1.0~1.5
		含有碎石、卵石、建筑碎料和重达25kg的顽石(总体积10%以内)等杂质的肥黏土和重壤土	1950				

定额分类	普氏分类	土壤及岩石名称	天然湿度下平均容重（kg/m³）	极限压碎强度（kg/cm²）	用轻钻孔机钻进1m耗时（min）	开挖方法及工具	紧固系数（f）
四类土壤	Ⅳ	冰碛黏土，含有质量在50kg以内的巨砾，其含量为总体积10%以内	2000			用尖锹并同时用镐和撬棍开挖（30%）	1.0~1.5
		泥板岩	2000				
		不含或含有质量达10kg的顽石	1950				
松石	Ⅴ	含有质量在50kg内的巨砾(占体积10%以上)的冰碛石	2100	小于200	小于3.5	部分用手凿工具，部分用爆破来开挖	1.5~2.0
		硅藻岩和软白垩岩	1800				
		胶结力弱的砾岩	1900				
		各种不坚实的片岩	2600				
		石膏	2200				
次坚石	Ⅵ	凝灰岩和浮石	1100	200~400	3.5	用风镐的爆破法来开挖	2~4
		松软多孔和裂隙严重的石灰岩和介质石灰岩	1200				
		中等硬变的片岩	2700				
		中等硬变的泥灰岩	2300				
	Ⅶ	石灰石胶结的带有卵石和沉积岩的砾石	2200	400~600	6.0	用爆破方法开挖	4~6
		风化的和有大裂缝的黏土质砂岩	2000				
		坚实的泥板岩	2800				
		坚实泥灰岩	2500				
	Ⅷ	砾质花岗岩	2300	600~800	8.5	用爆破方法开挖	6~8
		泥灰质石灰岩	2300				
		黏土质砂岩	2200				

定额分类	普氏分类	土壤及岩石名称	天然湿度下平均容重（kg/m³）	极限压碎强度（kg/cm²）	用轻钻孔机钻进1m耗时(min)	开挖方法及工具	紧固系数（f）
次坚石	Ⅷ	砂质云片岩	2300	600～800	8.5	用爆破方法开挖	6～8
		硬石膏	2900				
普坚石	Ⅸ	严重风化的软弱的花岗岩、片麻岩和正长岩	2500	800～1000	11.5	用爆破方法开挖	8～10
		滑石化的蛇纹岩	2400				
		致密的石灰岩	2500				
		含有卵石、沉积岩的硅质胶结的砾岩	2500				
		砂岩	2500				
		砂质石灰质片岩	2500				
		菱镁矿	3000				
	Ⅹ	白云石	2700	1000～1200	15.0	用爆破方法开挖	10～12
		坚固的石灰岩	2700				
		大理岩	2700				
		石灰岩质胶结的致密砾石	2600				
		坚固砂质片岩	2600				
特坚石	Ⅺ	粗花岗岩	2800	1200～1400	18.5	用爆破方法开挖	12～14
		非常坚硬的白云岩	2900				
		蛇纹岩	2600				
		石灰质胶结的含有火成岩之卵石的砾石	2800				
		石英胶结的坚固砂岩	2700				
		粗粒正长岩	2700				

续前

定额分类	普氏分类	土壤及岩石名称	天然湿度下平均容重（kg/m³）	极限压碎强度（kg/cm²）	用轻钻孔机钻进1m耗时（min）	开挖方法及工具	紧固系数（f）
特坚石	XII	具有风化痕迹的安山岩和玄武岩	2700	1400~1600	22.0	用爆破方法开挖	14~16
		片麻岩	2600				
		非常坚固的石灰岩	2900				
		硅质胶结的含有火成岩之卵石的砾岩	2900				
		粗石岩	2600				
	XIII	中粒花岗岩	3100	1600~1800	27.5	用爆破方法开挖	16~18
		坚固的片麻岩	2800				
		辉绿岩	2700				
		玢岩	2500				
		坚固的粗面岩	2800				
		中粒正长岩	2800				
	XIV	非常坚硬的细粒花岗岩	3300	1800~2000	32.5	用爆破方法开挖	18~20
		花岗岩麻岩	2900				
		闪长岩	2900				
		高硬度的石灰岩	3100				
		坚固的玢岩	2700				
	XV	安山岩、玄武岩、坚固的角页岩	3100	2000~2500	46.0	用爆破方法开挖	20~25
		高硬度的辉绿岩和闪长岩	2900				
		坚固的辉长岩和石英岩	2800				
	XVI	拉长玄武岩和橄榄玄武岩	3300	大于2500	大于60	用爆破方法开挖	大于25
		特别坚固的辉长绿岩、石英石和玢岩	3000				

注：1kg/cm² = 9.8N/cm²。

一、挖掘机挖土、自卸汽车运土

工作内容：1.挖土、装车、运土、卸土、平整；2.修理边坡、清理机下余土、工作面内的排水及现场内汽车行驶道路的养护。 单位：1000m³

定 额 编 号			7-1-1	7-1-2	7-1-3	7-1-4	7-1-5	7-1-6	7-1-7
项 目			正铲挖掘机挖土、自卸汽车运土			反拉铲挖掘机挖土、自卸汽车运土			自卸汽车运距每增1000m
			运距1000m以内						
			一、二类土	三类土	四类土	一、二类土	三类土	四类土	
基 价 （元）			**10564.28**	**11719.77**	**13169.01**	**12124.61**	**12985.17**	**14753.03**	**1808.99**
其中	人 工 费 （元）		450.00	450.00	450.00	450.00	450.00	450.00	129.60
	材 料 费 （元）		36.00	36.00	36.00	36.00	36.00	36.00	－
	机 械 费 （元）		10078.28	11233.77	12683.01	11638.61	12499.17	14267.03	1679.39
名 称	单位	单价（元）	数				量		
人工 综合工日	工日	75.00	6.000	6.000	6.000	6.000	6.000	6.000	1.728
材料 水	t	4.00	9.000	9.000	9.000	9.000	9.000	9.000	－
机械 自卸汽车12t	台班	1046.29	6.006	7.070	7.978	6.521	7.295	8.365	1.532
洒水车4000L	台班	642.60	0.430	0.430	0.430	0.430	0.430	0.430	0.119
履带式单斗挖掘机（液压）1m³	台班	1307.60	1.539	1.558	1.776	1.986	2.009	2.292	－
履带式推土机105kW	台班	1087.04	1.385	1.401	1.598	1.787	1.806	2.062	－

注：如无自卸汽车运土则推土机含量按主台班含量乘0.1，挖掘机乘0.87。

二、铲运机铲、运土

工作内容:1.铲土、运土、卸土及平整;2.工作面内的排水、现场内机械行驶道路的养护;3.修理边坡。

单位:1000m³

定　额　编　号				7-1-8	7-1-9	7-1-10	7-1-11
项　　　　　目				自行式铲运机铲运土			
				运距500m 以内			运距每增加100m
				一、二类土	三类土	四类土	
基　　价　(元)				**5616.17**	**6840.78**	**8095.87**	**759.96**
其中	人　工　费　(元)			405.00	405.00	405.00	—
	材　料　费　(元)			20.00	20.00	20.00	—
	机　械　费　(元)			5191.17	6415.78	7670.87	759.96
名　　　称		单位	单价(元)	数		量	
人工	综合工日	工日	75.00	5.400	5.400	5.400	—
材料	水	t	4.00	5.000	5.000	5.000	—
机械	自行式铲运机(单引擎)8m³	台班	1272.70	3.604	4.284	5.236	0.510
	履带式推土机105kW	台班	1087.04	0.420	0.490	0.530	0.102
	洒水车4000L	台班	642.60	0.230	0.230	0.230	—
	除荆机4m 以内	台班	1110.14	—	0.255	0.255	—

三、推土机推土

工作内容：1.推土、弃土、平整；2.修理边坡；3.工作面内的排水。

单位：1000m³

定　额　编　号				7-1-12	7-1-13	7-1-14	7-1-15
项　　　　目				推土机推土			运距每增加10m
				一、二类土	三类土	四类土	
				运距20m以内			
基　　　价　（元）				**2631.26**	**3055.20**	**3425.88**	**809.84**
其 中	人　工　费（元）			405.00	405.00	405.00	–
	材　料　费（元）			–	–	–	–
	机　械　费（元）			2226.26	2650.20	3020.88	809.84
名　　称		单位	单价（元）	数		量	
人 工	综合工日	工日	75.00	5.400	5.400	5.400	–
机 械	履带式推土机105kW	台班	1087.04	2.048	2.438	2.779	0.745

四、人工挖土方

工作内容:挖土,装土,修理底边。

单位:100m³

定 额 编 号				7-1-16	7-1-17	7-1-18	7-1-19	7-1-20	7-1-21
项 目				普通土		坚土		砂砾坚土	
				深度(m)					
				2 以内	4 以内	2 以内	4 以内	2 以内	4 以内
基 价 (元)				**1115.78**	**1746.90**	**1796.85**	**2427.98**	**2658.15**	**3289.28**
其中	人 工 费 (元)			1115.78	1746.90	1796.85	2427.98	2658.15	3289.28
	材 料 费 (元)			—	—	—	—	—	—
	机 械 费 (元)			—	—	—	—	—	—
	名 称	单位	单价(元)	数			量		
人工	综合工日	工日	75.00	14.877	23.292	23.958	32.373	35.442	43.857

五、运土方、支木挡土板

工作内容:1.装土、运土、卸土及平整;2.运土车辆行驶道路清理、拆铺道板、车辆维修;3.支木挡土板,制作、安装及拆除。　　单位:见表

定 额 编 号			7-1-22	7-1-23	7-1-24	7-1-25	7-1-26	7-1-27
项　　　目			双(单)轮车运土方		机动翻斗车		支木挡土板	
			运距50m以内	1000m以内 每增加50m	运距500m以内	每增加100m	垂直支撑面积	
							单面	双面
单　　　位			100m³				100m²	
基　　价　(元)			**1019.25**	**236.25**	**2717.47**	**90.32**	**2774.06**	**4711.43**
其中	人　工　费　(元)		1019.25	236.25	743.85	–	783.68	1336.50
	材　料　费　(元)		–	–	–	–	1831.76	3113.21
	机　械　费　(元)		–	–	1973.62	90.32	158.62	261.72
名　　称	单位	单价(元)	数			量		
人工 综合工日	工日	75.00	13.590	3.150	9.918	–	10.449	17.820
材料 二等厚板 综合	m³	1480.00	–	–	–	–	0.660	1.320
二等中方 综合	m³	1800.00	–	–	–	–	0.165	0.330
二等圆木 综合	m³	1300.00	–	–	–	–	0.400	0.382
铁钉	kg	4.86	–	–	–	–	7.810	14.200
机械 机动翻斗车 1t	台班	193.00	–	–	10.226	0.468	–	–
载货汽车 4t	台班	466.52	–	–	–	–	0.340	0.561

注:支挡土板时,若土壤含水率超过25%,材料乘以系数1.33。

六、人工挖、人工和单、双轮车运淤泥、流砂

工作内容:1.挖淤泥、流砂,装淤泥、流砂,修理底边;2.装运、卸淤泥、流砂及平整。

单位:100m³

定 额 编 号				7-1-28	7-1-29	7-1-30	7-1-31	7-1-32	7-1-33
项 目				人工挖淤泥	人工挖流砂	人工运淤泥流砂		双(单)轮运淤泥流砂	
						20m 以内	200m 以内每增加 20m	50m 以内	1000m 以内每增加 50m
基 价 （元）				**2133.00**	**3415.50**	**1984.50**	**371.25**	**1579.50**	**371.25**
其 中	人 工 费 （元）			2133.00	3415.50	1984.50	371.25	1579.50	371.25
	材 料 费 （元）			－	－	－	－	－	－
	机 械 费 （元）			－	－	－	－	－	－
	名 称	单位	单价(元)	数			量		
人工	综合工日	工日	75.00	28.440	45.540	26.460	4.950	21.060	4.950

七、石方一般开挖

1. 中深孔爆破

工作内容:1. 选清孔位、钻孔吹孔、封堵孔口;2. 爆破材料的检查领运;3. 检查炮孔、清理装药、堵塞、放炮及警戒;
4. 检查效果、处理暗炮、余料退库;5. 断面修整及大块二次破碎;6. 修理钢钎钻头。

单位:100m³

定 额 编 号				7-1-34	7-1-35	7-1-36	7-1-37
项　　　目				岩石类别			
				软岩	次坚岩	普坚岩	特坚岩
基　　价　（元）				**461.81**	**662.01**	**918.93**	**1310.19**
其 中	人　工　费　（元）			48.23	71.55	110.70	189.23
	材　料　费　（元）			362.64	514.39	690.18	947.56
	机　械　费　（元）			50.94	76.07	118.05	173.40
名　　　称		单位	单价（元）	数			量
人 工	综合工日	工日	75.00	0.643	0.954	1.476	2.523
材 料	水	t	4.00	3.000	6.000	9.000	12.000
	乳化炸药2号	kg	7.30	36.844	48.325	62.441	84.295
	非电毫秒管15m脚线	个	7.18	5.175	7.550	10.550	14.240

定 额 编 号			7-1-34	7-1-35	7-1-36	7-1-37
项 目			岩石类别			
			软岩	次坚岩	普坚岩	特坚岩
材料	潜孔钻钻头 φ115	个	1200.00	0.011	0.023	0.033	0.049
	潜孔钻钻杆 φ76mm(3m)	根	1000.00	0.004	0.007	0.012	0.018
	潜孔钻冲击器 HD45	套	7500.00	0.002	0.004	0.006	0.009
	合金钢钻头 φ22	个	73.90	0.053	0.091	0.131	0.202
	中空六角钢	kg	10.00	0.060	0.101	0.147	0.234
	其他材料费	元	－	7.810	11.070	14.860	20.400
机械	潜孔钻机 CM351	台班	662.00	0.040	0.060	0.104	0.156
	风动凿岩机 气腿式	台班	176.65	0.075	0.128	0.185	0.286
	风动锻钎机	台班	484.92	0.002	0.004	0.006	0.009
	磨钎机	台班	62.00	0.010	0.018	0.030	0.039
	履带式推土机 90kW	台班	1068.71	0.009	0.010	0.011	0.012

2. 浅孔爆破

工作内容: 1. 布置孔位,钻孔清孔,吹孔验孔; 2. 爆破材料的检查领运; 3. 装药堵塞,连接网路,警戒起爆;
4. 爆后检查,处理暗炮,余料退库; 5. 大块二次破碎; 6. 修理钢钎钻头。

单位:100m³

定 额 编 号			7-1-38	7-1-39	7-1-40	7-1-41
项 目			岩石类别			
			软岩	次坚岩	普坚岩	特坚岩
基 价 (元)			**929.13**	**1423.73**	**2014.05**	**3170.91**
其中	人 工 费 (元)		184.95	330.30	537.23	917.78
	材 料 费 (元)		499.22	650.69	827.23	1149.56
	机 械 费 (元)		244.96	442.74	649.59	1103.57
名 称	单位	单价(元)	数		量	
人工 综合工日	工日	75.00	2.466	4.404	7.163	12.237
材料 水	t	4.00	3.000	6.000	9.000	12.000
乳化炸药2号	kg	7.30	27.000	31.000	35.000	48.000
非电毫秒管	个	7.22	25.370	30.850	38.100	48.000
塑料导爆管	m	0.34	76.110	92.550	144.300	144.000
合金钢钻头 $\phi22$	个	73.90	0.817	1.554	2.274	3.866
中空六角钢	kg	10.00	0.994	1.734	2.573	4.519
其他材料费	元	—	10.750	14.010	17.810	24.750
机械 风动凿岩机 气腿式	台班	176.65	1.233	2.201	3.222	5.507
风动锻钎机	台班	484.92	0.034	0.073	0.100	0.173
磨钎机	台班	62.00	0.172	0.299	0.515	0.756

八、平整场地及回填、夯实、碾压

工作内容:1.平整场地:标高在±30cm以内的挖填找平;2.回填土:5m内取土、铺平、回填夯实;3.原土打夯:包括碎土、平土、找平、洒水;4.碾压:推平碾压,工作面内的排水,洒水。

单位:见表

定 额 编 号			7-1-42	7-1-43	7-1-44
项 目			人工平整场地	回填土	
				松填	夯填
单 位			100m²	100m³	
基 价 (元)			**207.90**	**1026.00**	**1984.50**
其中	人 工 费 (元)		207.90	1026.00	1984.50
	材 料 费 (元)		–	–	–
	机 械 费 (元)		–	–	–
名 称	单位	单价(元)	数		量
人工 综合工日	工日	75.00	2.772	13.680	26.460

工作内容:1.平整场地:标高在±30cm以内的挖填找平;2.回填土:5m内取土、铺平、回填夯实;3.原土打夯:包括碎土,平土,找平,洒水;4.碾压:推平碾压,工作面内的排水,洒水。

单位:见表

定　额　编　号			7-1-45	7-1-46	7-1-47	7-1-48
项　　　　　目			场地机械平整	原土碾压	场地机械填土碾压	
					羊足碾	压路机
单　　　　　位			1000m²		1000m³	
基　　　价　　（元）			**620.65**	**187.88**	**1475.04**	**6677.32**
其中	人　工　费　（元）		405.00	67.50	405.00	405.00
	材　料　费　（元）		–	–	40.00	40.00
	机　械　费　（元）		215.65	120.38	1030.04	6232.32
名　　　　称	单位	单价(元)	数		量	
人工 综合工日	工日	75.00	5.400	0.900	5.400	5.400
材料 水	t	4.00	–	–	10.000	10.000
机械 平地机 90kW	台班	816.86	0.264	–	–	–
振动压路机 10t	台班	859.89	–	0.140	–	5.350
拖式羊角碾（双筒）6t	台班	48.37	–	–	2.839	–
履带式推土机 105kW	台班	1087.04	–	–	0.570	1.250
洒水车 4000L	台班	642.60	–	–	0.425	0.425

九、明挖出碴

工作内容:1.推碴,气碴,平整;2.挖碴,装碴,运碴,卸碴;3.集碴,平整;4.工作面内的养护道路及排水。　　　　　单位:1000m³

定 额 编 号			7-1-49	7-1-50	7-1-51	7-1-52	7-1-53	7-1-54
项 目			人工装碴手推车运输		推土机推碴	机动翻斗车	挖土机挖碴自卸汽车运碴	
			运 距					
			60m 以内	每增加 20m	20m 以内	每增加 10m	1000m 以内	每增加 1000m
基 价 (元)			**23930.78**	**1900.80**	**8747.82**	**2434.11**	**24152.85**	**3840.71**
其中	人 工 费 (元)		23930.78	1900.80	540.00	–	540.00	186.98
	材 料 费 (元)		–	–	–	–	36.00	12.00
	机 械 费 (元)		–	–	8207.82	2434.11	23576.85	3641.73
名 称	单位	单价(元)	数			量		
人工 综合工日	工日	75.00	319.077	25.344	7.200	–	7.200	2.493
材料 水	t	4.00	–	–	–	–	9.000	3.000
机械 履带式推土机 135kW	台班	1300.97	–	–	6.309	1.871	–	–
履带式推土机 105kW	台班	1087.04	–	–	–	–	4.092	–
履带式单斗挖掘机(液压) 1.25m³	台班	1473.89	–	–	–	–	3.410	–
自卸汽车 12t	台班	1046.29	–	–	–	–	13.254	3.402
洒水车 4000L	台班	642.60	–	–	–	–	0.366	0.128

十、修整路拱

工作内容:挂线,铲挖,铲填,铺平成拱,整修,10m 内取土或弃土。

单位:100m²

定 额 编 号				7-1-55	7-1-56	7-1-57	7-1-58	7-1-59	7-1-60
项 目				挖路拱深(cm)					
				5			10		
				一、二类土	三类土	四类土	一、二类土	三类土	四类土
基 价 (元)				**261.23**	**412.43**	**530.55**	**322.65**	**571.05**	**765.45**
其 中	人 工 费 (元)			261.23	412.43	530.55	322.65	571.05	765.45
	材 料 费 (元)			-	-	-	-	-	-
	机 械 费 (元)			-	-	-	-	-	-
名 称	单位	单价(元)		数			量		
人 工	综合工日	工日	75.00	3.483	5.499	7.074	4.302	7.614	10.206

注:中线挖、填土深度超过 15cm 者,土方量另计。

工作内容:挂线,铲挖,铲填,铺平成拱,整修,10m 内取土或弃土。　　　　　　　　　　　　　　　　　　单位:100m²

定　额　编　号			7-1-61	7-1-62	7-1-63	7-1-64	7-1-65	7-1-66
项　　　　　目			挖路拱深(cm)			填路拱高(cm)		
			15			5		
			一、二类土	三类土	四类土	一、二类土	三类土	四类土
基　　　　　价　(元)			**412.43**	**737.10**	**980.78**	**178.20**	**217.35**	**276.08**
其中	人　工　费　(元)		412.43	737.10	980.78	178.20	217.35	276.08
	材　料　费　(元)		-	-	-	-	-	-
	机　械　费　(元)		-	-	-	-	-	-
名　　　称	单位	单价(元)	数			量		
人工 综合工日	工日	75.00	5.499	9.828	13.077	2.376	2.898	3.681

工作内容:挂线,铲挖,铲填,铺平成拱,整修,10m 内取土或弃土。

定 额 编 号			7-1-67	7-1-68	7-1-69	7-1-70	7-1-71	7-1-72
项 目			填路拱高(cm)					
			10			15		
			一、二类土	三类土	四类土	一、二类土	三类土	四类土
基 价 (元)			**292.95**	**346.28**	**412.43**	**473.85**	**557.55**	**670.28**
其 中	人 工 费 (元)		292.95	346.28	412.43	473.85	557.55	670.28
	材 料 费 (元)		-	-	-	-	-	-
	机 械 费 (元)		-	-	-	-	-	-
名 称	单位	单价(元)	数			量		
人 工 综合工日	工日	75.00	3.906	4.617	5.499	6.318	7.434	8.937

十一、修整边坡及路基面

工作内容：挂线、修整、拍平,10m 内取土或弃土。

单位:100m²

定 额 编 号				7-1-73	7-1-74	7-1-75	7-1-76	7-1-77
项 目				路基边坡			路基边坡	路基面平整
				路堑			路堤	
				一、二类土	三类土	四类土		
基 价 （元）				**86.40**	**130.28**	**200.48**	**148.50**	**72.23**
其中	人 工 费 （元）			86.40	130.28	200.48	148.50	72.23
	材 料 费 （元）			－	－	－	－	－
	机 械 费 （元）			－	－	－	－	－
	名 称	单位	单价（元）	数			量	
人工	综合工日	工日	75.00	1.152	1.737	2.673	1.980	0.963

十二、挖路槽、边沟、天沟、培路肩

工作内容:1.挖路槽:挂线、挖槽、整平及10m内取土或弃土;2.挖边沟:放线、挖沟,将土抛在沟边1m外,挂线、整修沟边坡及底;3.挖天沟:放线、开沟,将土抛在沟内侧1m外并筑成挡水埝,挂线整修;4.培路肩:挂线,10m内挖装运土,培填夯实。

单位:10m²

定 额 编 号			7-1-78	7-1-79	7-1-80	7-1-81	7-1-82	7-1-83
项 目			挖路槽厚度(cm)					
			15			20		
			一、二类土	三类土	四类土	一、二类土	三类土	四类土
基 价 (元)			**20.25**	**27.68**	**37.13**	**23.63**	**33.75**	**46.58**
其中	人 工 费 (元)		20.25	27.68	37.13	23.63	33.75	46.58
	材 料 费 (元)		-	-	-	-	-	-
	机 械 费 (元)		-	-	-	-	-	-
名 称	单位	单价(元)	数			量		
人工 综合工日	工日	75.00	0.270	0.369	0.495	0.315	0.450	0.621

注:路槽厚度按路面边缘厚度计算。

工作内容:1.挖路槽:挂线、挖槽、整平及10m内取土或弃土;2.挖边沟:放线、挖沟,将土抛在沟边1m外,挂线、整修沟边坡及底;3.挖天沟:放线、开沟,将土抛在沟内侧1m外并筑成挡水埝,挂线整修;4.培路肩:挂线,10m内挖装运土,培填夯实。

单位:10m²

定 额 编 号				7-1-84	7-1-85	7-1-86	7-1-87	7-1-88	7-1-89
项 目				培路肩厚度(cm)					
				15			20		
				一、二类土	三类土	四类土	一、二类土	三类土	四类土
基 价 (元)				**34.43**	**45.23**	**60.08**	**39.15**	**52.65**	**69.53**
其 中	人 工 费 (元)			34.43	45.23	60.08	39.15	52.65	69.53
	材 料 费 (元)			-	-	-	-	-	-
	机 械 费 (元)			-	-	-	-	-	-
名 称		单位	单价(元)	数			量		
人 工	综合工日	工日	75.00	0.459	0.603	0.801	0.522	0.702	0.927

工作内容:1.挖路槽:挂线、挖槽、整平及10m内取土或弃土;2.挖边沟:放线、挖沟,将土抛在沟边1m外,挂线、整修沟边坡及底;3.挖天沟:放线、开沟,将土抛在沟内侧1m外并筑成挡水埝,挂线整修;4.培路肩:挂线,10m内挖装运土,培填夯实。

单位:10m³

定　额　编　号			7-1-90	7-1-91	7-1-92	7-1-93	7-1-94	7-1-95
项　　　　　目			挖　水　沟					
			边　　沟			天　　沟		
			一、二类土	三类土	四类土	一、二类土	三类土	四类土
基　　　价　(元)			**77.63**	**175.50**	**279.45**	**147.15**	**212.63**	**321.30**
其 中	人　工　费　(元)		77.63	175.50	279.45	147.15	212.63	321.30
	材　料　费　(元)		-	-	-	-	-	-
	机　械　费　(元)		-	-	-	-	-	-
名　　　称	单位	单价(元)	数			量		
人工 综合工日	工日	75.00	1.035	2.340	3.726	1.962	2.835	4.284

十三、路床(槽)整形

工作内容:放样、挖高填低、找平、旧路床碾压检验,推土机平整、人工配合处理机械碾压不到之处。

单位:100m²

定　额　编　号			7-1-96	7-1-97	7-1-98	7-1-99
项　　　　目			旧路床碾压检验		人行道整形碾压	
			人工操作	机械操作		人工操作
基　　价　　(元)			**256.26**	**154.98**	**51.50**	**143.56**
其中	人　工　费　(元)		153.90	12.83	–	118.13
	材　料　费　(元)		–	–	–	–
	机　械　费　(元)		102.36	142.15	51.50	25.43
名　　　　称	单位	单价(元)	数			量
人工 综合工日	工日	75.00	2.052	0.171	–	1.575
机械 光轮压路机(内燃)12t	台班	651.96	0.157	0.118	0.079	0.039
履带式推土机105kW	台班	1087.04	–	0.060	–	–

十四、路基加固及防护工程

1.护坡砌筑

工作内容:1.干砌片石:搭拆跳板、挂线、找平、选修片石、安砌及填缝;2.浆砌片石:搭拆跳板、挂线、找平、选修片石及洗刷、拌制砂浆、铺浆、安砌及填缝找平、安泻水孔、整理及养护;3.浆砌150号混凝土预制块:预制混凝土块搭拆跳板、挂线、铺浆、安砌、安泄水孔、整理及养护。

单位:10m³

定 额 编 号			7-1-100	7-1-101	7-1-102	7-1-103	7-1-104
项 目			干砌片石	浆砌片石		浆砌150混凝土预制块	
				50 号	75 号		100 号
基 价 (元)			**1538.86**	**2424.78**	**2498.99**	**6336.11**	**6372.30**
其 中	人 工 费 (元)		773.55	1162.35	1164.38	3597.08	3597.75
	材 料 费 (元)		724.46	1221.58	1293.76	2642.07	2677.59
	机 械 费 (元)		40.85	40.85	40.85	96.96	96.96
名 称	单位	单价(元)	数			量	
人工 综合工日	工日	75.00	10.314	15.498	15.525	47.961	47.970
材 片石	m³	57.00	12.400	11.700	11.700	-	-
矿渣硅酸盐水泥 32.5	kg	0.38	-	679.000	868.000	2904.000	2997.000
料 碎石 25mm	m³	55.00	-	-	-	7.690	7.690

定 额 编 号			7-1-100	7-1-101	7-1-102	7-1-103	7-1-104
项 目			干砌片石	浆砌片石		浆砌150混凝土预制块	
				50号	75号		100号
材 料	粗砂	m³	60.00	–	4.240	4.240	7.220	7.220
	二等圆木 综合	m³	1300.00	0.010	0.010	0.010	0.013	0.013
	二等厚板 综合	m³	1480.00	–	–	–	0.262	0.262
	二等中方 综合	m³	1800.00	–	–	–	0.109	0.109
	镀锌低碳钢丝 $\phi 2.8 \sim 5$	kg	5.30	0.200	0.200	0.200	0.200	0.200
	铁线钉	kg	4.10	–	–	–	1.800	1.800
	六角螺栓带帽	kg	7.20	–	–	–	0.700	0.700
	水	t	4.00	–	5.530	5.530	13.730	13.730
	其他材料费	元	–	3.600	6.080	6.440	13.140	13.320
机 械	滚筒式混凝土搅拌机(电动)250L	台班	164.37	–	–	–	0.298	0.298
	混凝土振捣器 插入式	台班	12.14	–	–	–	0.587	0.587
	电动卷扬机(单筒快速)20kN	台班	165.39	0.247	0.247	0.247	0.247	0.247

2. 铺草皮

工作内容:清理边坡,制作木橛,采挖草皮,20m 内装、运、卸草皮,铺草皮,钉木橛,清理场地。

单位:100m²

定　额　编　号			7-1-105	7-1-106	7-1-107	7-1-108
项　　　　目			铺草皮		运草皮	
			不钉橛	钉橛	人力每增运 10m	双轮车每增运 10m
基　　　价　（元）			**417.15**	**762.94**	**19.58**	**23.63**
其 中	人　工　费　（元）		417.15	550.80	19.58	23.63
	材　料　费　（元）		–	212.14	–	–
	机　械　费　（元）		–	–	–	–
名　　　称	单位	单价(元)	数		量	
人 工　综合工日	工日	75.00	5.562	7.344	0.261	0.315
材 料　木柴	kg	0.95	–	220.000	–	–
	其他材料费	元	–	–	3.140	–	–

3. 栽草、播草籽

工作内容:1.栽草:挖坑或沟、栽草、拍紧;2.播草籽:翻松土壤、撒草籽、拍实。　　　　　　　　　　　　　单位:100m²

定　额　编　号				7-1-109	7-1-110
项　　　　　　目				栽草	播草籽
				100m²	
基　　　价　（元）				**67.50**	**249.90**
其 中	人　工　费　（元）			67.50	99.90
	材　料　费　（元）			–	150.00
	机　械　费　（元）			–	–
	名　　　　　　称	单位	单价（元）	数	量
人工	综合工日	工日	75.00	0.900	1.332
材料	草籽	kg	150.00	–	1.000

4. 浆砌片石挡土墙

工作内容：选、修片石及洗刷、试放、拌制砂浆、铺浆、铺砌及安砌排水孔、堵缝、挤浆及找平、整理及养护、搭拆脚手架。　　　　单位：10m³

定　额　编　号			7-1-111	7-1-112
项　　　　目			75 号	100 号
基　　　价（元）			**2802.62**	**2888.79**
其中	人　工　费（元）		1430.33	1432.35
	材　料　费（元）		1308.59	1392.74
	机　械　费（元）		63.70	63.70
名　　　　　　称		单位	单价（元）	数　　　　量	
人工	综合工日	工日	75.00	19.071	19.098
材料	矿渣硅酸盐水泥 32.5	kg	0.38	816.000	1037.000
	片石	m³	57.00	12.300	12.300
	中砂	m³	60.00	3.980	3.980
	二等中方 综合	m³	1800.00	0.010	0.010
	杉木脚手架	m³	1500.00	0.010	0.010
	镀锌低碳钢丝 $\phi 2.8 \sim 5$	kg	5.30	1.700	1.700
	铁件	kg	5.30	0.300	0.300
	水	t	4.00	3.100	3.100
	其他材料费	元	—	2.610	2.780
机械	电动卷扬机（单筒快速）10kN	台班	129.21	0.493	0.493

5. 混凝土挡土墙

工作内容：1. 片石混凝土、混凝土挡土墙：模板安、拆及支撑，混凝土制作、灌筑、振捣及养护，洗石及埋片石，安泄水管，
搭拆脚手架；2. 钢筋制作及绑扎：调直、切断、弯制、除锈、捆束、堆放、焊接及绑扎。

单位：见表

定 额 编 号			7-1-113	7-1-114	7-1-115	7-1-116	7-1-117
项 目			片石混凝土		混凝土		钢筋制作及绑扎
			C15	C20	C15	C20	
单 位			10m³				t
基 价 （元）			**3997.62**	**4085.38**	**4163.84**	**4267.66**	**5716.41**
其中	人 工 费 （元）		1524.15	1522.80	1526.85	1524.83	1270.35
	材 料 费 （元）		2224.72	2313.83	2373.62	2479.46	4305.63
	机 械 费 （元）		248.75	248.75	263.37	263.37	140.43
名 称	单位	单价（元）	数		量		
人工 综合工日	工日	75.00	20.322	20.304	20.358	20.331	16.938
材料 矿渣硅酸盐水泥 32.5	kg	0.38	2114.000	2388.000	2487.000	2809.000	–
片石	m³	57.00	2.190	2.190	–	–	–
碎石 30mm	m³	55.00	8.040	7.860	9.460	9.250	–
中砂	m³	60.00	4.920	4.820	5.780	5.680	–
杉木脚手架	m³	1500.00	0.040	0.040	0.040	0.040	–
圆钢 φ10～14	kg	4.10	–	–	–	–	1030.000
镀锌低碳钢丝 φ2.8～5	kg	5.30	2.100	2.100	2.100	2.100	–
镀锌低碳钢丝 φ0.7～1	kg	5.10	–	–	–	–	5.100

单位:见表

定 额 编 号			7-1-113	7-1-114	7-1-115	7-1-116	7-1-117
项 目			片石混凝土		混凝土		钢筋制作及绑扎
			C15	C20	C15	C20	
材料	铁件	kg	5.30	1.700	1.700	1.700	1.700	–
	铁拉杆	kg	5.10	45.200	45.200	45.200	45.200	
	组合钢模板	kg	5.10	23.600	23.600	23.600	23.600	
	组合钢支撑	kg	4.89	9.800	9.800	9.800	9.800	
	组合钢配件	kg	4.90	5.600	5.600	5.600	5.600	
	电焊条 结507 φ3.2	kg	8.10	–	–	–	–	5.400
	水	t	4.00	9.880	9.970	10.230	10.330	
	其他材料费	元	–	13.270	13.800	14.160	14.790	12.880
机械	滚筒式混凝土搅拌机(电动)250L	台班	164.37	0.459	0.459	0.536	0.536	
	混凝土振捣器 插入式	台班	12.14	0.901	0.901	1.063	1.063	
	电动卷扬机(单筒快速)20kN	台班	165.39	0.493	0.493	0.493	0.493	
	汽车式起重机 8t	台班	728.19	0.111	0.111	0.111	0.111	
	交流弧焊机 30kV·A	台班	216.39	–	–	–	–	0.553
	钢筋调直机 φ40mm	台班	48.59	–	–	–	–	0.153
	钢筋切断机 φ40mm	台班	52.99	–	–	–	–	0.145
	钢筋弯曲机 φ40mm	台班	31.57	–	–	–	–	0.179

6. 挡土墙栏杆及柱帽

工作内容:1. 栏杆:预制钢筋混凝土立柱,制作安装(包括焊接)立柱和栏杆,刷油;2. 混凝土柱帽石:模板制、安拆,混凝土制作、灌筑;振捣及养护。

单位:见表

定　额　编　号			7-1-118	7-1-119	7-1-120
项　　　目			栏　杆		150 号混凝土柱帽
			钢筋混凝土立柱	角钢立柱	
单　　　　　位			100 延长米		10m³
基　　价　（元）			**10712.61**	**12891.81**	**5394.80**
其中	人　工　费　（元）		2885.63	2143.80	2582.55
	材　料　费　（元）		7460.31	10052.04	2516.19
	机　械　费　（元）		366.67	695.97	296.06
名　　　　　称	单位	单价（元）	数		量
人工 综合工日	工日	75.00	38.475	28.584	34.434
材料 矿渣硅酸盐水泥 32.5	kg	0.38	227.000	–	2643.000
中砂	m³	60.00	0.440	–	6.000
碎石 20mm	m³	55.00	0.590	–	–
碎石 30mm	m³	55.00	–	–	9.040
等边角钢 边宽60mm 以下	kg	4.00	730.300	1408.300	–
光圆钢筋 φ6~9	kg	3.70	28.000	–	–
圆钢 φ15~20	kg	4.10	192.000	–	–
光圆钢筋 φ15~24	kg	3.90	508.800	507.800	–
热轧中厚钢板 δ=4.5~10	kg	3.90	38.400	–	–
镀锌低碳钢丝 φ1.2~2.8	kg	5.30	–	–	1.600
镀锌低碳钢丝 φ0.7~1	kg	5.10	1.100	–	–

定 额 编 号			7-1-118	7-1-119	7-1-120
项 目			栏 杆		150 号混凝土柱帽
			钢筋混凝土立柱	角钢立柱	
材 料	铁线钉	kg	4.10	0.100	–	–
	组合钢模板	kg	5.10	–	–	54.400
	组合钢支撑	kg	4.89	–	–	24.300
	组合钢配件	kg	4.90	–	–	13.900
	六角头螺栓带帽 M16	kg	7.40	135.500	102.500	–
	电焊条 结507 φ3.2	kg	8.10	13.500	26.200	–
	二等板方材 综合	m³	1800.00	0.041	–	0.008
	二等中方 综合	m³	1800.00	0.011	–	–
	杉木脚手架	m³	1500.00	0.010	0.010	0.010
	二等圆木 综合	m³	1300.00	–	1.000	0.001
	清油	kg	8.80	0.600	0.300	–
	酚醛清漆 F01－1	kg	12.70	0.200	4.200	–
	酚醛防锈漆（各种颜色）	kg	15.60	6.300	6.200	–
	水	t	4.00	3.510	–	16.500
	其他材料费	元	–	22.310	–	85.090
机 械	混凝土搅拌机(机动) 400L 以内	台班	301.75	0.026	–	–
	滚筒式混凝土搅拌机(电动) 250L	台班	164.37	–	–	0.536
	混凝土振捣器 插入式	台班	12.14	0.043	–	1.063
	汽车式起重机 5t	台班	546.38	–	–	0.357
	交流弧焊机 32kV·A	台班	221.86	1.615	3.137	–

7. 防水层及伸缩缝

工作内容:1.涂沥青,支锅、熬沥青,涂抹沥青两遍;2.沥青麻筋、沥青木板:支锅、熬沥青,浸制麻筋(木板)嵌塞填缝。

单位:10m²

定 额 编 号			7-1-121	7-1-122	7-1-123
项 目			涂沥青	沥青麻筋	沥青木板
基 价 (元)			**144.72**	**3048.03**	**719.75**
其中	人 工 费 (元)		33.08	302.40	141.75
	材 料 费 (元)		111.64	2745.63	578.00
	机 械 费 (元)		–	–	–
名 称	单位	单价(元)	数		量
人工 综合工日	工日	75.00	0.441	4.032	1.890
材料 软煤沥青8号	kg	2.65	37.700	315.000	29.100
木柴	kg	0.95	12.000	30.000	29.000
线麻	kg	13.70	–	137.000	–
二等板方材 综合	m³	1800.00	–	–	0.262
其他材料费	元	–	0.330	5.480	1.730

8. 抗滑桩

工作内容:挖(石方包括钻眼爆破清理)、装、提升、运、卸、回空,并包括临时支撑及警戒防护等。　　　　　　单位:10m³

定　额　编　号				7-1-124	7-1-125
项　　　　目				挖　孔	
				土	石
基　　　价　(元)				**936.33**	**1901.76**
其中	人　工　费　(元)			691.88	1139.40
	材　料　费　(元)			23.27	87.21
	机　械　费　(元)			221.18	675.15
名　　　　　　称	单位	单价(元)		数	量
人工 综合工日	工日	75.00		9.225	15.192
材 二等圆木 综合	m³	1300.00		0.001	0.002
二等板方材 综合	m³	1800.00		0.004	0.004
合金工具钢板 空心钢	kg	4.50		—	1.300
镀锌低碳钢丝 φ2.8～5	kg	5.30		0.010	0.010
铁件	kg	5.30		1.000	1.010
炸药 硝铵1号	kg	3.21		—	7.200
电雷管	个	1.60		—	16.900
料 导火索	m	0.27		—	29.900
其他材料费	元	—		9.420	7.930
机 电动空气压缩机 10m³/min	台班	519.44		0.170	0.638
风动凿岩机 气腿式	台班	176.65		—	1.913
风动锻钎机	台班	484.92		—	0.012
械 电动卷扬机(单筒慢速)10kN	台班	130.27		1.020	—

工作内容:钢筋的调直、除锈、切断、弯制及绑扎,旧轨的截割、弯曲、拼(接)、制作、吊装钢筋(轨)笼。 单位:t

	定　　额　　编　　号				7-1-126	7-1-127
	项　　　　　目				钢筋(轨)笼制作及吊装 成型钢筋	钢筋(轨)制作及吊装 成型钢轨
	基　　　价　　（元）				**5434.78**	**4309.15**
其 中	人　工　费　（元）				1082.03	926.78
	材　料　费　（元）				4223.96	3291.85
	机　械　费　（元）				128.79	90.52
	名　　　　　称	单位	单价（元）		数　　　　量	
人工	综合工日	工日	75.00		14.427	12.357
材 料	光圆钢筋 φ6~9	kg	3.70		128.000	－
	圆钢 φ10~14	kg	4.10		900.000	－
	旧轨	t	2950.00		－	1.001
	镀锌低碳钢丝 φ0.7~1	kg	5.10		5.400	－
	镀锌低碳钢丝 φ2.8~5	kg	5.30		－	9.500
	电焊条 结507 φ3.2	kg	8.10		4.000	4.100
	氧气	m³	3.60		－	20.760
	电石 发气量大于300L/kg	kg	2.85		－	27.200
	煤	kg	0.85		－	102.000
	其他材料费	元	－		0.420	16.380
机 械	交流弧焊机 32kV·A	台班	221.86		0.417	0.408
	钢筋调直机 φ40mm	台班	48.59		0.153	－
	钢筋切断机 φ40mm	台班	52.99		0.145	－
	钢筋弯曲机 φ40mm	台班	31.57		0.179	－
	电动卷扬机（单筒慢速）10kN	台班	130.27		0.119	

工作内容:制、安、拆模板及支撑,混凝土制作、灌筑、振捣及养护。

单位:10m³

定 额 编 号				7-1-128	7-1-129	7-1-130
项 目				混凝土护壁		
				C15	C20	C25
基 价 (元)				**6301.54**	**6419.59**	**6664.79**
其 中	人 工 费 (元)			2570.40	2570.40	2573.10
	材 料 费 (元)			3499.21	3617.26	3859.76
	机 械 费 (元)			231.93	231.93	231.93
名 称		单位	单价(元)	数		量
人工	综合工日	工日	75.00	34.272	34.272	34.308
材 料	二等圆木 综合	m³	1300.00	0.248	0.248	0.248
	二等板方材 综合	m³	1800.00	0.223	0.223	0.223
	二等厚板 综合	m³	1480.00	0.021	0.021	0.021
	二等大方 综合	m³	1780.00	0.470	0.470	0.470
	矿渣硅酸盐水泥 32.5	kg	0.38	2643.000	2976.000	3662.000
	中砂	m³	60.00	6.000	5.890	5.780
	碎石 30mm	m³	55.00	9.040	8.930	8.720
	铁线钉	kg	4.10	0.400	0.400	0.040
	铁件	kg	5.30	1.000	1.000	1.000
	水	t	4.00	5.460	5.460	5.460
	其他材料费	元	—	17.410	21.570	23.020
机 械	滚筒式混凝土搅拌机(电动)400L	台班	187.85	0.536	0.536	0.536
	混凝土振捣器 插入式	台班	12.14	1.063	1.063	1.063
	电动卷扬机(单筒慢速)100kN	台班	228.57	0.493	0.493	0.493
	木工圆锯机 φ500mm	台班	27.63	0.145	0.145	0.145
	木工压刨床 单面 600mm	台班	48.43	0.034	0.034	0.034

工作内容:制、安、拆模板及支撑,混凝土制作、灌筑、振捣及养护。

单位:10m³

定 额 编 号			7-1-131	7-1-132	7-1-133
项 目			混凝土桩身		
			C15	C20	C25
基 价 (元)			**3151.35**	**3255.33**	**3496.52**
其中	人 工 费 (元)		1102.28	1100.93	1104.30
	材 料 费 (元)		1822.79	1928.12	2165.94
	机 械 费 (元)		226.28	226.28	226.28
名 称	单位	单价(元)	数		量
人工 综合工日	工日	75.00	14.697	14.679	14.724
材料 矿渣硅酸盐水泥 32.5	kg	0.38	2487.000	2809.000	3465.000
中砂	m³	60.00	5.780	5.680	5.570
碎石 80mm	m³	55.00	9.460	9.250	9.140
水	t	4.00	0.390	0.390	0.390
其他材料费	元	—	9.070	9.590	10.780
机械 滚筒式混凝土搅拌机(电动)400L	台班	187.85	0.536	0.536	0.536
混凝土振捣器 插入式	台班	12.14	1.063	1.063	1.063
电动卷扬机(单筒慢速)100kN	台班	228.57	0.493	0.493	0.493

第二章　铁路铺设工程

说　明

一、本章定额适用于冶金工业厂区铁路运输上部建筑工程。包括铺轨,铺道岔,铺道碴,安装防爬器、轨距杆、铺设平交道,道岔试运后沉落整修,拆除线路、车挡和线路等有关工程。

二、本章定额43kg/m和50kg/m钢轨线路,如果需1920根枕木项目,可按1840根和1760根枕木定额换算。

三、本章定额均包括钢轨、轨枕、零配件及所有材料的操作和工地小搬运损耗率,使用时除已说明者外,均不应调整换算。

四、车间铁路在木枕上铺钢轨只编列了38kg/m,24kg/m两种规格,若铺43kg/m,50kg/m,60kg/m钢轨可按厂区线路相应子项计算。

五、车间铁路若在钢筋混凝土枕上铺轨,则按厂区线路相应子项选用。

六、本章定额钢轨未加探伤费,旧轨未加整修费,道岔未考虑淬火,实际发生时,可另计。

七、铺设60kg/m线路曲线护轮轨时,按定额消耗量铁垫板、塑料垫板扣50%。若铺设43kg/m,50kg/m,60kg/m钢轨曲线护轮轨线路,护轮轨撑、垫板、间隔铁等配套的附属件,按照施工图设计规定铺设等级进行换算。

八、铺设施工生产过渡线路、道岔。人工乘以系数1.2,机械乘以系数1.15。铺设AT道岔人工乘以系数1.3。

九、铺设50kg/m钢轨(混凝土枕)为弹条式扣件编制,如采用扣板式则按定额相应含量换算,另增加弹簧垫圈,材料消耗量依次为5875.2,6201.6,6528,6854.4,7180.8,7507.2。

十、本章定额系按钢轨长12.5m/根,钢轨重量按43kg/m、50kg/m、60kg/m编制的。

工程量计算规则

一、线路铺设计量均应按钢轨重量、轨枕类型、每公里轨枕根数和扣件的不同分别计算。

二、工程量计算以施工图尺寸为准,计算时取小数点后三位。

三、线路铺设长度应以坐标法计算的水平投影长度为准,但应扣除道岔长度(即岔尖到岔根的长度),其计量单位为 km,计算结果取小数点后三位。

四、线路铺碴量按线路长度(扣除道岔长度)乘以道床断面积,以立方米(m³)计算,结果可取整数。

一、铺设 43kg 钢轨线路

工作内容:检配钢轨、挂线散枕、排摆轨枕、硫磺锚固、涂绝缘膏、散布钢轨、钢轨配件、铁轨扣件、方正轨枕、安装配件、扣件、上油、检修、拔荒道等全部过程。

单位:km

定 额 编 号			7-2-1	7-2-2	7-2-3	7-2-4	7-2-5	7-2-6
项 目			铺在木枕上(根)					
			1440	1520	1600	1680	1760	1840
基 价 (元)			**910088.25**	**932582.70**	**967244.11**	**981250.15**	**1013064.95**	**1037313.41**
其中	人 工 费 (元)		19845.00	20520.00	23017.50	23692.50	24165.00	26122.50
	材 料 费 (元)		884950.68	906678.73	938751.24	951990.87	983241.77	1005487.03
	机 械 费 (元)		5292.57	5383.97	5475.37	5566.78	5658.18	5703.88
名 称	单位	单价(元)	数			量		
人工 综合工日	工日	75.00	264.600	273.600	306.900	315.900	322.200	348.300
材料 钢轨(中锰钢)43kg/m 12.5m	根	2848.75	161.280	161.280	161.280	161.280	161.280	161.280
鱼尾板 43kg	块	84.08	320.320	320.320	320.320	320.320	320.320	320.320
鱼尾螺栓带帽 43kg	套	5.30	973.400	973.400	973.400	973.400	973.400	973.400
弹簧垫圈 43kg/m	个	1.20	979.200	979.200	979.200	979.200	979.200	979.200
油浸枕木	根	180.00	1444.320	1524.560	1604.800	1635.040	1765.280	1845.520
钢轨铁垫板 43kg/m	块	35.70	2888.640	3049.120	3209.600	3370.030	3530.560	3691.040
道钉 16×16×165	个	3.20	9049.600	9534.400	13251.200	13896.960	14544.000	15190.400
其他材料费	元	—	176.950	181.300	187.710	190.360	196.610	201.060
机械 履带式推土机 105kW	台班	1087.04	2.250	2.250	2.250	2.250	2.250	2.250
载货汽车 5t	台班	507.79	5.120	5.300	5.480	5.660	5.840	5.930
柴油发电机组 30kW	台班	610.68	0.360	0.360	0.360	0.360	0.360	0.360
无齿锯 J3G-400A	台班	40.00	0.270	0.270	0.270	0.270	0.270	0.270
摇臂钻眼机	台班	60.00	0.270	0.270	0.270	0.270	0.270	0.270

注:施工生产过渡人工乘以系数 1.2,机械乘以系数 1.15。

工作内容:检配钢轨、挂线散枕、排摆轨枕、硫磺锚固、涂绝缘膏、散布钢轨、钢轨配件、铁枕扣件、方正轨枕、安装配件、扣件、
上油、检修、拔荒道等全部过程。

单位:km

定 额 编 号			7-2-7	7-2-8	7-2-9
项 目			铺在钢筋混凝土枕上(根)		
			1440	1520	1600
基 价 (元)			832453.61	850265.79	867961.79
其中	人 工 费 (元)		48465.00	50355.00	52042.50
	材 料 费 (元)		771970.12	787419.69	802859.14
	机 械 费 (元)		12018.49	12491.10	13060.15
名 称	单位	单价(元)	数		量
人工 综合工日	工日	75.00	646.200	671.400	693.900
材料 钢轨(中锰钢)43kg/m 12.5m	根	2848.75	161.280	161.280	161.280
鱼尾板 43kg	块	84.08	320.320	320.320	320.320
鱼尾螺栓带帽 43kg	套	5.30	973.400	973.400	973.400
弹簧垫圈 43kg/m	个	1.20	979.200	979.200	979.200
中间扣板 43kg/m	块	6.00	5135.400	5456.300	5777.300
接头扣板 43kg/m	块	5.70	641.900	641.900	641.900
绝缘缓冲垫片(普通)	块	0.52	5777.300	6098.200	6419.200
绝缘缓冲板	块	2.34	2888.600	3049.100	3209.800
钢筋混凝土轨枕	根	126.00	1444.320	1524.600	1604.800
螺旋道钉带螺帽 M24×195	套	5.80	6030.700	6353.300	6675.860

续前

定 额 编 号				7-2-7	7-2-8	7-2-9
项 目				铺在钢筋混凝土枕上(根)		
				1440	1520	1600
材料	平垫圈 25×50×6	个	1.00	5875.200	6201.600	6528.000
	弹簧垫圈(双层) 26×44×9	个	0.26	5875.200	6201.600	6528.000
	铁座	块	0.66	5777.300	6098.200	6419.200
	衬垫	块	1.27	2908.800	3070.400	3232.000
	硫磺	kg	1.50	1224.000	1292.000	1360.000
	矿渣硅酸盐水泥 32.5	kg	0.38	492.000	520.000	547.000
	中砂	m³	60.00	1.150	1.220	1.280
	石蜡	kg	5.80	37.000	39.000	41.000
	煤	kg	0.85	720.000	760.000	800.000
	其他材料费	元	—	231.520	236.160	240.790
机械	履带式推土机 105kW	台班	1087.04	2.250	2.250	2.250
	汽车式起重机 16t	台班	1071.52	2.420	2.600	2.870
	自卸汽车 12t	台班	1046.29	3.950	4.130	4.310
	载货汽车 5t	台班	507.79	5.120	5.300	5.480
	柴油发电机组 30kW	台班	610.68	0.360	0.360	0.360
	无齿锯 J3G-400A	台班	40.00	0.270	0.270	0.270
	摇臂钻眼机	台班	60.00	0.270	0.270	0.270

注:施工生产过渡人工乘以系数1.2,机械乘以系数1.15。

工作内容:检配钢轨、挂线散枕、排摆轨枕、硫磺锚固、涂绝缘膏、散布钢轨、钢轨配件、铁轨扣件、方正轨枕、安装配件、扣件、上油、检修、拔荒道等全部过程。

单位:km

定 额 编 号				7-2-10	7-2-11	7-2-12
项 目				铺在钢筋混凝土枕上(根)		
				1680	1760	1840
基 价 (元)				**890383.63**	**908072.44**	**921668.93**
其中	人 工 费 (元)			53932.50	55417.50	56902.50
	材 料 费 (元)			823009.78	838740.98	854470.86
	机 械 费 (元)			13441.35	13913.96	10295.57
名 称		单位	单价(元)	数		量
人工	综合工日	工日	75.00	719.100	738.900	758.700
材料	钢轨(中锰钢)43kg/m 12.5m	根	2848.75	161.280	161.280	161.280
	鱼尾板 43kg	块	84.08	320.320	320.320	320.320
	鱼尾螺栓带帽 43kg	套	5.30	973.400	973.400	973.400
	弹簧垫圈 43kg/m	个	1.20	979.200	979.200	979.200
	中间扣板 43kg/m	块	6.00	6098.200	6419.200	6740.200
	接头扣板 43kg/m	块	5.70	641.900	641.900	641.900
	铁座	块	0.66	6740.200	7061.100	7382.100
	钢筋混凝土轨枕	根	126.00	1685.040	1765.280	1845.520
	绝缘缓冲垫片(普通)	块	0.52	6740.200	7061.100	7382.100
	绝缘缓冲垫板 43kg/m 10×113×185 橡胶	块	4.10	3370.000	3530.600	3691.000

续前

定 额 编 号			7-2-10	7-2-11	7-2-12
项 目			铺在钢筋混凝土枕上(根)		
			1680	1760	1840
材料	螺旋道钉带螺帽 M24×195	套	5.80	6787.200	7110.400	7433.600
	平垫圈 25×50×6	个	1.00	6854.400	7180.800	7507.200
	弹簧垫圈(双层) 26×44×9	个	0.26	6854.400	7180.800	7507.200
	衬垫	块	1.27	3393.600	3555.200	3716.800
	硫磺	kg	1.50	1428.000	1496.000	1564.000
	矿渣硅酸盐水泥 32.5	kg	0.38	575.000	602.000	629.000
	中砂	m³	60.00	1.340	1.410	1.470
	石蜡	kg	5.80	43.000	45.000	47.000
	煤	kg	0.85	840.000	880.000	920.000
	其他材料费	元	–	246.830	251.550	256.260
机械	履带式推土机 105kW	台班	1087.04	2.250	2.250	2.250
	汽车式起重机 16t	台班	1071.52	3.050	3.230	3.410
	自卸汽车 12t	台班	1046.29	4.490	4.670	0.940
	载货汽车 5t	台班	507.79	5.480	5.660	5.840
	柴油发电机组 30kW	台班	610.68	0.360	0.360	0.360
	无齿锯 J3G-400A	台班	40.00	0.270	0.270	0.270
	摇臂钻眼机	台班	60.00	0.270	0.270	0.270

注:施工生产过渡人工乘以系数 1.2,机械乘以系数 1.15。

二、铺设 50kg 钢轨线路

工作内容:检配钢轨、挂线散枕、散布钢轨、钢轨配件、铁枕扣件、方正轨枕、安装配件、扣件、上油、检修、拔荒道等全部过程。 单位:km

定 额 编 号				7-2-13	7-2-14	7-2-15
项 目				铺在木枕上(根)		
				普通铁垫板		
				1440	1520	1600
基 价 (元)				**994222.19**	**1016883.84**	**1050905.54**
其中	人 工 费 (元)			20655.00	22005.00	23355.00
	材 料 费 (元)			967545.61	989273.65	1021346.16
	机 械 费 (元)			6021.58	5605.19	6204.38
名 称		单位	单价(元)	数		量
人工	综合工日	工日	75.00	275.400	293.400	311.400
材料	钢轨(中锰钢)50kg/m 12.5m	根	3312.50	161.280	161.280	161.280
	鱼尾板 50kg	块	101.09	320.320	320.320	320.320
	鱼尾螺栓带帽 50kg	套	7.70	973.400	973.400	973.400
	弹簧垫圈 50kg/m	个	1.20	979.200	979.200	979.200
	钢轨铁垫板 50kg/m	块	35.70	2888.640	3049.120	3209.600
	道钉 16×16×165	个	3.20	9049.600	9534.400	13251.200
	油浸枕木	根	180.00	1444.320	1524.560	1604.800
	其他材料费	元	—	193.470	197.820	204.230
机械	履带式推土机 105kW	台班	1087.04	2.340	2.340	2.340
	载货汽车 5t	台班	507.79	6.300	5.480	6.660
	柴油发电机组 30kW	台班	610.68	0.405	0.405	0.405
	无齿锯 J3G-400A	台班	40.00	0.315	0.315	0.315
	摇臂钻眼机	台班	60.00	0.315	0.315	0.315

注:施工生产过渡人工乘以系数 1.2,机械乘以系数 1.15。

工作内容: 检配钢轨、挂线散枕、散布钢轨、钢轨配件、铁枕扣件、方正轨枕、安装配件、扣件、上油、检修、拔荒道等全部过程。　　　单位:km

定　额　编　号			7-2-16	7-2-17	7-2-18	7-2-19
项　　　　目			铺在木枕上(根)			
			普通铁垫板			
			1680	1760	1840	1920
基　　　价　　(元)			**1074080.58**	**1097771.07**	**1121457.75**	**1145144.41**
其中	人　工　费　(元)		24705.00	26055.00	27405.00	28755.00
	材　料　费　(元)		1043587.59	1065836.68	1088081.95	1110327.21
	机　械　费　(元)		5787.99	5879.39	5970.80	6062.20
名　　　称	单位	单价(元)	数		量	
人工	综合工日	工日	75.00	329.400	347.400	365.400	383.400
材料	钢轨(中锰钢)50kg/m 12.5m	根	3312.50	161.280	161.280	161.280	161.280
	鱼尾板 50kg	块	101.09	320.320	320.320	320.320	320.320
	鱼尾螺栓带帽 50kg	套	7.70	973.400	973.400	973.400	973.400
	弹簧垫圈 50kg/m	个	1.20	979.200	979.200	979.200	979.200
	钢轨铁垫板 50kg/m	块	35.70	3370.030	3530.560	3691.040	3851.520
	道钉 16×16×165	个	3.20	13896.960	14544.000	15190.400	15836.800
	油浸枕木	根	180.00	1685.040	1765.280	1845.520	1925.760
	其他材料费	元	—	208.680	213.120	217.570	222.020
机械	履带式推土机 105kW	台班	1087.04	2.340	2.340	2.340	2.340
	载货汽车 5t	台班	507.79	5.840	6.020	6.200	6.380
	柴油发电机组 30kW	台班	610.68	0.405	0.405	0.405	0.405
	无齿锯 J3G-400A	台班	40.00	0.315	0.315	0.315	0.315
	摇臂钻眼机	台班	60.00	0.315	0.315	0.315	0.315

注: 施工生产过渡人工乘以系数1.2,机械乘以系数1.15。

工作内容：检配钢轨、挂线散枕、散布钢轨、钢轨配件、铁枕扣件、方正轨枕、安装配件、扣件、上油、检修、拔荒道等全部过程。　　　单位：km

定　额　编　号			7-2-20	7-2-21	7-2-22
项　　目			铺在木枕上（根）		
			Ⅲ型铁垫板		
			1440	1520	1600
基　　价　（元）			**1250659.50**	**1288171.26**	**1325683.03**
其中	人　工　费　（元）		21687.75	23105.25	24522.75
	材　料　费　（元）		1223457.96	1259460.82	1295463.69
	机　械　费　（元）		5513.79	5605.19	5696.59
名　　称	单位	单价（元）	数		量
人工 综合工日	工日	75.00	289.170	308.070	326.970
材料 钢轨（中锰钢）50kg/m 12.5m	根	3312.50	161.280	161.280	161.280
鱼尾板 50kg	块	101.09	320.320	320.320	320.320
鱼尾螺栓带帽 50kg	套	7.70	973.400	973.400	973.400
弹簧垫圈 50kg/m	个	1.20	979.200	979.200	979.200
Ⅲ型铁垫板 50kg	块	95.50	2888.640	3049.120	3209.600
Ⅲ型绝缘胶垫 50kg	块	8.20	2888.640	3049.120	3209.600
Ⅲ型弹条 50～60kg	个	10.50	5777.280	6098.240	6419.200
道钉 16×16×165	个	3.20	8665.920	9147.360	9628.800
油浸枕木	根	180.00	1444.320	1524.560	1604.800
其他材料费	元	－	244.640	251.840	259.040
机械 履带式推土机 105kW	台班	1087.04	2.340	2.340	2.340
载货汽车 5t	台班	507.79	5.300	5.480	5.660
柴油发电机组 30kW	台班	610.68	0.405	0.405	0.405
无齿锯 J3G-400A	台班	40.00	0.315	0.315	0.315
摇臂钻眼机	台班	60.00	0.315	0.315	0.315

注：施工生产过渡人工乘以系数1.2，机械乘以系数1.15。

工作内容: 检配钢轨、挂线散枕、散布钢轨、钢轨配件、铁枕扣件、方正轨枕、安装配件、扣件、上油、检修、拔荒道等全部过程。　　　单位:km

定　额　编　号			7-2-23	7-2-24	7-2-25	7-2-26
项　　　目			铺在木枕上(根)			
			Ⅲ型铁垫板			
			1680	1760	1840	1940
基　　　价　(元)			**1363194.82**	**1400706.56**	**1438218.33**	**1475730.09**
其中	人　工　费　(元)		25940.25	27357.75	28775.25	30192.75
	材　料　费　(元)		1331466.58	1367469.42	1403472.28	1439475.14
	机　械　费　(元)		5787.99	5879.39	5970.80	6062.20
名　　　　称	单位	单价(元)	数		量	
人工 综合工日	工日	75.00	345.870	364.770	383.670	402.570
材料 钢轨(中锰钢)50kg/m 12.5m	根	3312.50	161.280	161.280	161.280	161.280
鱼尾板 50kg	块	101.09	320.320	320.320	320.320	320.320
鱼尾螺栓带帽 50kg	套	7.70	973.400	973.400	973.400	973.400
弹簧垫圈 50kg/m	个	1.20	979.200	979.200	979.200	979.200
Ⅲ型铁垫板 50kg	块	95.50	3370.080	3530.560	3691.040	3851.520
Ⅲ型绝缘胶垫 50kg	块	8.20	3370.080	3530.560	3691.040	3851.520
Ⅲ型弹条 50~60kg	个	10.50	6740.160	7061.120	7382.080	7703.040
道钉 16×16×165	个	3.20	10110.250	10591.680	11073.120	11554.560
油浸枕木	根	180.00	1685.040	1765.280	1845.520	1925.760
其他材料费	元	—	266.240	273.440	280.640	287.840
机械 履带式推土机 105kW	台班	1087.04	2.340	2.340	2.340	2.340
载货汽车 5t	台班	507.79	5.840	6.020	6.200	6.380
柴油发电机组 30kW	台班	610.68	0.405	0.405	0.405	0.405
无齿锯 J3G-400A	台班	40.00	0.315	0.315	0.315	0.315
摇臂钻眼机	台班	60.00	0.315	0.315	0.315	0.315

注: 施工生产过渡人工乘以系数1.2,机械乘以系数1.15。

工作内容:检配钢轨、挂线散枕、硫磺锚固、涂绝缘膏、散布钢轨、钢轨配件、铁轨扣件、方正轨枕、安装配件、扣件、上油、检修、拔荒道等全部过程。

单位:km

定　额　编　号				7-2-27	7-2-28	7-2-29
项　　　　目				铺在钢筋混凝土枕上（根）		
				1440	1520	1600
基　　价　（元）				**996890.03**	**1018709.74**	**1036748.56**
其中	人　工　费　（元）			50220.00	51705.00	53595.00
	材　料　费　（元）			932977.59	952839.70	972701.07
	机　械　费　（元）			13692.44	14165.04	10452.49
名　　　　　　　称		单位	单价（元）	数		量
人工	综合工日	工日	75.00	669.600	689.400	714.600
材料	钢轨（中锰钢）50kg/m 12.5m	根	3312.50	161.280	161.280	161.280
	鱼尾板 50kg	块	101.09	320.320	320.320	320.320
	鱼尾螺栓带帽 50kg	套	7.70	973.400	973.400	973.400
	弹簧垫圈 50kg/m	个	1.20	979.200	979.200	979.200
	钢筋混凝土轨枕	根	126.00	1444.320	1524.560	1604.800
	螺栓道钉及螺母	根	14.70	5817.600	6140.800	6464.000
	平垫圈 25×50×6	个	1.00	5875.200	6201.600	6528.000
	轨距挡板（中间）50kg/m	块	4.40	5135.360	5456.320	5777.280
	轨距挡板（接头）	块	4.40	641.920	641.920	641.920
	A型弹条	个	4.50	5135.360	5456.320	5777.280

续前

定 额 编 号				7-2-27	7-2-28	7-2-29
项 目				铺在钢筋混凝土枕上(根)		
				1440	1520	1600
材料	B 型弹条	个	4.50	641.920	641.920	641.920
	挡板座 50kg/m	块	2.45	5777.300	6098.200	6419.200
	绝缘缓冲垫板 50kg/m 10×131×185 橡胶	块	4.10	2888.600	3049.100	3209.600
	衬垫	块	1.27	2908.800	3070.400	3232.000
	硫磺	kg	1.50	1224.000	1292.000	1360.000
	矿渣硅酸盐水泥 32.5	kg	0.38	492.000	520.000	547.000
	中砂	m³	60.00	1.150	1.220	1.280
	石蜡	kg	5.80	37.000	39.000	41.000
	煤	kg	0.85	720.000	760.000	800.000
	其他材料费	元	–	279.810	285.770	291.720
机械	履带式推土机 105kW	台班	1087.04	2.340	2.340	2.340
	汽车式起重机 16t	台班	1071.52	3.600	3.780	3.960
	自卸汽车 12t	台班	1046.29	4.130	4.310	0.490
	载货汽车 5t	台班	507.79	5.300	5.480	5.660
	柴油发电机组 30kW	台班	610.68	0.405	0.405	0.405
	无齿锯 J3G－400A	台班	40.00	0.315	0.315	0.315
	摇臂钻眼机	台班	60.00	0.315	0.315	0.315

注:施工生产过渡人工乘以系数 1.2,机械乘以系数 1.15。

工作内容:检配钢轨、挂线散枕、硫磺锚固、涂绝缘膏、散布钢轨、钢轨配件、铁轨扣件、方正轨枕、安装配件、扣件、上油、检修、拔荒道等全部过程。

单位:km

定 额 编 号			7-2-30	7-2-31	7-2-32
项 目			铺在钢筋混凝土枕上（根）		
			1680	1760	1840
基 价 （元）			**1063157.67**	**1085458.45**	**1107707.20**
其中	人 工 费 （元）		55485.00	57375.00	60412.50
	材 料 费 （元）		992562.41	1012500.58	1032285.51
	机 械 费 （元）		15110.26	15582.87	15009.19
名 称	单位	单价（元）	数		量
人工 综合工日	工日	75.00	739.800	765.000	805.500
材料 钢轨(中锰钢) 50kg/m 12.5m	根	3312.50	161.280	161.280	161.280
鱼尾板 50kg	块	101.09	320.320	320.320	320.320
鱼尾螺栓带帽 50kg	套	7.70	973.400	973.400	973.400
弹簧垫圈 50kg/m	个	1.20	979.200	979.200	979.200
钢筋混凝土轨枕	根	126.00	1685.040	1765.280	1845.520
螺栓道钉及螺母	根	14.70	6787.200	7110.400	7433.600
平垫圈 25×50×6	个	1.00	6854.400	7180.800	7507.200
轨距挡板(中间) 50kg/m	块	4.40	6098.240	6419.200	6740.160
轨距挡板(接头)	块	4.40	641.920	641.920	641.920
A 型弹条	个	4.50	6098.240	6419.200	6740.160

单位:km

定 额 编 号				7-2-30	7-2-31	7-2-32
项 目				铺在钢筋混凝土枕上（根）		
				1680	1760	1840
材	B 型弹条	个	4.50	641.920	641.920	641.920
	挡板座 50kg/m	块	2.45	6740.200	7061.100	7382.100
	绝缘缓冲垫板 50kg/m 10×131×185 橡胶	块	4.10	3370.000	3530.600	3691.000
	衬垫	块	1.27	3393.600	3555.200	3716.800
	硫磺	kg	1.50	1428.000	1496.000	1564.000
	矿渣硅酸盐水泥 32.5	kg	0.38	575.000	802.000	629.000
	中砂	m³	60.00	1.340	1.410	1.470
	石蜡	kg	5.80	43.000	45.000	47.000
料	煤	kg	0.85	840.000	880.000	920.000
	其他材料费	元	—	297.680	303.660	309.590
机	履带式推土机 105kW	台班	1087.04	2.340	2.340	2.340
	汽车式起重机 16t	台班	1071.52	4.140	4.320	4.500
	自卸汽车 12t	台班	1046.29	4.670	4.850	4.030
	载货汽车 5t	台班	507.79	5.840	6.020	6.200
	柴油发电机组 30kW	台班	610.68	0.405	0.405	0.405
	无齿锯 J3G-400A	台班	40.00	0.315	0.315	0.315
械	摇臂钻眼机	台班	60.00	0.315	0.315	0.315

注:施工生产过渡人工乘以系数 1.2,机械乘以系数 1.15。

三、铺设 60kg 钢轨线路

工作内容: 检配钢轨、挂线散枕、排摆轨枕、散布钢轨、钢轨配件、轨枕扣件、方正轨枕、安装配件、扣件、上油、检修拔荒道等全部过程。

单位:km

定 额 编 号			7-2-33	7-2-34	7-2-35	7-2-36
项 目			铺在木枕上(根)			
			弹条式扣件垫板			
			1680	1760	1840	1920
基 价 (元)			**1439284.85**	**1473923.24**	**1509164.66**	**1544271.08**
其中	人 工 费 (元)		28147.50	29160.00	30172.50	31050.00
	材 料 费 (元)		1405304.51	1438839.00	1472976.52	1507114.04
	机 械 费 (元)		5832.84	5924.24	6015.64	6107.04
名 称	单位	单价(元)	数		量	
人工 综合工日	工日	75.00	375.300	388.800	402.300	414.000
材料 钢轨 60kg/m 12.5m	根	3975.00	161.280	161.280	161.280	161.280
鱼尾板 60kg	块	125.44	324.000	324.000	324.000	324.000
鱼尾螺栓带帽 60kg	套	4.83	979.000	973.440	973.440	973.440
弹簧垫圈 60kg/m	个	1.20	979.200	979.200	979.200	979.200
T 型螺栓	套	5.76	6887.200	7110.400	7433.600	7756.800
弹条	个	3.58	6740.160	7061.120	7382.080	7703.040
料 防转垫圈	个	1.00	6854.400	7180.800	7507.200	7833.600

续前

定　额　编　号				7-2-33	7-2-34	7-2-35	7-2-36
项　　　　目				铺在木枕上(根)			
				弹条式扣件垫板			
				1680	1760	1840	1920
材　料	平垫圈 25×50×6	个	1.00	6854.400	7180.800	7507.200	7833.600
	轨距挡板	个	4.20	6740.160	7061.120	7382.080	7703.040
	挡板座 50kg/m	块	2.45	6740.160	7061.120	7382.080	7703.040
	道钉 16×16×165	个	3.20	13574.400	14220.800	14867.200	15513.600
	钢轨铁垫板 60kg/m	块	44.20	3370.080	3530.560	3691.040	3851.520
	塑料垫板	块	7.80	3370.080	3530.560	3691.040	3851.520
	油浸枕木	根	180.00	1685.040	1765.280	1845.520	1925.760
	轨下垫板	块	21.64	3370.080	3530.560	3691.040	3851.520
	其他材料费	元	–	421.460	431.520	441.760	452.000
机　械	履带式推土机 105kW	台班	1087.04	2.520	2.520	2.520	2.520
	载货汽车 5t	台班	507.79	5.480	5.660	5.840	6.020
	柴油发电机组 30kW	台班	610.68	0.450	0.450	0.450	0.450
	无齿锯 J3G-400A	台班	40.00	0.360	0.360	0.360	0.360
	摇臂钻眼机	台班	60.00	0.360	0.360	0.360	0.360

注:施工生产过渡人工乘以系数1.2,机械乘以系数1.15。

工作内容:检配钢轨、挂线散枕、排摆轨枕、散布钢轨、钢轨配件、轨枕扣件、方正轨枕、安装配件、扣件、上油、检修拔荒道等全部过程。

单位:km

定 额 编 号				7-2-37	7-2-38	7-2-39	7-2-40
项 目				铺在木枕上(根)			
				普通铁垫板			
				1680	1760	1840	1920
基 价 (元)				**1218016.48**	**1243177.69**	**1268363.70**	**1293549.72**
其中	人 工 费 (元)			27175.50	28660.50	30145.50	31630.50
	材 料 费 (元)			1184606.05	1208190.86	1231800.47	1255410.09
	机 械 费 (元)			6234.93	6326.33	6417.73	6509.13
名 称		单位	单价(元)	数			量
人工	综合工日	工日	75.00	362.340	382.140	401.940	421.740
材料	钢轨 60kg/m 12.5m	根	3975.00	161.280	161.280	161.280	161.280
	鱼尾板 60kg	块	125.44	324.000	324.000	324.000	324.000
	鱼尾螺栓带帽 60kg	套	4.83	979.000	973.440	973.440	973.440
	弹簧垫圈 60kg/m	个	1.20	979.200	979.200	979.200	979.200
	油浸枕木	根	180.00	1685.040	1765.280	1845.520	1925.760
	钢轨铁垫板 60kg/m	块	44.20	3370.080	3530.560	3691.040	3851.520
	道钉 16×16×165	个	3.20	13896.960	14544.000	15190.400	15836.800
	其他材料费	元	–	236.870	241.590	246.310	251.030
机械	履带式推土机 105kW	台班	1087.04	2.520	2.520	2.520	2.520
	载货汽车 5t	台班	507.79	6.200	6.380	6.560	6.740
	柴油发电机组 30kW	台班	610.68	0.495	0.495	0.495	0.495
	摇臂钻眼机	台班	60.00	0.450	0.450	0.450	0.450
	无齿锯 J3G-400A	台班	40.00	0.450	0.450	0.450	0.450

注:施工生产过渡人工乘以系数1.2,机械乘以系数1.15。

工作内容:检配钢轨、挂线散枕、排摆轨枕、散布钢轨、钢轨配件、轨枕扣件、方正轨枕、安装配件、扣件、上油、检修拔荒道等全部过程。

单位:km

定　额　编　号				7-2-41	7-2-42	7-2-43	7-2-44
项　　　　目				铺在木枕上(根)			
				Ⅲ型铁垫板			
				1680	1760	1840	1920
基　　价　　(元)				**1559637.18**	**1601123.35**	**1642636.38**	**1684149.41**
其中	人　工　费　(元)			28534.28	30093.53	31652.78	33212.03
	材　料　费　(元)			1524867.97	1564703.49	1604565.87	1644428.25
	机　械　费　(元)			6234.93	6326.33	6417.73	6509.13
名　　　称		单位	单价(元)	数		量	
人工	综合工日	工日	75.00	380.457	401.247	422.037	442.827
材料	钢轨 60kg/m 12.5m	根	3975.00	161.280	161.280	161.280	161.280
	鱼尾板 60kg	块	125.44	324.000	324.000	324.000	324.000
	鱼尾螺栓带帽 60kg	套	4.83	979.000	973.440	973.440	973.440
	弹簧垫圈 60kg/m	个	1.20	979.200	979.200	979.200	979.200
	Ⅲ型铁垫板 60kg	块	118.00	3370.080	3530.560	3691.040	3851.520
	Ⅲ型绝缘胶垫 60kg	块	9.75	3370.080	3530.560	3691.040	3851.520
	Ⅲ型弹条 50~60kg	个	10.50	6740.160	7061.120	7382.080	7703.040
	道钉 16×16×165	个	3.20	10110.240	10591.680	11073.120	11554.560
	油浸枕木	根	180.00	1685.040	1765.280	1845.520	1925.760
	其他材料费	元	—	274.430	281.600	288.770	295.940
机械	履带式推土机 105kW	台班	1087.04	2.520	2.520	2.520	2.520
	载货汽车 5t	台班	507.79	6.200	6.380	6.560	6.740
	柴油发电机组 30kW	台班	610.68	0.495	0.495	0.495	0.495
	无齿锯 J3G-400A	台班	40.00	0.450	0.450	0.450	0.450
	摇臂钻眼机	台班	60.00	0.450	0.450	0.450	0.450

注:施工生产过渡人工乘以系数1.2,机械乘以系数1.15。

工作内容:检配钢轨、挂线散枕、排摆轨枕、硫磺锚固、涂绝缘膏、散布钢轨、钢轨配件、轨枕扣件、方正轨枕、安装配件、扣件、上油、检修拔荒道等全部过程。

单位:km

定 额 编 号				7-2-45	7-2-46	7-2-47	7-2-48
项 目				铺在钢筋混凝土枕上(根)			
				1680	1760	1840	1920
基 价 (元)				**1173094.85**	**1196446.82**	**1219908.72**	**1243487.43**
其中	人 工 费 (元)			57982.50	61357.50	64732.50	68107.50
	材 料 费 (元)			1099737.96	1119242.32	1138856.62	1158587.72
	机 械 费 (元)			15374.39	15847.00	16319.60	16792.21
名 称		单位	单价(元)	数		量	
人工	综合工日	工日	75.00	773.100	818.100	863.100	908.100
材料	钢轨 60kg/m 12.5m	根	3975.00	161.280	161.280	161.280	161.280
	鱼尾板 60kg	块	125.44	324.000	324.000	324.000	324.000
	鱼尾螺栓带帽 60kg	套	4.83	973.440	973.440	973.440	973.440
	弹簧垫圈 60kg/m	个	1.20	979.200	979.200	979.200	979.200
	弹条	个	3.58	6740.160	7061.120	7382.080	7703.040
	平垫圈 25×50×6	个	1.00	6854.400	7180.800	7507.200	7833.600
	轨距挡板	个	4.20	6740.160	7061.120	7382.080	7703.040
	挡板座 60kg/m	块	2.45	6740.160	7061.120	7382.080	7703.040
	钢筋混凝土轨枕	根	126.00	1685.040	1765.280	1845.520	1925.760

续前

定 额 编 号			7-2-45	7-2-46	7-2-47	7-2-48
项 目			铺在钢筋混凝土枕上(根)			
			1680	1760	1840	1920
材 料	螺栓道钉及螺母	根	14.70	6787.200	7110.400	7433.600	7756.800
	绝缘缓冲垫板 60kg/m 10×151×185 橡胶	块	4.80	3370.080	3530.560	3691.040	3851.520
	衬垫	块	1.27	3427.200	3590.400	3753.600	3916.800
	硫磺	kg	1.50	1768.420	1852.630	1936.840	2021.050
	矿渣硅酸盐水泥 32.5	kg	0.38	708.000	741.000	774.000	808.000
	中砂	m³	60.00	1.330	1.390	1.450	1.520
	石蜡	kg	5.80	35.380	37.060	38.740	40.420
	煤	kg	0.85	254.200	266.310	278.420	290.530
	其他材料费	元	–	285.860	179.050	182.190	301.150
机 械	履带式推土机 105kW	台班	1087.04	2.520	2.520	2.520	2.520
	汽车式起重机 16t	台班	1071.52	4.140	4.320	4.500	4.680
	自卸汽车 12t	台班	1046.29	4.670	4.850	5.030	5.210
	载货汽车 5t	台班	507.79	5.840	6.020	6.200	6.380
	柴油发电机组 30kW	台班	610.68	0.495	0.495	0.495	0.495
	无齿锯 J3G-400A	台班	40.00	0.450	0.450	0.450	0.450
	摇臂钻眼机	台班	60.00	0.450	0.450	0.450	0.450

注:施工生产过渡人工乘以系数 1.2,机械乘以系数 1.15。

四、铺设 43kg、50kg 道岔

工作内容:检配钢轨及配件,选配岔枕,自装运卸材料,铺设好(包括修整)全部过程。

单位:组

定 额 编 号				7-2-49	7-2-50	7-2-51
项 目				43kg 单开道岔		
				7 号	8 号	9 号
基 价 (元)				**65058.55**	**71821.69**	**77453.81**
其中	人 工 费 (元)			2025.00	2092.50	2160.00
	材 料 费 (元)			62283.04	68978.68	74543.30
	机 械 费 (元)			750.51	750.51	750.51
名 称		单位	单价(元)	数		量
人工	综合工日	工日	75.00	27.000	27.900	28.800
材料	单开道岔 43kg 7 号	组	48000.00	1.000	–	–
	单开道岔 43kg 8 号	组	54000.00	–	1.000	–
	单开道岔 43kg 9 号	组	57000.00	–	–	1.000
	道岔枕木	m³	1876.00	6.637	7.375	8.254
	油浸枕木	根	180.00	4.012	–	5.015
	扳道器 马蹬弹簧式	组	800.00	1.000	1.000	1.000
	其他材料费	元	–	309.870	343.180	356.100
机械	履带式推土机 105kW	台班	1087.04	0.270	0.270	0.270
	载货汽车 5t	台班	507.79	0.900	0.900	0.900

注:1. 铺设 AT 道岔人工费乘以系数 1.3。
　　2. 施工生产过渡人工乘以系数 1.2,机械乘以系数 1.15。

工作内容:检配钢轨及配件,选配岔枕,自装运卸材料,铺设好(包括修整)全部过程。

单位:组

定 额 编 号			7-2-52	7-2-53	7-2-54
项 目			50kg 单开道岔		
			7 号	8 号	9 号
基 价 （元）			**72732.57**	**80438.77**	**95563.13**
其中	人 工 费 （元）		2092.50	2160.00	2227.50
	材 料 费 （元）		69889.56	77528.26	92585.12
	机 械 费 （元）		750.51	750.51	750.51
名 称	单位	单价(元)	数		量
人工 综合工日	工日	75.00	27.900	28.800	29.700
材料 单开道岔 50kg 7 号	组	55700.00	1.000	–	–
单开道岔 50kg 8 号	组	62400.00	–	1.000	–
单开道岔 50kg 9 号	组	74800.00	–	–	1.000
道岔枕木	m³	1876.00	6.567	6.910	8.254
油浸枕木	根	180.00	4.012	5.015	5.015
扳道器 马蹬弹簧式	组	800.00	1.000	1.000	1.000
其他材料费	元	–	347.710	462.400	597.920
机械 履带式推土机 105kW	台班	1087.04	0.270	0.270	0.270
载货汽车 5t	台班	507.79	0.900	0.900	0.900

注:1. 铺设 AT 道岔人工费乘以系数 1.3。
  2. 施工生产过渡人工乘以系数 1.2,机械乘以系数 1.15。

工作内容:检配钢轨及配件,选配岔枕,自装运卸材料,铺设好(包括修整)全部过程。

单位:组

定 额 编 号				7-2-55	7-2-56	7-2-57
项 目				\multicolumn{3}{}{43kg 复式交分道岔}		
				7 号	8 号	9 号
基 价 (元)				**120842.70**	**130209.40**	**145431.20**
其中	人 工 费 (元)			3847.50	4353.75	4860.00
	材 料 费 (元)			116244.69	125105.14	139820.69
	机 械 费 (元)			750.51	750.51	750.51
名 称		单位	单价(元)	\multicolumn{3}{}{数 量}		
人工	综合工日	工日	75.00	51.300	58.050	64.800
材料	复式交分道岔 43kg 7 号	组	93500.00	1.000	–	–
	复式交分道岔 43kg 8 号	组	102800.00	–	1.000	–
	复式交分道岔 43kg 9 号	组	113100.00	–	–	1.000
	道岔枕木	m³	1876.00	10.110	9.839	12.130
	扳道器 马蹬弹簧式	组	800.00	4.000	4.000	4.000
	其他材料费	元	–	578.330	647.180	764.810
机械	履带式推土机 105kW	台班	1087.04	0.270	0.270	0.270
	载货汽车 5t	台班	507.79	0.900	0.900	0.900

注:1. 铺设 AT 道岔人工费乘以系数 1.3。
　　2. 施工生产过渡人工乘以系数 1.2,机械乘以系数 1.15。

工作内容:检配钢轨及配件,选配岔枕,自装运卸材料,铺设好(包括修整)全部过程。

单位:组

定 额 编 号			7-2-58	7-2-59	7-2-60
项 目			50kg 复式交分道岔		
			7 号	8 号	9 号
基 价 (元)			**144984.05**	**158571.94**	**176323.21**
其中	人 工 费 (元)		3915.00	4421.25	4927.50
	材 料 费 (元)		140269.62	153351.26	170596.28
	机 械 费 (元)		799.43	799.43	799.43
名 称	单位	单价(元)	数		量
人工 综合工日	工日	75.00	52.200	58.950	65.700
材料 复式交分道岔 50kg 7 号	组	119000.00	1.000	—	—
复式交分道岔 50kg 8 号	组	130900.00	—	1.000	—
复式交分道岔 50kg 9 号	组	143000.00	—	—	1.000
道岔枕木	m³	1876.00	9.260	9.839	12.507
扳道器 马蹬弹簧式	组	800.00	4.000	4.000	4.000
其他材料费	元	—	697.860	793.300	933.150
机械 履带式推土机 105kW	台班	1087.04	0.315	0.315	0.315
载货汽车 5t	台班	507.79	0.900	0.900	0.900

注:1. 铺设 AT 道岔人工费乘以系数 1.3。
　　2. 施工生产过渡人工乘以系数 1.2,机械乘以系数 1.15。

工作内容:检配钢轨及配件,选配岔枕,自装运卸材料,铺设好(包括修整)全部过程。

单位:组

定 额 编 号			7-2-61	7-2-62	7-2-63	7-2-64
项 目			43kg 对称道岔		50kg 对称道岔	
			6 号	9 号	6 号	9 号
基 价 (元)			**57061.15**	**77584.04**	**67318.54**	**85618.15**
其中	人 工 费 (元)		2227.50	2902.50	2227.50	2970.00
	材 料 费 (元)		54034.22	73882.11	64291.61	81848.72
	机 械 费 (元)		799.43	799.43	799.43	799.43
名 称	单位	单价(元)	数			量
人工 综合工日	工日	75.00	29.700	38.700	29.700	39.600
材料 对称道岔 43kg 6 号	组	43350.00	1.000	—	—	—
对称道岔 43kg 9 号	组	57800.00	—	1.000	—	—
对称道岔 50kg 6 号	组	53550.00	—	—	1.000	—
对称道岔 50kg 9 号	组	65450.00	—	—	—	1.000
道岔枕木	m³	1876.00	4.933	7.469	4.933	7.608
扳道器 马蹬弹簧式	组	800.00	1.000	1.000	1.000	1.000
油浸枕木	根	180.00	2.006	5.015	2.006	5.015
其他材料费	元	—	268.830	367.570	326.220	423.410
机械 履带式推土机 105kW	台班	1087.04	0.315	0.315	0.315	0.315
载货汽车 5t	台班	507.79	0.900	0.900	0.900	0.900

注:1. 铺设 AT 道岔人工费乘以系数 1.3。
　　2. 施工生产过渡人工乘以系数 1.2,机械乘以系数 1.15。

工作内容:检配钢轨及配件,选配岔枕,自装运卸材料,铺设好(包括修整)全部过程。

单位:组

定 额 编 号			7-2-65	7-2-66	7-2-67	7-2-68
项 目			43kg 菱形交叉道岔		50kg 菱形交叉道岔	
			4.5 号	6 号	4.5 号	6 号
基 价 (元)			**101377.54**	**113370.77**	**111094.46**	**117135.08**
其中	人 工 费 (元)		2835.00	2970.00	2902.50	3037.50
	材 料 费 (元)		97792.03	109650.26	107441.45	113347.07
	机 械 费 (元)		750.51	750.51	750.51	750.51
名 称	单位	单价(元)	数		量	
人工 综合工日	工日	75.00	37.800	39.600	38.700	40.500
材料 菱形交叉 43kg/m 4.5 号	组	87000.00	1.000	–	–	–
菱形交叉 43kg/m 6 号	组	96000.00	–	1.000	–	–
菱形交叉 50kg/m 4.5 号	组	96000.00	–	–	1.000	–
菱形交叉 50kg/m 6 号	组	99000.00	–	–	–	1.000
道岔枕木	m³	1876.00	5.545	7.026	5.865	7.389
其他材料费	元	–	389.610	469.480	438.710	485.310
机械 履带式推土机 105kW	台班	1087.04	0.270	0.270	0.270	0.270
载货汽车 5t	台班	507.79	0.900	0.900	0.900	0.900

注:1. 铺设 AT 道岔人工费乘以系数1.3。
　　2. 施工生产过渡人工乘以系数1.2,机械乘以系数1.15。

工作内容:检配钢轨及配件,选配岔枕,自装运卸材料,铺设好(包括修整)全部过程。

单位:组

定 额 编 号			7-2-69	7-2-70	7-2-71
项 目			43kg交叉渡线		
			5m 间距		
			7 号	8 号	9 号
基 价 （元）			380317.39	318426.89	372725.79
其中	人 工 费 （元）		8167.50	9112.50	10057.50
	材 料 费 （元）		369655.63	306663.46	359850.91
	机 械 费 （元）		2494.26	2650.93	2817.38
名 称	单位	单价(元)	数		量
人工 综合工日	工日	75.00	108.900	121.500	134.100
材料	交叉渡线 43kg/m 7 号 间距 5m	组	314500.00	1.000	—	—
	交叉渡线 43kg/m 8 号 间距 5m	组	243000.00	—	1.000	—
	交叉渡线 43kg/m 9 号 间距 5m	组	289000.00	—	—	1.000
	道岔枕木	m³	1876.00	24.210	28.784	30.112
	油浸枕木	根	180.00	24.072	24.072	46.138
	扳道器 马蹬弹簧式	组	800.00	4.000	4.000	4.000
	其他材料费	元	—	2204.710	2131.720	2855.960
机械	履带式推土机 105kW	台班	1087.04	1.080	1.098	1.125
	载货汽车 5t	台班	507.79	2.600	2.870	3.140

注:1. 铺设 AT 道岔人工费乘以系数 1.3。
  2. 施工生产过渡人工乘以系数 1.2,机械乘以系数 1.15。

工作内容:检配钢轨及配件,选配岔枕,自装运卸材料,铺设好(包括修整)全部过程。

单位:组

定　额　编　号				7-2-72	7-2-73	7-2-74
项　　　　目				43kg 交叉渡线		
				4.5m 间距		
				7 号	8 号	9 号
基　　　　价　　(元)				**240902.67**	**255577.05**	**274157.44**
其 中	人　工　费　(元)			8167.50	9112.50	10057.50
	材　料　费　(元)			230240.91	243813.62	261282.56
	机　械　费　(元)			2494.26	2650.93	2817.38
名　　　称		单位	单价(元)	数		量
人工	综合工日	工日	75.00	108.900	121.500	134.100
材 料	交叉渡线 43kg/m 7 号 间距 4.5m	组	179300.00	1.000	—	—
	交叉渡线 43kg/m 8 号 间距 4.5m	组	187000.00	—	1.000	—
	交叉渡线 43kg/m 9 号 间距 4.5m	组	201300.00	—	—	1.000
	道岔枕木	m³	1876.00	22.984	25.943	25.698
	油浸枕木	根	180.00	18.054	18.054	36.108
	扳道器 马蹬弹簧式	组	800.00	4.000	4.000	4.000
	其他材料费	元	—	1373.210	1694.830	2073.670
机 械	履带式推土机 105kW	台班	1087.04	1.080	1.098	1.125
	载货汽车 5t	台班	507.79	2.600	2.870	3.140

注:1. 铺设 AT 道岔人工费乘以系数 1.3。

2. 施工生产过渡人工乘以系数 1.2,机械乘以系数 1.15。

工作内容:检配钢轨及配件,选配岔枕,自装运卸材料,铺设好(包括修整)全部过程。

定 额 编 号			7-2-75	7-2-76	7-2-77
项 目			50kg 交叉渡线		
			5m 间距		
			7 号	8 号	9 号
基 价 (元)			**381427.66**	**398141.99**	**415835.79**
其中	人 工 费 (元)		8370.00	9382.50	10327.50
	材 料 费 (元)		370563.40	386108.56	402690.91
	机 械 费 (元)		2494.26	2650.93	2817.38
名 称	单位	单价(元)	数		量
人工 综合工日	工日	75.00	111.600	125.100	137.700
材料 交叉渡线 50kg/m 7 号 间距 5m	组	314500.00	1.000	—	—
交叉渡线 50kg/m 8 号 间距 5m	组	325000.00	—	1.000	—
交叉渡线 50kg/m 9 号 间距 5m	组	331500.00	—	—	1.000
道岔枕木	m³	1876.00	24.691	25.203	30.112
油浸枕木	根	180.00	24.072	44.132	46.138
扳道器 马蹬弹簧式	组	800.00	4.000	4.000	4.000
其他材料费	元	—	2210.120	2683.970	3195.960
机械 履带式推土机 105kW	台班	1087.04	1.080	1.098	1.125
载货汽车 5t	台班	507.79	2.600	2.870	3.140

注:1.铺设 AT 道岔人工费乘以系数 1.3。
  2.施工生产过渡人工乘以系数 1.2,机械乘以系数 1.15。

工作内容:检配钢轨及配件,选配岔枕,自装运卸材料,铺设好(包括修整)全部过程。

单位:组

定 额 编 号				7-2-78	7-2-79	7-2-80
项 目				50kg 交叉渡线		
				4.5m 间距		
				7 号	8 号	9 号
基 价 (元)				**262819.54**	**290191.59**	**325432.24**
其中	人 工 费 (元)			8370.00	9382.50	10327.50
	材 料 费 (元)			251955.28	278158.16	312287.36
	机 械 费 (元)			2494.26	2650.93	2817.38
名 称		单位	单价(元)	数		量
人工	综合工日	工日	75.00	111.600	125.100	137.700
材料	交叉渡线 50kg/m 7 号 间距4.5m	组	203500.00	1.000	–	–
	交叉渡线 50kg/m 8 号 间距4.5m	组	217800.00	–	1.000	–
	交叉渡线 50kg/m 9 号 间距4.5m	组	251900.00	–	–	1.000
	道岔枕木	m³	1876.00	21.590	25.203	25.698
	油浸枕木	根	180.00	18.054	44.132	36.108
	扳道器 马蹬弹簧式	组	800.00	4.000	4.000	4.000
	其他材料费	元	–	1502.720	1933.570	2478.470
机械	履带式推土机 105kW	台班	1087.04	1.080	1.098	1.125
	载货汽车 5t	台班	507.79	2.600	2.870	3.140

注:1. 铺设 AT 道岔人工费乘以系数 1.3。
    2. 施工生产过渡人工乘以系数 1.2,机械乘以系数 1.15。

五、铺设 60kg 道岔

工作内容:检配钢轨及配件,选配岔枕、自装运卸材料,铺设好(包括修整)全部过程。

单位:组

定 额 编 号				7-2-81	7-2-82	7-2-83
项 目				60kg 单开道岔		
				7 号	8 号	9 号
基 价 (元)				**87802.20**	**96533.60**	**108630.06**
其中	人 工 费 (元)			1687.50	2025.00	2362.50
	材 料 费 (元)			85122.82	93422.10	105086.44
	机 械 费 (元)			991.88	1086.50	1181.12
名 称		单位	单价(元)	数		量
人工	综合工日	工日	75.00	22.500	27.000	31.500
材料	单开道岔 60kg 7 号	组	68700.00	1.000	—	—
	单开道岔 60kg 8 号	组	75600.00	—	1.000	—
	单开道岔 60kg 9 号	组	86900.00	—	—	1.000
	道岔枕木	m³	1876.00	7.923	8.230	8.254
	油浸枕木	根	180.00	—	4.010	5.015
	扳道器 马蹬弹簧式	组	800.00	1.000	1.000	1.000
	其他材料费	元	—	759.270	860.820	999.240
机械	履带式推土机 105kW	台班	1087.04	0.450	0.495	0.540
	载货汽车 5t	台班	507.79	0.990	1.080	1.170

注:1. 铺设 AT 道岔人工费乘以系数 1.3。
　　　2. 施工生产过渡人工乘以系数 1.2,机械乘以系数 1.15。

工作内容:检配钢轨及配件,选配岔枕、自装运卸材料,铺设好(包括修整)全部过程。

单位:组

定 额 编 号				7-2-84	7-2-85	7-2-86
项 目				60kg 交叉渡线		
				5m 间距		
				7 号	8 号	9 号
基 价 (元)				**379525.94**	**405456.77**	**451624.83**
其中	人 工 费 (元)			8775.00	9720.00	10665.00
	材 料 费 (元)			368021.75	392720.51	437656.50
	机 械 费 (元)			2729.19	3016.26	3303.33
名 称		单位	单价(元)	数		量
人工	综合工日	工日	75.00	117.000	129.600	142.200
材料	交叉渡线 60kg/m 7 号 间距 5m	组	302000.00	1.000	—	—
	交叉渡线 60kg/m 8 号 间距 5m	组	332000.00	—	1.000	—
	交叉渡线 60kg/m 9 号 间距 5m	组	365500.00	—	—	1.000
	道岔枕木	m³	1876.00	30.005	25.749	30.112
	油浸枕木	根	180.00	18.054	31.093	46.138
	扳道器 马蹬弹簧式	组	800.00	4.000	4.000	4.000
	其他材料费	元	—	3282.650	3618.650	4161.550
机械	履带式推土机 105kW	台班	1087.04	1.170	1.350	1.530
	载货汽车 5t	台班	507.79	2.870	3.050	3.230

注:1.铺设 AT 道岔人工费乘以系数 1.3。

2.施工生产过渡人工乘以系数 1.2,机械乘以系数 1.15。

工作内容:检配钢轨及配件,选配岔枕、自装运卸材料,铺设好(包括修整)全部过程。

单位:组

定 额 编 号			7-2-87	7-2-88	7-2-89	7-2-90	7-2-91
项 目			60kg 交叉渡线(6.5m 间距)			60kg 菱形交叉道岔	60kg 对称道岔
			7 号	8 号	9 号	7 号	6 号
基 价 (元)			**535750.79**	**594532.51**	**650893.33**	**154248.06**	**133892.17**
其 中	人 工 费 (元)		7695.00	9517.50	11340.00	3240.00	3105.00
	材 料 费 (元)		525039.53	581711.68	635962.93	148833.71	128847.76
	机 械 费 (元)		3016.26	3303.33	3590.40	2174.35	1939.41
名 称	单位	单价(元)	数		量		
人工 综合工日	工日	75.00	102.600	126.900	151.200	43.200	41.400
材 料 交叉渡线 60kg/m 7号 间距6.5m	组	435000.00	1.000	—	—	—	—
交叉渡线 60kg/m 8号 间距6.5m	组	479000.00	—	1.000	—	—	—
交叉渡线 60kg/m 9号 间距6.5m	组	527000.00	—	—	1.000	—	—
菱形交叉道岔 60kg/m 7号	组	126000.00	—	—	—	1.000	—
菱形交叉道岔 60kg/m 6号	组	115000.00	—	—	—	—	1.000
道岔枕木	m³	1876.00	34.000	39.420	41.370	11.620	6.410
油浸枕木	根	180.00	107.810	116.350	124.890	—	—
扳道器 马蹬弹簧式	组	800.00	4.000	4.000	4.000	—	1.000
其他材料费	元	—	3649.730	4616.760	5672.610	1034.590	1022.600
机 械 履带式推土机 105kW	台班	1087.04	1.350	1.530	1.710	1.080	0.990
载货汽车 5t	台班	507.79	3.050	3.230	3.410	1.970	1.700

注:1. 铺设 AT 道岔人工费乘以系数 1.3。
　　2. 施工生产过渡人工乘以系数 1.2,机械乘以系数 1.15。

工作内容:检配钢轨及配件,选配岔枕、自装运卸材料,铺设好(包括修整)全部过程。 单位:组

定　额　编　号			7-2-92	7-2-93	7-2-94
项　　　目			60kg 复式交分道岔		
			7 号	8 号	9 号
基　　价　（元）			**172960.93**	**189818.41**	**211377.53**
其中	人　工　费　（元）		3982.50	4522.50	5062.50
	材　料　费　（元）		168179.00	184431.21	205385.07
	机　械　费　（元）		799.43	·864.70	929.96
名　　　称		单位	单价(元)	数	量
人工	综合工日	工日	75.00	53.100	60.300·	67.500
材料	复式交分道岔 60kg 7 号	组	147500.00	1.000	–	–
	复式交分道岔 60kg 8 号	组	162000.00	–	1.000	–
	复式交分道岔 60kg 9 号	组	178500.00	–	–	1.000
	道岔枕木	m³	1876.00	8.960	9.840	12.124
	扳道器 马蹬弹簧式	组	800.00	4.000	4.000	4.000
	其他材料费	元	–	670.040	771.370	940.450
机械	履带式推土机 105kW	台班	1087.04	0.315	0.333	0.351
	载货汽车 5t	台班	507.79	0.900	0.990	1.080

注:1. 铺设 AT 道岔人工费乘以系数 1.3。
 2. 施工生产过渡人工乘以系数 1.2,机械乘以系数 1.15。

六、线路铺碴

工作内容: 铺底碴(包括30m运距)、回填道碴(包括10m运距)、起道、串碴、调整轨道、捣固、拨道、整理道床,两线间
填碴(10m以内运距)。

单位:1000m³

定　额　编　号			7-2-95	7-2-96	7-2-97	7-2-98	7-2-99	7-2-100
项　　　　目			铺道碴				线间填碴	
			碎石道碴		混碴		碎石道碴	混碴
			木枕	混凝土枕	木枕	混凝土枕		
基　　价　(元)			**97120.46**	**100244.21**	**71445.40**	**74323.90**	**90106.50**	**67687.62**
其中	人　工　费　(元)		31233.75	34357.50	28779.00	31657.50	26730.00	25042.50
	材　料　费　(元)		65886.71	65886.71	42666.40	42666.40	63376.50	42645.12
	机　械　费　(元)		–	–	–	–	–	–
名　　称	单位	单价(元)	数			量		
人工 综合工日	工日	75.00	416.450	458.100	383.720	422.100	356.400	333.900
材料 碎石道碴	m³	55.00	1194.000	1194.000	–	–	1150.000	–
混碴	m³	38.00	–	–	1120.000	1120.000	–	1120.000
其他材料费	元	–	216.710	216.710	106.400	106.400	126.500	85.120

七、道岔铺碴

1．混碴

工作内容:运、铺道碴、道岔整修。

单位:组

定　额　编　号			7-2-101	7-2-102	7-2-103	7-2-104	7-2-105	7-2-106
项　　　　　目			单开道岔		交叉渡线		菱形道岔	
			7~8号	9~12号	8号以下	12号以下	4号、5号	6号
基　　　价　（元）			**3988.67**	**4960.40**	**15125.64**	**19170.61**	**2914.19**	**3442.20**
其中	人　工　费　（元）		1903.50	2268.00	8545.50	9963.00	1478.25	1674.00
	材　料　费　（元）		2085.17	2692.40	6580.14	9207.61	1435.94	1768.20
	机　械　费　（元）		–	–	–	–	–	–
名　　称	单位	单价(元)	数			量		
人工	综合工日	工日	75.00	25.380	30.240	113.940	132.840	19.710	22.320
材料	混碴	m³	38.00	54.600	70.500	172.300	241.100	37.600	46.300
	其他材料费	元	–	10.370	13.400	32.740	45.810	7.140	8.800

2. 碎石道碴

工作内容:运、铺道碴,道岔整修。

单位:组

定 额 编 号				7-2-107	7-2-108	7-2-109	7-2-110	7-2-111	7-2-112
项 目				单开道岔		交叉渡线		菱形道岔	
				7～8号	9～12号	8号以下	12号以下	4号、5号	6号
基 价 (元)				**6671.66**	**8270.07**	**25662.51**	**32288.81**	**4898.55**	**5766.55**
其中	人 工 费 (元)			3454.65	4116.15	15510.15	18082.58	2683.13	3038.18
	材 料 费 (元)			3217.01	4153.92	10152.36	14206.23	2215.42	2728.37
	机 械 费 (元)			—	—	—	—	—	—
名 称		单位	单价(元)	数			量		
人工	综合工日	工日	75.00	46.062	54.882	206.802	241.101	35.775	40.509
材料	碎石道碴	m³	55.00	58.200	75.150	183.670	257.010	40.080	49.360
	其他材料费	元	—	16.010	20.670	50.510	70.680	11.020	13.570

八、安装防爬器、支撑、轨距杆轨撑

工作内容:1.安装防爬设备:自扒开枕木间道碴至安装好全部工作过程,制作钢筋混凝土防爬支撑及木楔;
2.安装轨距杆:螺栓涂油,安装调整。

单位:100 根(个)

定 额 编 号			7-2-113	7-2-114	7-2-115	7-2-116	7-2-117	7-2-118
项 目			防爬器(穿销式)		木支撑		轨撑	
			木枕	混凝土枕	木枕	混凝土枕	木枕	混凝土枕
							50kg	50~60kg
基 价 (元)			**1478.52**	**1672.95**	**1342.15**	**1785.15**	**25751.16**	**4737.36**
其中	人 工 费 (元)		121.50	148.50	182.25	290.25	810.00	486.00
	材 料 费 (元)		1357.02	1524.45	1159.90	1494.90	24941.16	4251.36
	机 械 费 (元)		—	—	—	—	—	—
名 称	单位	单价(元)	数			量		
人工 综合工日	工日	75.00	1.620	1.980	2.430	3.870	10.800	6.480
材 料	防爬器	个	13.50	100.500	100.500	—	—	—	—
	二等方木 综合	m³	1800.00	—	0.093	0.644	0.830	—	—
	弹簧垫圈(双层) 26×44×9	个	1.30	—	—	—	—	204.000	—
	护轮双轨撑铁垫板 50kg	块	210.00	—	—	—	—	100.300	—
	沿头螺栓	套	6.50	—	—	—	—	202.000	—
	道钉 16×16×165	个	3.20	—	—	—	—	401.000	—
	轨撑	个	8.90	—	—	—	—	100.300	100.300
	轨撑铁方垫 50~60kg	个	13.80	—	—	—	—	—	100.300
	铁制轨撑座 50~60kg	个	6.00	—	—	—	—	—	100.300
	双弹簧垫圈 24mm	个	3.85	—	—	—	—	—	100.300
	尼龙轨撑座 50~60kg	个	8.50	—	—	—	—	—	100.300
	平垫圈 25×50×6	个	1.00	—	—	—	—	—	100.300
	其他材料费	元	—	0.270	0.300	0.700	0.900	124.090	33.740

注:安装轨撑应扣除相应的铁路配件。

工作内容: 1. 安装防爬设备:自扒开枕木间道碴至安装好全部工作过程,制作钢筋混凝土防爬支撑及木楔;
2. 安装轨距杆:螺栓涂油,安装调整。

单位:100 根(个)

定　额　编　号			7-2-119	7-2-120	7-2-121	7-2-122
项　　　　目			预制混凝土支撑		制作混凝土支撑	轨距杆
			木枕	混凝土枕		
基　　　价　　（元）			**529.24**	**1012.64**	**12057.44**	**15978.01**
其中	人　工　费　（元）		236.25	384.75	290.25	945.00
	材　料　费　（元）		292.99	627.89	11767.19	15033.01
	机　械　费　（元）		－	－	－	－
名　　　　称	单位	单价（元）	数		量	
人工 综合工日	工日	75.00	3.150	5.130	3.870	12.600
材料 混凝土支撑	个	2.90	101.000	101.000	－	－
二等方木 综合	m³	1800.00	－	0.186	0.023	－
普通轨距杆 φ36mm	根	150.00	－	－	－	100.200
矿渣硅酸盐水泥 32.5	kg	0.38	－	－	121.000	－
粗砂	m³	60.00	－	－	192.000	－
圆钢 φ5.5～9	kg	4.10	－	－	28.000	－
铁丝 10 号	kg	3.50	－	－	6.000	－
水	t	4.00	－	－	0.720	－
碎石 30mm	m³	55.00	－	－	0.320	－
其他材料费	元	－	0.090	0.190	3.530	3.010

注: 轨距杆以 φ36 普通为代码表编制,型号不同可以换算。

九、铺设平交道

工作内容: 铁件安装,弯曲护轨,木料钻孔,打入方钉及扒钉,抬铺安装加工护轨、木枕、道口板,清理道口。

单位:10m 宽

定 额 编 号			7-2-123	7-2-124	7-2-125	7-2-126	7-2-127	7-2-128
项 目			木枕地段		铺设轨下钢筋混凝土枕地段		43kg、50kg钢轨平交道	60kg钢轨平交道
			木制	橡胶	木制	橡胶	混凝土块	
基 价 (元)			**15324.70**	**90646.16**	**18394.11**	**108885.09**	**11421.03**	**22241.09**
其中	人 工 费 (元)		1957.50	1996.65	1778.63	2134.35	2092.50	2970.00
	材 料 费 (元)		13367.20	88649.51	16615.48	106750.74	9328.53	19271.09
	机 械 费 (元)		—	—	—	—	—	—
名 称	单位	单价(元)	数			量		
人工 综合工日	工日	75.00	26.100	26.622	23.715	28.458	27.900	39.600
材料 钢轨 50kg/m	kg	5.30	966.000	—	966.000	—	966.000	—
方头大钉	个	1.39	161.610	—	161.610	—	31.500	—
二等方木 综合	m³	1800.00	—	—	—	—	—	1.510
防腐油	kg	1.78	—	—	—	—	—	14.000
普通混凝土 C20	m³	240.00	—	—	—	—	—	4.100
粗砂	m³	60.00	—	—	—	—	—	6.990
扒钉	kg	6.00	113.120	—	113.120	—	—	—
油浸枕木	根	180.00	40.020	—	58.030	—	—	16.050
道钉 16×16×165	个	3.20	35.550	—	35.550	—	—	128.400
钢轨 60kg/m	kg	5.30	—	—	—	—	—	1220.000
护木	m³	1289.00	—	—	—	—	—	0.660
中间铺面板	块	130.00	—	—	—	—	—	6.490
两侧铺面板	块	90.00	—	—	—	—	—	12.980

定 额 编 号		7-2-123	7-2-124	7-2-125	7-2-126	7-2-127	7-2-128
项 目		木枕地段		铺设轨下钢筋混凝土枕地段		43kg、50kg钢轨平交道	60kg钢轨平交道
		木制	橡胶	木制	橡胶	混凝土块	
中间隔铁	块	19.00	–	–	–	–	51.820
连接铁	块	4.00	–	–	–	–	103.630
螺栓 M24×240	套	3.27	–	–	–	–	52.280
中间垫圈	个	0.97	–	–	–	–	52.280
T 型螺栓	套	5.76	–	–	–	–	64.640
弹条	个	3.58	–	–	–	–	64.640
防转垫圈	个	1.00	–	–	–	–	64.640
轨距挡板	个	4.20	–	–	–	–	64.640
钢轨铁垫板 43kg/m	块	35.70	–	–	–	–	32.100
挡板座 50kg/m	块	2.45	–	–	–	–	64.640
衬垫	块	1.27	–	–	–	–	32.320
螺栓	套	1.43	–	–	–	–	211.200
加强板	块	238.89	–	–	–	–	10.030
平交道专用混凝土枕	根	450.00	–	–	–	20.060	–
C 型无螺栓扣件	套	165.00	–	–	–	40.400	–
连接螺杆 320mm×30mm	个	10.00	–	–	–	161.320	–
尼龙套管 230mm×30mm	个	8.00	–	–	–	240.720	–
绝缘缓冲垫板 50kg/m 10×131×185 橡胶	块	4.10	–	–	–	40.120	–
橡胶道口板	m²	3380.00	–	25.750	–	25.750	–
螺纹道钉	个	6.68	–	202.000	–	–	–
其他材料费	元	26.680	265.150	33.160	319.290	18.620	38.470

（材料）

十、道口栏杆、防护栏杆及防护桩

工作内容: 栅门、栏杆设备、操纵装置(不含电机、控制盘部分)的制作及安装,挖基、浇灌混凝土基础,预埋件制安,埋设钢管,混凝土支柱、托架、栅栏、护桩的预制埋设,油漆,清理,调试等。

单位:套

定　额　编　号			7-2-129	7-2-130	7-2-131
项　　　　　目			道口栅门(电动式)		
			二联动	四联动	每增减1m
			8.5m	17m	
基　　　价　（元）			**34323.48**	**67826.37**	**2729.81**
其中	人　工　费（元）		3915.00	7830.00	540.00
	材　料　费（元）		30408.48	59996.37	2189.81
	机　械　费（元）		—	—	—
名　　　　　称	单位	单价(元)	数		量
人工 综合工日	工日	75.00	52.200	104.400	7.200
材料 矿渣硅酸盐水泥 32.5	kg	0.38	1604.000	3208.000	179.000
二等圆木 综合	m³	1300.00	0.269	0.538	0.027
二等板方材 综合	m³	1800.00	3.339	6.679	0.334
光圆钢筋 φ15~24	kg	3.90	98.900	197.800	10.200
扁钢 边宽60mm以上	kg	4.10	153.500	307.000	4.700
槽钢 18号以上	kg	4.00	267.800	535.000	15.900
等边角钢 边宽60mm以上	kg	4.00	137.800	275.600	13.100
钢板综合	kg	3.75	423.500	829.100	29.400

定额编号			7-2-129	7-2-130	7-2-131
项目			道口栅门(电动式)		
			二联动	四联动	每增减1m
			8.5m	17m	
材	铁件	kg	5.30	30.500	61.000	3.100
	花纹钢板 各种规格	kg	3.90	0.068	0.135	—
	焊接钢管 DN50	t	4371.00	0.139	0.278	—
	铸钢件	kg	5.70	236.000	471.000	5.000
	普通钢轨 24kg/m	t	5100.00	2.018	4.036	0.196
	接头夹板 18~43kg/m	kg	7.50	100.000	100.000	—
	弹簧合页 双弹 L200	副	55.00	4.000	8.100	—
	钢板网 5mm	m²	12.00	19.430	38.850	4.200
	六角头螺栓带帽 M16	kg	7.40	58.000	116.000	0.100
	单列向心球轴承 15×35×11	套	260.00	16.000	32.000	—
	碎石 20mm	m³	55.00	11.211	22.422	1.262
	粗砂	m³	60.00	4.544	9.089	0.511
料	橡胶板 各种规格	kg	9.68	6.600	13.100	—
	工程用水	t	—	(9.000)	(18.000)	(1.000)
	其他材料费	元	—	61.500	121.360	4.450

工作内容: 栅门、栏杆设备、操纵装置(不含电机、控制盘部分)的制作及安装,挖基、浇灌混凝土基础,预埋件制安,埋设钢管,混凝土支柱、托架、栅栏、护桩的预制埋设,油漆,清理,调试等。

单位:套

定　额　编　号			7-2-132	7-2-133	7-2-134
项　　　　目			防护桩栏 (钢筋混凝土制)	防护栏(木制)	道口栏杆
基　　价　(元)			**2068.13**	**3869.94**	**2846.98**
其中	人　工　费　(元)		1566.00	1093.50	951.75
	材　料　费　(元)		502.13	2776.44	1895.23
	机　械　费　(元)		－	－	－
名　　　　称	单位	单价(元)	数		量
人工 综合工日	工日	75.00	20.880	14.580	12.690
材料 矿渣硅酸盐水泥 32.5	kg	0.38	383.000	－	－
铁件	kg	5.30	－	28.400	13.500
二等方木 综合	m³	1800.00	－	0.784	0.207
二等板方材 综合	m³	1800.00	－	－	0.022
二等圆木 综合	m³	1300.00	－	0.890	0.217
铁丝 16 号	kg	3.90	0.500	－	1.100
螺栓	kg	8.90	－	－	5.900
碳钢管	m	－	－	－	(0.350)
钢轨 15kg/m	kg	5.10	－	－	206.000
防腐油	kg	1.78	－	1.900	1.100
清油	kg	8.80	1.300	1.300	0.400
酚醛磁漆(各种颜色)	kg	16.50	2.600	2.600	1.000
Ⅱ级钢筋 φ20mm 以内	kg	4.00	70.000	－	－
刺铁丝	kg	4.10	0.500	－	－
水	t	4.00	2.100	－	－
其他材料费	元	－	9.850	－	－

十一、线路标志

工作内容:制作,安装,刷油,写字,埋设,回填。

单位:100个

定　额　编　号			7-2-135	7-2-136	7-2-137	7-2-138	7-2-139	7-2-140
项　　目			道口标	鸣笛标	曲线标	公里标	坡度标	警冲标
基　　价　（元）			**23102.20**	**22910.42**	**16530.91**	**22938.77**	**23222.27**	**9050.89**
其中	人　工　费　（元）		1325.78	1134.00	850.50	1162.35	1445.85	567.00
	材　料　费　（元）		21776.42	21776.42	15680.41	21776.42	21776.42	8483.89
	机　械　费　（元）		－	－	－	－	－	－
名　　称	单位	单价（元）	数			量		
人工	综合工日	工日	75.00	17.677	15.120	11.340	15.498	19.278	7.560
材料	道口标	个	180.00	100.200	－	－	－	－	－
	鸣笛标	个	180.00	－	100.200	－	－	－	－
	曲线标	个	120.00	－	－	100.200	－	－	－
	公里标	个	180.00	－	－	－	100.200	－	－
	坡度标	个	180.00	－	－	－	－	100.200	－
	警冲标	个	48.00	－	－	－	－	－	100.200
	现浇混凝土 C15-30（碎石）	m³	178.92	20.300	20.300	20.000	20.300	20.300	20.300
	其他材料费	元	－	108.340	108.340	78.010	108.340	108.340	42.210

十二、车挡

工作内容:基础开挖,浆砌片石,挖运土填筑,车挡制作、安装。

单位:处

	定 额 编 号			7-2-141	7-2-142	7-2-143
	项 目			土堆式	浆砌片石式	标准轨距
	基 价 (元)			**1958.72**	**4218.05**	**347.52**
其中	人 工 费 (元)			1012.50	2025.00	5.40
	材 料 费 (元)			946.22	2193.05	342.12
	机 械 费 (元)			—	—	—
名 称		单位	单价(元)	数		量
人工	综合工日	工日	75.00	13.500	27.000	0.072
材料	矿渣硅酸盐水泥 32.5	kg	0.38	—	800.000	—
	钢轨(中锰钢)50kg/m 12.5m	根	3312.50	0.160	0.160	—
	钢筋混凝土轨枕	根	126.00	2.010	2.010	—
	铁座	块	0.66	8.020	8.020	—
	中间扣板 50kg/m	块	6.00	8.020	8.020	—
	螺旋道钉带螺帽 M24×195	套	5.80	8.100	8.100	—
	平垫圈 25×50×6	个	1.00	8.200	8.200	—
	弹簧垫圈(双层)26×44×9	个	0.26	8.200	8.200	—
	绝缘缓冲垫片(普通)	块	0.52	4.010	4.010	—
	绝缘缓冲板	块	2.34	8.100	8.100	—
	塑料垫板	块	7.80	4.000	4.000	—
	片石	m³	57.00	—	11.730	—
	中砂	m³	60.00	—	4.237	—
	水	t	4.00	—	5.000	—
	二等硬木板方材 综合	m³	1900.00	—	—	0.174
	铅线	kg	7.68	—	—	1.500

工作内容:基础开挖,浆砌片石,挖运土填筑,车挡制作、安装。

单位:处

定 额 编 号			7-2-144	7-2-145	7-2-146	7-2-147
项 目			轨距90cm	轨距75cm	弯轨式	钢板制
基 价 (元)			**191.60**	**154.82**	**5743.04**	**699.95**
其中	人 工 费 (元)		3.38	2.70	1046.93	225.45
	材 料 费 (元)		188.22	152.12	4696.11	474.50
	机 械 费 (元)		–	–	–	–
名 称	单位	单价(元)	数			量
人工 综合工日	工日	75.00	0.045	0.036	13.959	3.006
材料 二等硬木板方材 综合	m³	1900.00	0.093	0.074	–	–
铅线	kg	7.68	1.500	1.500	–	–
螺栓	kg	8.90	–	–	30.900	8.000
钢轨 50kg/m	kg	5.30	–	–	410.000	–
铸钢件	kg	5.70	–	–	209.900	–
铸铁件	kg	3.90	–	–	269.500	–
酚醛防锈漆（各种颜色）	kg	15.60	–	–	0.040	–
热轧中厚钢板 $\delta = 10 \sim 16$	kg	3.70	–	–	–	109.000

十三、铺设 24kg、38kg、43kg 钢轨线路

工作内容:路基打夯,枕木钻道钉孔及孔内注油,人工铺摆钢轨及轨枕。锚固预留螺栓孔,安装配件及调整。　　　　单位:100m

定 额 编 号				7-2-148	7-2-149	7-2-150	7-2-151	7-2-152
项　　　　目				铺在枕木上		铺在混凝土地坪上		
				钢轨重量(kg/m)				
				38	24	43	38	24
基　　价　(元)				**81703.35**	**49953.52**	**60655.21**	**54263.46**	**31682.06**
其中	人　工　费　(元)			1148.85	713.48	1080.68	1049.63	916.65
	材　料　费　(元)			80554.50	49240.04	59574.53	53213.83	30765.41
	机　械　费　(元)			—	—	—	—	—
名　　称		单位	单价(元)	数			量	
人工	综合工日	工日	75.00	15.318	9.513	14.409	13.995	12.222
材料	钢轨 38kg/m	kg	5.30	7830.000	—	—	7830.000	—
	钢轨 24kg/m	kg	5.10	—	4950.000	—	—	4950.000
	钢轨 43kg/m	kg	5.30	—	—	9030.000	—	—
	枕木	m³	1650.00	12.698	4.693	—	—	—
	鱼尾板	kg	5.40	504.470	191.570	504.470	504.470	191.570
	鱼尾螺栓带帽	kg	6.20	60.800	32.100	60.800	60.800	32.100
	弹簧垫圈 43kg/m	个	1.20	97.920	122.400	97.920	97.920	122.400
	道钉 16×16×165	个	3.20	1061.170	1061.170	—	—	—
	钢轨铁垫板 43kg/m	块	35.70	320.960	320.960	—	—	—
	垫板(钢板 $\delta=10$)	kg	4.56	—	—	754.300	754.300	215.500
	防腐油	kg	1.78	13.000	6.900	—	—	—
	铁扣板	kg	2.90	—	—	199.300	199.300	167.000
	螺栓	kg	8.90	—	—	476.200	476.200	273.600
	硫磺砂浆 1:0.35:0.6:0.06	m³	2933.00	—	—	0.080	0.080	0.080
	其他材料费	元	—	8.040	4.910	6.530	5.830	3.370

十四、线路试运后沉落整修

工作内容:改正轨距及拨道,调整轨缝,线路捣固,整理道床。

单位:km

定 额 编 号			7-2-153	7-2-154	7-2-155	7-2-156	7-2-157	7-2-158	7-2-159	7-2-160
项 目			碎石道碴							
			木 枕				混凝土枕			
			1440	1600	1760	1920	1440	1600	1760	1920
基 价 (元)			**10880.25**	**12238.28**	**13612.98**	**14954.33**	**13145.40**	**14841.47**	**16537.55**	**18233.62**
其中	人 工 费 (元)		8100.00	9180.00	10260.00	11340.00	10192.50	11610.00	13027.50	14445.00
	材 料 费 (元)		2780.25	3058.28	3352.98	3614.33	2952.90	3231.47	3510.05	3788.62
	机 械 费 (元)		—	—	—	—	—	—	—	—
名 称	单位	单价(元)	数			量				
人工 综合工日	工日	75.00	108.000	122.400	136.800	151.200	135.900	154.800	173.700	192.600
材料 碎石道碴	m³	55.00	50.000	55.000	60.300	65.000	53.000	58.000	63.000	68.000
其他材料费	元	—	30.250	33.280	36.480	39.330	37.900	41.470	45.050	48.620

工作内容:改正轨距及拨道,调整轨缝,线路捣固,整理道床。　　　　　　　　　　　　　　　　　　　　　　　　　　单位:km

定　额　编　号			7-2-161	7-2-162	7-2-163	7-2-164	7-2-165	7-2-166
项　　　　　　目			混　碴					
			木　枕			混凝土枕		
			1440	1600	1840	1440	1600	1840
基　　　价　（元）			**7866.18**	**8597.70**	**9627.48**	**9138.50**	**10138.68**	**11436.83**
其中	人　工　费　（元）		6142.50	6682.50	7425.00	7425.00	8235.00	9247.50
	材　料　费　（元）		1723.68	1915.20	2202.48	1713.50	1903.68	2189.33
	机　械　费　（元）		—	—	—	—	—	—
名　　称	单位	单价(元)	数			量		
人工 综合工日	工日	75.00	81.900	89.100	99.000	99.000	109.800	123.300
材料 混碴	m³	38.00	45.000	50.000	57.500	44.690	49.650	57.100
料 其他材料费	元	—	13.680	15.200	17.480	15.280	16.980	19.530

十五、道岔试运后整修

工作内容: 道岔改正轨距及拨道,调整轨缝,道岔捣固,整理道床。

单位:组

定 额 编 号			7-2-167	7-2-168	7-2-169	7-2-170	7-2-171	7-2-172
项 目			碎石道碴					
			单开道岔		复式交分		交叉渡线	
			8 号	9 号	8 号	9 号	8 号	9 号
基 价 (元)			**1444.46**	**1666.38**	**2264.32**	**2522.53**	**6337.13**	**6981.53**
其中	人 工 费 (元)		1147.50	1282.50	1822.50	2025.00	5400.00	5670.00
	材 料 费 (元)		296.96	383.88	441.82	497.53	937.13	1311.53
	机 械 费 (元)		–	–	–	–	–	–
名 称	单位	单价(元)	数			量		
人工 综合工日	工日	75.00	15.300	17.100	24.300	27.000	72.000	75.600
材料 碎石道碴	m³	55.00	5.330	6.890	7.930	8.930	16.820	23.540
其他材料费	元	–	3.810	4.930	5.670	6.380	12.030	16.830

工作内容:道岔改正轨距及拨道,调整轨缝,道岔捣固,整理道床。

单位:组

定 额 编 号			7-2-173	7-2-174	7-2-175	7-2-176	7-2-177	7-2-178
项 目			混 碴					
			单开道岔		复式交分		交叉渡线	
			8 号	9 号	8 号	9 号	8 号	9 号
基 价 (元)			**1069.97**	**1227.42**	**1707.28**	**1895.33**	**4657.44**	**5142.95**
其中	人 工 费 (元)		877.50	978.75	1420.88	1572.75	4050.00	4293.00
	材 料 费 (元)		192.47	248.67	286.40	322.58	607.44	849.95
	机 械 费 (元)		–	–	–	–	–	–
名 称	单位	单价(元)	数			量		
人工 综合工日	工日	75.00	11.700	13.050	18.945	20.970	54.000	57.240
材料 混碴	m³	38.00	5.000	6.460	7.440	8.380	15.780	22.080
其他材料费	元	–	2.470	3.190	3.680	4.140	7.800	10.910

十六、人工拨道、人工筛碴

工作内容:1.拨道距离铁路道床2m之内;2.挖枕木间碎石,弃碎石土距离铁路道床3m以外,筛碴回填。

单位:见表

定　额　编　号				7-2-179	7-2-180	7-2-181
项　　　　目				拨　　道		筛　碴
				木枕地段	混凝土枕地段	人工筛碴
单　　　　位				km		100m³
基　　价（元）				**5265.00**	**7425.00**	**2025.00**
其中	人　工　费　（元）			5265.00	7425.00	2025.00
	材　料　费　（元）			-	-	-
	机　械　费　（元）			-	-	-
名　　　称		单位	单价（元）	数		量
人工	综合工日	工日	75.00	70.200	99.000	27.000

十七、拆除线路、道岔、防爬设备、平交道及轨撑

工作内容：1.拆除线路及道岔：拆除线路接头，掀出轨枕，材料30m内分类集中；2.拆除防爬器：包括防爬器、轨撑、支撑、轨距杆、轨撑等拆除后30m内分类集中。

单位：见表

定　额　编　号			7-2-182	7-2-183	7-2-184	7-2-185	7-2-186
项　　　　目			拆除线路		拆除道岔		
			木枕	混凝土枕	单开道岔	复式交分道岔	交叉渡线
单　　　位			km		组		
基　　价　（元）			**4514.96**	**9446.43**	**608.22**	**947.16**	**2366.10**
其中	人　工　费　（元）		4508.33	9437.85	607.50	945.00	2362.50
	材　料　费　（元）		6.63	8.58	0.72	2.16	3.60
	机　械　费　（元）		–	–	–	–	–
名　　称	单位	单价（元）	数			量	
人工 综合工日	工日	75.00	60.111	125.838	8.100	12.600	31.500
材料 其他材料费	元	–	6.630	8.580	0.720	2.160	3.600

工作内容:1.拆除线路及道岔:拆除线路接头,掀出轨枕、材料30m内分类集中;2.拆除防爬器:包括防爬器、轨撑、支撑、
轨距杆、轨撑等拆除后30m内分类集中。

单位:见表

定 额 编 号			7-2-187	7-2-188	7-2-189	7-2-190	7-2-191
项 目			拆除道岔	拆除防爬设备		拆除支撑	
			菱形	轨距杆	防爬器	木支撑	石、混凝土支撑
单 位			组	100 根			
基 价 (元)			**476.10**	**422.10**	**385.73**	**547.73**	**300.00**
其 中	人 工 费 (元)		472.50	418.50	382.73	544.73	297.00
	材 料 费 (元)		3.60	3.60	3.00	3.00	3.00
	机 械 费 (元)		–	–	–	–	–
名 称	单位	单价(元)	数			量	
人工 综合工日	工日	75.00	6.300	5.580	5.103	7.263	3.960
材料 其他材料费	元	–	3.600	3.600	3.000	3.000	3.000

工作内容:1.拆除线路及道岔:拆除线路接头,掀出轨枕、材料30m内分类集中;2.拆除防爬器:包括防爬器、轨撑、支撑、
轨距杆、轨撑等拆除后30m内分类集中。

单位:见表

定　额　编　号			7-2-192	7-2-193	7-2-194	7-2-195
项　　　　　目			拆除平交道			轨撑
			木枕	混凝土枕	橡胶	50～60kg
单　　　　　位			10m宽			100个
基　　　价　（元）			**652.73**	**1024.63**	**486.95**	**459.43**
其中	人　工　费　（元）		649.73	1019.63	481.95	454.43
	材　料　费　（元）		3.00	5.00	5.00	5.00
	机　械　费　（元）		－	－	－	－
名　　　　称	单位	单价(元)	数		量	
人工 综合工日	工日	75.00	8.663	13.595	6.426	6.059
材料 **其他材料费**	元	－	3.000	5.000	5.000	5.000

十八、铺曲线护轮轨

工作内容: 1.人工运散护轨材料; 2.在钢轨上划钻孔位置及钻孔,弯折护轨端部; 3.安装护轨配件及涂油;
4.枕木钻孔及钉道。

单位:km

定 额 编 号			7-2-196	7-2-197	7-2-198	7-2-199
项 目			43kg 钢轨(12.5m)			
			每公里枕木根数			
			1520	1600	1760	2000
基 价 (元)			**301311.45**	**302867.69**	**305987.44**	**310644.45**
其中	人 工 费 (元)		10995.75	11090.25	11286.00	11556.00
	材 料 费 (元)		290315.70	291777.44	294701.44	299088.45
	机 械 费 (元)		—	—	—	—
名 称	单位	单价(元)	数		量	
人工 综合工日	工日	75.00	146.610	147.870	150.480	154.080
材料 钢轨(中锰钢)43kg/m 12.5m	根	2848.75	81.000	81.000	81.000	81.000
鱼尾板 43kg	块	84.08	160.600	160.600	160.600	160.600
鱼尾螺栓带帽 43kg	套	5.30	487.000	487.000	487.000	487.000
弹簧垫圈 43kg/m	个	1.20	490.000	490.000	490.000	490.000
护轨垫板	块	2.86	1524.600	1604.800	1765.300	2006.000
护轨间隔材料	组	29.70	500.000	500.000	500.000	500.000
轨撑	个	8.90	1524.600	1604.800	1765.300	2006.000
道钉 16×16×165	个	3.20	3070.400	3232.000	3555.000	4040.000
其他材料费	元	—	290.030	291.490	294.410	298.790

工作内容:1.人工运散护轨材料;2.在钢轨上划钻孔位置及钻孔,弯折护轨端部;3.安装护轨配件及涂油;4.枕木钻孔及钉道。　　单位:km

定　　额　　编　　号			7-2-200	7-2-201	7-2-202	7-2-203
项　　　　　　目			50kg 钢轨(12.5m)			
			每公里枕木根数			
			1520	1600	1760	2000
基　　　价　　(元)			**343137.90**	**344721.13**	**347809.15**	**352472.91**
其中	人　　工　　费　(元)		11316.38	11437.88	11601.90	11878.65
	材　　料　　费　(元)		331821.52	333283.25	336207.25	340594.26
	机　　械　　费　(元)		－	－	－	－
名　　　　称	单位	单价(元)	数		量	
人工	综合工日	工日	75.00	150.885	152.505	154.692	158.382
材料	钢轨(中锰钢) 50kg/m 12.5m	根	3312.50	81.000	81.000	81.000	81.000
	鱼尾板 50kg	块	101.09	160.600	160.600	160.600	160.600
	鱼尾螺栓带帽 50kg	套	7.70	487.000	487.000	487.000	487.000
	弹簧垫圈 50kg/m	个	1.20	490.000	490.000	490.000	490.000
	护轨垫板	块	2.86	1524.600	1604.800	1765.300	2006.000
	护轨间隔材料	组	29.70	500.000	500.000	500.000	500.000
	轨撑	个	8.90	1524.600	1604.800	1765.300	2006.000
	道钉 16×16×165	个	3.20	3070.400	3232.000	3555.000	4040.000
	其他材料费	元	－	331.490	332.950	335.870	340.250

工作内容:1.人工运散护轨材料;2.在钢轨上划钻孔位置及钻孔,弯折护轨端部;3.安装护轨配件及涂油;4.枕木钻孔及钉道。　　单位:km

	定　额　编　号				7-2-204	7-2-205
	项　　　　　目				60kg 钢轨	
					每公里枕木根数	
					1760	1920
	基　　　价　（元）				**469658.27**	**479602.51**
其 中	人　工　费　（元）				16031.93	17489.25
	材　料　费　（元）				453626.34	462113.26
	机　械　费　（元）				—	—
	名　　　　　称	单位	单价(元)		数	量
人 工	综合工日	工日	75.00		213.759	233.190
材 料	钢轨 60kg/m 12.5m	根	3975.00		81.000	81.000
	鱼尾板 60kg	块	125.44		160.600	160.600
	鱼尾螺栓带帽 60kg	套	4.83		487.000	487.000
	弹簧垫圈 60kg/m	个	1.20		489.600	489.600
	钢轨铁垫板 60kg/m	块	44.20		882.640	962.880

定 额 编 号				7-2-204	7-2-205
项 目				60kg 钢轨	
				每公里枕木根数	
				1760	1920
材 料	塑料垫板	块	7.80	882.640	962.880
	轨下垫板	块	21.64	882.640	962.880
	衬垫	块	1.27	1795.200	1958.400
	中间垫圈	个	0.97	2789.450	3043.040
	轨撑	个	8.90	1544.620	1685.040
	轨撑座	个	1.80	1555.400	1696.800
	螺栓	套	1.43	2222.000	2424.000
	平垫圈 25×50×6	个	1.00	2222.000	2424.000
	螺母	个	0.60	2222.000	2424.000
	护轨间隔材料	组	29.70	500.000	500.000
	其他材料费	元	—	453.170	461.650

第三章　道路铺设工程

说　　明

一、本章定额包括道路的基层和面层等项目。

二、基层中各种材料是按常规的配合比编制的,如设计规定与定额不同时,允许换算,但人工和机械台班的消耗量不得调整。

三、本章使用石灰的子目,已包括石灰的消解。

四、石灰土基层、多合土基层,多层次铺筑时,其基础顶层需进行养生。养生期考虑为7天,其用水量已综合在顶层多合土养生定额内,使用时不得重复计算,养生面积按基础顶层的相应面积计算。

五、石灰土基层、石灰炉渣土基层、石灰粉煤灰土基层、石灰炉渣基层内各项目均设有"每增减1cm"的子目。其机械台班用量,在20cm实厚以内不作增减;超过20cm,在30cm以内,压路机(12t)台班用量每100m^{2}增加0.09台班,费用另计,大于30cm实厚的,按2个铺筑层的相应定额计算。

六、沥青类路面均以熬制,配对炒拌符合设计配比要求的石油沥青及沥青混凝土为准。如以原材料桶装沥青交付施工时,其沥青加工、沥青混凝土炒拌等费用另计。

七、水泥混凝土路面,已综合考虑了前台的运输工具不同及有筋无筋等不同所影响的工效,使用时均不换算。水泥混凝土路面中未包括钢筋用量,如设计有筋时,其钢筋用量另计。

八、水泥混凝土路面均按现场搅拌机搅拌,如采用商品混凝土可换算(扣除搅拌机台班数量和80%人工工日)。

九、水泥混凝土路面以平口为准,如设计为企口时,其用工量按本定额相应项目乘以系数1.01。木材摊销量按本定额相应项目摊销量乘以系数1.051。

十、本章定额中如采用煤沥青时,按石油沥青乘以系数 1.20。

十一、人行道块铺砌编制一种规格、三种垫层材料,因设计采用其他砌料与定额不符时,可予调整。

十二、使用机械拆除的项目包括人工配合作业。

十三、路灯、管道工程需破除路面时,执行拆除工程中相应项目基价乘以系数 1.5。

工程量计算规则

一、路面工程的直线段、曲线段、交叉路口、回车道、停车场等工程量的计算,均以施工图所示尺寸为准,计算时不得四舍五入,其计算结果可取整数。

二、道路直线段的路面面积工程量按路面结构层的宽度乘以长度计算,以平方米(m²)计算;曲线段的路面面积工程量除按上述规定计算外,还应加上曲线段面加宽值乘以曲线长度和两倍曲线加宽缓和段的面积。

三、沥青混凝土路面、黑色碎石路面所需要的面层熟料采用定点搅拌时,其运至作业面所需的运费按下表计算。

项 目	运 距			
运费(元/m³)	5km 以内	10km 以内	15km 以内	15km 以外每公里增加
	37.75	45	56.25	1.25

四、道路工程路基应按设计车行道宽度另计两侧加宽值,其加宽值按每边 30cm 计算。

五、交叉路口直线段路面工程量不得重复计算,路口弯道面积要单独计算。

一、石灰土道路工程

1. 人工拌合

工作内容: 放样、上料、人工运料(石灰)、铺灰、焖水、配料拌合、找平、碾压、人工拌合、处理碾压不到之处、清除杂物。 单位:100m²

定 额 编 号			7-3-1	7-3-2	7-3-3	7-3-4
项 目			人工拌合			
			含灰量(%)			
			10	14	10	14
			厚度20cm		每增减1cm	
基 价 (元)			**2505.58**	**2756.66**	**111.66**	**122.45**
其中	人 工 费 (元)		1392.53	1468.13	62.10	65.48
	材 料 费 (元)		839.99	967.74	41.30	48.71
	机 械 费 (元)		273.06	320.79	8.26	8.26
名 称	单位	单价(元)	数		量	
人工 综合工日	工日	75.00	18.567	19.575	0.828	0.873
材料 生石灰	t	150.00	3.460	4.500	0.170	0.230
黄土	m³	10.00	28.980	25.680	1.440	1.280
水	t	4.00	7.170	8.020	0.350	0.350
其他材料费	元	–	2.510	3.860	–	0.010
机械 光轮压路机(内燃)8t	台班	499.80	0.053	0.053	–	–
光轮压路机(内燃)12t	台班	651.96	0.167	0.167	–	–
履带式推土机75kW	台班	917.94	0.150	0.202	0.009	0.009

2. 拖拉机拌合

工作内容: 放样、上料、人工运料(石灰)、消解石灰、机械整平土方、铺灰、焖水、拌合、排压、找平、碾压、人工拌合、处理碾压不到之处、清除杂物。

单位:100m²

定 额 编 号			7-3-5	7-3-6	7-3-7	7-3-8
项 目			拖拉机拌合(带犁耙)			
			含灰量(%)			
			10	14	10	14
			厚度20cm		每增减1cm	
基 价 (元)			**2126.43**	**2329.10**	**63.74**	**74.09**
其中	人 工 费 (元)		424.58	456.98	14.18	16.88
	材 料 费 (元)		839.69	967.74	41.30	48.95
	机 械 费 (元)		862.16	904.38	8.26	8.26
名 称	单位	单价(元)	数		量	
人工 综合工日	工日	75.00	5.661	6.093	0.189	0.225
材料 生石灰	t	150.00	3.460	4.500	0.170	0.230
黄土	m³	10.00	28.950	25.680	1.440	1.280
水	t	4.00	7.170	8.020	0.350	0.410
其他材料费	元	—	2.510	3.860	—	0.010
机械 履带式推土机 75kW	台班	917.94	0.381	0.427	0.009	0.009
履带式推土机 105kW	台班	1087.04	0.070	0.070	—	—
履带式推土机 135kW	台班	1300.97	0.018	0.018	—	—
履带式拖拉机 90kW	台班	1058.11	0.202	0.202	—	—
平地机 90kW	台班	816.86	0.053	0.053	—	—
平地机 120kW	台班	1139.55	0.018	0.018	—	—
光轮压路机(内燃) 8t	台班	499.80	0.053	0.053	—	—
光轮压路机(内燃) 12t	台班	651.96	0.167	0.167	—	—

3. 拌合机拌合

工作内容: 放样、上料、人工运料(石灰)、消解石灰、机械整平土方、铺灰、焖水、拌合机拌合、排压、找平、碾压、人工拌合、处理碾压不到之处、清除杂物。

单位:100m²

定 额 编 号			7-3-9	7-3-10	7-3-11	7-3-12
项 目			拌合机拌合			
			含灰量(%)			
			10	14	10	14
			厚度20cm		每增减1cm	
基 价 (元)			**1962.58**	**2169.68**	**57.70**	**74.18**
其中	人 工 费 (元)		398.93	429.30	8.10	16.88
	材 料 费 (元)		838.97	967.05	41.34	49.04
	机 械 费 (元)		724.68	773.33	8.26	8.26
名 称	单位	单价(元)	数		量	
人工 综合工日	工日	75.00	5.319	5.724	0.108	0.225
材料 生石灰	t	150.00	3.460	4.500	0.170	0.230
黄土	m³	10.00	28.950	25.680	1.440	1.280
水	t	4.00	6.990	7.850	0.350	0.410
其他材料费	元	—	2.510	3.850	0.040	0.100
机械 履带式推土机75kW	台班	917.94	0.352	0.405	0.009	0.009
履带式推土机105kW	台班	1087.04	0.062	0.062	—	—
履带式推土机165kW	台班	1609.39	0.009	0.009	—	—
平地机120kW	台班	1139.55	0.070	0.070	—	—
稳定土拌合机105kW	台班	986.32	0.106	0.106	—	—
光轮压路机(内燃)8t	台班	499.80	0.053	0.053	—	—
光轮压路机(内燃)12t	台班	651.96	0.167	0.167	—	—

二、石灰、炉渣、土道路基层
1. 人工拌合

工作内容:放样、上料、消解石灰、人工运料(石灰)、铺灰、焖水、拌合、找平、碾压、人工处理碾压不到之处、清除杂物。 单位:100m²

定 额 编 号				7-3-13	7-3-14	7-3-15	7-3-16
项 目				人工拌合			
				石灰∶炉渣∶土(12∶48∶40)		石灰∶炉渣∶土(12∶70∶18)	
				厚度(cm)			
				20	每增减1	20	每增减2
基 价 (元)				**3081.22**	**138.58**	**3285.95**	**140.96**
其中	人 工 费 (元)			1420.88	60.75	1403.33	52.65
	材 料 费 (元)			1387.28	69.57	1609.56	80.05
	机 械 费 (元)			273.06	8.26	273.06	8.26
名 称		单位	单价(元)	数		量	
人工	综合工日	工日	75.00	18.945	0.810	18.711	0.702
材料	生石灰	t	150.00	3.390	0.170	3.270	0.160
	炉渣	m³	35.00	21.130	1.060	29.690	1.490
	黄土	m³	10.00	10.490	0.530	4.550	0.230
	水	t	4.00	7.890	0.400	7.600	0.380
	其他材料费	元	—	2.770	0.070	4.010	0.080
机械	光轮压路机(内燃)8t	台班	499.80	0.053	—	0.053	—
	光轮压路机(内燃)12t	台班	651.96	0.167	—	0.167	—
	履带式推土机75kW	台班	917.94	0.150	0.009	0.150	0.009

2. 拖拉机拌合

工作内容:放样、上料、消解石灰、人工运料(石灰)、机械整平(炉渣)、铺灰、焖水、拌合、找平、碾压、人工拌合、处理
碾压不到之处、清除杂物。

单位:100m²

定 额 编 号				7-3-17	7-3-18	7-3-19	7-3-20
项 目				石灰:炉渣:土(12:48:40)		石灰:炉渣:土(12:70:18)	
				厚度(cm)			
				20	每增减1	20	每增减1
基 价 (元)				**2182.84**	**85.14**	**2396.06**	**95.62**
其中	人 工 费 (元)			394.88	13.50	390.83	13.50
	材 料 费 (元)			1387.28	69.57	1604.55	80.05
	机 械 费 (元)			400.68	2.07	400.68	2.07
名 称		单位	单价(元)	数		量	
人工	综合工日	工日	75.00	5.265	0.180	5.211	0.180
材料	生石灰	t	150.00	3.390	0.170	3.270	0.160
	炉渣	m³	35.00	21.130	1.060	29.690	1.490
	黄土	m³	10.00	10.490	0.530	4.050	0.230
	水	t	4.00	7.890	0.400	7.600	0.380
	其他材料费	元	—	2.770	0.070	4.000	0.080
机械	履带式推土机 75kW	台班	917.94	0.099	—	0.099	—
	履带式拖拉机 60kW	台班	657.92	0.205	—	0.205	—
	平地机 120kW	台班	1139.55	0.070	—	0.070	—
	光轮压路机(内燃)12t	台班	651.96	0.072	0.002	0.072	0.002
	光轮压路机(内燃)15t	台班	765.45	0.063	0.001	0.063	0.001

3. 拌合机拌合

工作内容: 放样、上料、消解石灰、人工运料(石灰)、机械整平土方(炉渣)、铺灰、焖水、拌合机拌合、排压、找平、碾压、人工处理碾压不到之处、清除杂物。

单位:100m²

定 额 编 号				7-3-21	7-3-22	7-3-23	7-3-24
项 目				拌合机拌合			
				石灰:炉渣:土(12:48:40)		石灰:炉渣:土(12:70:18)	
				厚度(cm)			
				20	每增减1	20	每增减1
基 价 (元)				**2132.19**	**85.14**	**2350.42**	**95.62**
其中	人 工 费 (元)			384.08	13.50	380.03	13.50
	材 料 费 (元)			1387.28	69.57	1609.56	80.05
	机 械 费 (元)			360.83	2.07	360.83	2.07
名 称	单位	单价(元)		数		量	
人工 综合工日	工日	75.00		5.121	0.180	5.067	0.180
材料 生石灰	t	150.00		3.390	0.170	3.270	0.160
炉渣	m³	35.00		21.130	1.060	29.690	1.490
黄土	m³	10.00		10.490	0.530	4.550	0.230
水	t	4.00		7.890	0.400	7.600	0.380
其他材料费	元	—		2.770	0.070	4.010	0.080
机械 履带式推土机 75kW	台班	917.94		0.099	—	0.099	—
平地机 120kW	台班	1139.55		0.070	—	0.070	—
光轮压路机(内燃) 12t	台班	651.96		0.071	0.002	0.071	0.002
光轮压路机(内燃) 15t	台班	765.45		0.063	0.001	0.063	0.001
稳定土拌合机 105kW	台班	986.32		0.097	—	0.097	—

三、石灰、粉煤灰、土道路基层

工作内容:放样、上料、消解石灰、人工运料(石灰)、机械整平土方(粉煤灰)、焖水、拌合、排压、找平、碾压、人工拌合、处理碾压不到之处、清除杂物。

单位:100m²

定 额 编 号			7-3-25	7-3-26	7-3-27	7-3-28	7-3-29	7-3-30
项 目			人工拌合		拖拉机拌合(带犁耙)		拌合机拌合	
			石灰:粉煤灰:土(12:35:53)					
			厚度(cm)					
			20	每增减1	20	每增减1	20	每增减1
基 价 (元)			**2454.07**	**105.87**	**1907.03**	**61.32**	**1786.63**	**61.32**
其中	人 工 费 (元)		1379.03	58.73	396.23	14.18	385.43	14.18
	材 料 费 (元)		810.24	38.88	769.62	38.88	769.62	38.88
	机 械 费 (元)		264.80	8.26	741.18	8.26	631.58	8.26
名 称	单位	单价(元)	数			量		
人工 综合工日	工日	75.00	18.387	0.783	5.283	0.189	5.139	0.189
材料 生石灰	t	150.00	3.410	0.160	3.140	0.160	3.140	0.160
粉煤灰	t	14.00	9.870	0.497	9.870	0.497	9.870	0.497
黄土	m³	10.00	12.890	0.640	12.890	0.640	12.890	0.640
水	t	4.00	7.310	0.370	7.310	0.370	7.310	0.370
其他材料费	元	–	2.420	0.040	2.300	0.040	2.300	0.040
机械 履带式推土机 75kW	台班	917.94	0.141	0.009	0.308	0.009	0.308	0.009
履带式推土机 105kW	台班	1087.04	–	–	0.035	–	0.035	–
履带式拖拉机 90kW	台班	1058.11	–	–	0.194	–	–	–
光轮压路机(内燃) 8t	台班	499.80	0.053	–	0.053	–	0.053	–
光轮压路机(内燃) 12t	台班	651.96	0.167	–	0.167	–	0.167	–
平地机 120kW	台班	1139.55	–	–	0.070	–	0.070	–
稳定土拌合机 105kW	台班	986.32	–	–	–	–	0.097	–

四、石灰、炉渣、道路基层

工作内容: 放样、上料、消解石灰、人工运料(石灰)、机械整平土方(炉渣)、铺灰、焖水、拌合、找平、碾压、人工处理
碾压不到之处、清除杂物。

单位:100m²

定 额 编 号			7-3-31	7-3-32	7-3-33	7-3-34	7-3-35	7-3-36
项 目			人工拌合		拖拉机拌合(带犁耙)		拌合机拌合	
			石灰:炉渣(3:7)					
			厚度(cm)					
			20	每增减1	20	每增减1	20	每增减1
基 价 (元)			**3863.03**	**179.14**	**3147.09**	**121.09**	**3033.44**	**121.09**
其中	人 工 费 (元)		1543.05	70.20	349.65	12.15	345.60	12.15
	材 料 费 (元)		1958.80	97.92	1958.96	97.92	1958.96	97.92
	机 械 费 (元)		361.18	11.02	838.48	11.02	728.88	11.02
名 称	单位	单价(元)	数			量		
人工 综合工日	工日	75.00	20.574	0.936	4.662	0.162	4.608	0.162
材料 生石灰	t	150.00	5.580	0.280	5.580	0.280	5.580	0.280
炉渣	m³	35.00	30.830	1.540	30.830	1.540	30.830	1.540
水	t	4.00	9.710	0.480	9.750	0.480	9.750	0.480
其他材料费	元	–	3.910	0.100	3.910	0.100	3.910	0.100
机械 履带式推土机 75kW	台班	917.94	0.246	0.012	0.414	0.012	0.414	0.012
履带式推土机 105kW	台班	1087.04	–	–	0.035	–	0.035	–
履带式拖拉机 90kW	台班	1058.11	–	–	0.194	–	–	–
光轮压路机(内燃)8t	台班	499.80	0.053	0.053	0.053	–	0.053	–
光轮压路机(内燃)12t	台班	651.96	0.167	0.167	0.167	–	0.167	–
平地机 120kW	台班	1139.55	–	–	0.070	–	0.070	–
稳定土拌合机 105kW	台班	986.32	–	–	–	–	0.097	–

五、路拌粉煤灰三渣道路基层

工作内容:放样、拌制、摊铺、找平、二层铺筑时下层扎毛、洒水、滚压、养护。

单位:100m²

定 额 编 号			7-3-37	7-3-38	7-3-39	7-3-40	7-3-41
项 目			厚度(cm)				
			15	20	25	30	35
基 价 (元)			**1978.10**	**2515.18**	**3092.85**	**3653.31**	**4338.99**
其中	人 工 费 (元)		712.80	889.65	1097.55	1289.25	1603.13
	材 料 费 (元)		1085.04	1434.69	1794.12	2152.53	2513.98
	机 械 费 (元)		180.26	190.84	201.18	211.53	221.88
名 称	单位	单价(元)	数		量		
人工 综合工日	工日	75.00	9.504	11.862	14.634	17.190	21.375
材料 石灰下脚	m³	53.00	5.120	6.830	8.540	10.215	11.950
粉煤灰	t	14.00	7.819	9.492	11.865	14.238	16.618
道碴	m³	45.00	15.130	20.180	25.220	30.270	35.310
水	t	4.00	4.760	6.320	7.890	9.470	11.010
其他材料费	元	—	4.320	6.430	8.930	11.770	14.990
机械 稳定土拌合机 105kW	台班	986.32	0.097	0.097	0.097	0.097	0.097
光轮压路机(内燃) 12t	台班	651.96	0.064	0.072	0.082	0.092	0.102
光轮压路机(内燃) 15t	台班	765.45	0.056	0.063	0.068	0.073	0.078

注:实厚30cm以上按分两层铺筑和碾压考虑。

六、厂拌粉煤灰三渣道路基层

工作内容:放样、摊铺、拌制、找平、二层铺筑时下层扎毛、洒水、滚压、养护。

单位:100m²

定 额 编 号				7-3-42	7-3-43	7-3-44	7-3-45	7-3-46
项 目				厚度(cm)				
				15	20	25	30	35
基 价 (元)				2621.26	3409.45	4278.93	5159.87	6032.34
其中	人 工 费 (元)			383.40	470.48	587.25	766.80	853.88
	材 料 费 (元)			2102.49	2803.60	3504.81	4206.20	4907.73
	机 械 费 (元)			135.37	135.37	186.87	186.87	270.73
名 称		单位	单价(元)	数		量		
人工	综合工日	工日	75.00	5.112	6.273	7.830	10.224	11.385
材料	粉煤灰三渣	m³	136.00	15.300	20.400	25.500	30.600	35.700
	水	t	4.00	4.740	6.320	7.890	9.470	11.050
	其他材料费	元	—	2.730	3.920	5.250	6.720	8.330
机械	光轮压路机(内燃)8t	台班	499.80	0.053	0.053	0.053	0.053	0.106
	光轮压路机(内燃)12t	台班	651.96	0.167	0.167	0.246	0.246	0.334

七、顶层多合土养生

工作内容：抽水、运水、安拆抽水机胶管、洒水养护。

单位：100m²

定 额 编 号				7-3-47	7-3-48
项 目				洒水车洒水	人工洒水
基 价 （元）				**33.77**	**24.78**
其 中	人 工 费 （元）			5.40	18.90
	材 料 费 （元）			5.88	5.88
	机 械 费 （元）			22.49	－
名 称		单位	单价(元)	数	量
人工	综合工日	工日	75.00	0.072	0.252
材料	水	t	4.00	1.470	1.470
机械	洒水车 4000L	台班	642.60	0.035	－

八、砂砾石底层(天然)

工作内容:放样、取料、运料、摊铺、洒水、找平、碾压。

单位:100m²

定 额 编 号			7-3-49	7-3-50	7-3-51	7-3-52
项 目			人工铺装			
			厚度(cm)			
			8	10	15	20
基 价 (元)			**918.16**	**1077.09**	**1469.69**	**1507.65**
其中	人 工 费 (元)		267.98	325.35	444.83	491.40
	材 料 费 (元)		444.39	545.95	819.07	998.76
	机 械 费 (元)		205.79	205.79	205.79	17.49
名 称	单位	单价(元)	数		量	
人工 综合工日	工日	75.00	3.573	4.338	5.931	6.552
材料 砾石 0.5~8.0cm	m³	43.96	9.970	12.240	18.360	22.400
水	t	4.00	1.030	1.290	1.930	2.150
其他材料费	元	--	1.990	2.720	4.240	5.460
机械 光轮压路机(内燃)8t	台班	499.80	0.035	0.035	0.035	0.035
光轮压路机(内燃)15t	台班	765.45	0.246	0.246	0.246	--

九、卵石底层

工作内容: 放样、运料、铺装、灌砂、找平、洒水、碾压。

单位:100m²

定 额 编 号				7-3-53	7-3-54	7-3-55	7-3-56
项 目				人工铺装			
				厚度(cm)			
				10	15	20	25
基 价 (元)				**1361.94**	**1926.29**	**2478.61**	**3074.69**
其中	人 工 费 (元)			449.55	648.00	834.30	1002.38
	材 料 费 (元)			731.28	1097.18	1463.20	1829.96
	机 械 费 (元)			181.11	181.11	181.11	242.35
名 称		单位	单价(元)	数			量
人工	综合工日	工日	75.00	5.994	8.640	11.124	13.365
材料	砾石0.5~8.0cm	m³	54.00	11.930	17.900	23.870	29.840
	中砂	m³	60.00	1.330	1.990	2.650	3.320
	水	t	4.00	1.360	2.030	2.710	3.390
	其他材料费	元	-	1.820	3.060	4.380	5.840
机械	光轮压路机(内燃)8t	台班	499.80	0.053	0.053	0.053	0.053
	光轮压路机(内燃)15t	台班	765.45	0.202	0.202	0.202	0.282

工作内容:放样、运料、铺装、灌砂、找平、洒水、碾压。

单位:100m²

定　额　编　号				7-3-57	7-3-58	7-3-59	7-3-60
项　　　　　　目				人机配合			
				厚度(cm)			
				10	15	20	25
基　　　　价　　(元)				**1005.08**	**1638.15**	**2088.77**	**2387.54**
其中	人　工　费　(元)			168.08	228.83	279.45	315.23
	材　料　费　(元)			731.28	1097.18	1463.20	1829.96
	机　械　费　(元)			105.72	312.14	346.12	242.35
名　　　　称		单位	单价(元)	数			量
人工	综合工日	工日	75.00	2.241	3.051	3.726	4.203
材料	砾石 0.5～8.0cm	m³	54.00	11.930	17.900	23.870	29.840
	中砂	m³	60.00	1.330	1.990	2.650	3.320
	水	t	4.00	1.360	2.030	2.710	3.390
	其他材料费	元	－	1.820	3.060	4.380	5.840
机械	光轮压路机(内燃)8t	台班	499.80	0.053	0.070	0.053	0.053
	光轮压路机(内燃)15t	台班	765.45	－	0.202	0.202	0.282
	平地机 90kW	台班	816.86	0.097	0.150	0.202	－

十、碎石底层

工作内容:放样、运料、铺装、灌缝、找平、洒水、碾压。

单位:100m²

定 额 编 号			7-3-61	7-3-62	7-3-63	7-3-64
项 目			人工铺装			
			厚度(cm)			
			5	7	10	15
基 价 (元)			**753.12**	**983.06**	**1338.81**	**1935.80**
其 中	人 工 费 (元)		238.95	321.30	428.63	595.35
	材 料 费 (元)		368.85	516.44	738.07	1107.10
	机 械 费 (元)		145.32	145.32	172.11	233.35
名 称	单位	单价(元)	数		量	
人工 综合工日	工日	75.00	3.186	4.284	5.715	7.938
材 料	碎石 50mm	m³	55.00	6.630	9.280	13.260	19.890
	水	t	4.00	0.820	1.150	1.640	2.460
	其他材料费	元	—	0.920	1.440	2.210	3.310
机 械	光轮压路机(内燃)8t	台班	499.80	0.035	0.035	0.035	0.035
	光轮压路机(内燃)15t	台班	765.45	0.167	0.167	0.202	0.282

工作内容:放样、运料、铺装、灌缝、找平、洒水、碾压。

单位:100m²

定 额 编 号				7-3-65	7-3-66	7-3-67	7-3-68
项 目				人机配合			
				厚度(cm)			
				5	7	10	15
基 价 (元)				672.59	960.62	1169.65	1684.51
其中	人 工 费 (元)			112.73	169.43	180.23	222.08
	材 料 费 (元)			371.24	516.80	738.07	1106.55
	机 械 费 (元)			188.62	274.39	251.35	355.88
名 称		单位	单价(元)	数			量
人工	综合工日	工日	75.00	1.503	2.259	2.403	2.961
材料	碎石 50mm	m³	55.00	6.630	9.280	13.260	19.890
	水	t	4.00	0.820	1.150	1.640	2.460
	其他材料费	元	—	3.310	1.800	2.210	2.760
机械	光轮压路机(内燃) 8t	台班	499.80	0.035	0.035	0.035	0.035
	光轮压路机(内燃) 15t	台班	765.45	0.167	0.167	0.202	0.282
	平地机 90kW	台班	816.86	0.053	0.158	0.097	0.150

· 134 ·

十一、块石底层

工作内容:放样、装运料、铺装、灌缝、找平、碾压、洒水。

单位:100m²

定 额 编 号			7-3-69	7-3-70	7-3-71	7-3-72	7-3-73
项 目			人工铺装				
			厚度(cm)				
			15	20	25	30	35
基 价 (元)			2302.41	2985.36	3707.14	4394.81	5050.07
其中	人 工 费 (元)		711.45	932.85	1131.30	1357.43	1551.15
	材 料 费 (元)		1385.17	1846.72	2308.81	2770.35	3231.89
	机 械 费 (元)		205.79	205.79	267.03	267.03	267.03
名 称	单位	单价(元)	数		量		
人工 综合工日	工日	75.00	9.486	12.438	15.084	18.099	20.682
材料 块石	m³	64.00	19.890	26.520	33.150	39.780	46.410
碎石30mm	m³	55.00	1.990	2.650	3.320	3.980	4.640
其他材料费	元	—	2.760	3.690	4.610	5.530	6.450
机械 光轮压路机(内燃)8t	台班	499.80	0.035	0.035	0.035	0.035	0.035
光轮压路机(内燃)15t	台班	765.45	0.246	0.246	0.326	0.326	0.326

十二、混石底层

工作内容:放样、装运料、铺装、嵌缝、找平、碾压、洒水。

单位:100m²

定 额 编 号			7-3-74	7-3-75	7-3-76	7-3-77	7-3-78
项 目			人工铺装				
			厚度(cm)				
			15	20	25	30	35
基 价 (元)			**1498.02**	**1937.36**	**2439.64**	**2929.50**	**3494.56**
其中	人 工 费 (元)		567.00	753.98	942.30	1179.23	1379.03
	材 料 费 (元)		758.91	1011.27	1263.99	1516.92	1770.54
	机 械 费 (元)		172.11	172.11	233.35	233.35	344.99
名 称	单位	单价(元)	数		量		
人工 综合工日	工日	75.00	7.560	10.053	12.564	15.723	18.387
材料 混石	m³	35.02	16.910	22.540	28.180	33.810	39.460
碎石 30mm	m³	55.00	2.990	3.980	4.970	5.970	6.970
其他材料费	元	—	2.270	3.020	3.780	4.540	5.300
机械 光轮压路机(内燃)8t	台班	499.80	0.035	0.035	0.035	0.035	0.070
光轮压路机(内燃)15t	台班	765.45	0.202	0.202	0.282	0.282	0.405

工作内容:放样、装运料、铺装、嵌缝、找平、碾压、洒水。

单位:100m²

定 额 编 号			7-3-79	7-3-80	7-3-81	7-3-82	7-3-83
项 目			人工配合				
			厚度(cm)				
			15	20	25	30	35
基 价 (元)			1160.59	1487.29	1868.84	2180.60	2574.88
其中	人 工 费 (元)		93.15	124.20	148.50	164.03	193.05
	材 料 费 (元)		758.91	1011.27	1263.99	1516.92	1770.54
	机 械 费 (元)		308.53	351.82	456.35	499.65	611.29
名 称	单位	单价(元)	数			量	
人工 综合工日	工日	75.00	1.242	1.656	1.980	2.187	2.574
材料 混石	m³	35.02	16.910	22.540	28.180	33.810	39.460
碎石 30mm	m³	55.00	2.990	3.980	4.970	5.970	6.970
其他材料费	元	-	2.270	3.020	3.780	4.540	5.300
机械 光轮压路机(内燃) 8t	台班	499.80	0.035	0.035	0.035	0.035	0.070
光轮压路机(内燃) 15t	台班	765.45	0.202	0.202	0.282	0.282	0.405
平地机 90kW	台班	816.86	0.167	0.220	0.273	0.326	0.326

十三、炉渣底层

工作内容:放样、装运料、摊铺、找平、碾压、洒水。

单位:100m²

定 额 编 号				7-3-84	7-3-85	7-3-86	7-3-87
项　　　　目				人工铺设			
				厚度(cm)			
				10	15	20	25
基　　　价　　(元)				**1038.39**	**1437.50**	**1849.75**	**2330.96**
其中	人　工　费　(元)			289.58	386.78	497.48	616.28
	材　料　费　(元)			603.49	905.40	1206.95	1508.89
	机　械　费　(元)			145.32	145.32	145.32	205.79
名　　称		单位	单价(元)	数			量
人工	综合工日	工日	75.00	3.861	5.157	6.633	8.217
材料	炉渣	m³	35.00	17.010	25.520	34.020	42.530
	水	t	4.00	1.810	2.710	3.610	4.520
	其他材料费	元	—	0.900	1.360	1.810	2.260
机械	光轮压路机(内燃)8t	台班	499.80	0.035	0.035	0.035	0.035
	光轮压路机(内燃)15t	台班	765.45	0.167	0.167	0.167	0.246

工作内容：放样、装运料、摊铺、找平、碾压、洒水。

单位：100m²

定 额 编 号				7-3-88	7-3-89	7-3-90	7-3-91
项 目				人机配合			
				厚度（cm）			
				10	15	20	25
基 价 （元）				**870.79**	**1205.56**	**1547.18**	**1951.40**
其中	人 工 费 （元）			64.80	75.60	87.08	98.55
	材 料 费 （元）			603.49	905.40	1206.95	1510.64
	机 械 费 （元）			202.50	224.56	253.15	342.21
名 称		单位	单价（元）	数			量
人工	综合工日	工日	75.00	0.864	1.008	1.161	1.314
材料	炉渣	m³	35.00	17.010	25.520	34.020	42.580
	水	t	4.00	1.810	2.710	3.610	4.520
	其他材料费	元	--	0.900	1.360	1.810	2.260
机械	光轮压路机（内燃）8t	台班	499.80	0.035	0.035	0.035	0.035
	光轮压路机（内燃）15t	台班	765.45	0.167	0.167	0.167	0.246
	平地机 90kW	台班	816.86	0.070	0.097	0.132	0.167

十四、矿渣底层

工作内容:放样、装运料、摊铺、找平、改锤、洒水、碾压。

单位:100m²

定 额 编 号			7-3-92	7-3-93	7-3-94	7-3-95	7-3-96
项 目			人工铺装				
			厚度(cm)				
			7	10	15	20	25
基 价 (元)			**726.32**	**973.06**	**1336.78**	**1702.15**	**2122.69**
其中	人 工 费 (元)		279.45	369.90	518.40	668.25	812.03
	材 料 费 (元)		301.55	431.05	646.27	861.79	1077.31
	机 械 费 (元)		145.32	172.11	172.11	172.11	233.35
名 称	单位	单价(元)	数			量	
人工 综合工日	工日	75.00	3.726	4.932	6.912	8.910	10.827
材料 矿渣	m³	30.00	9.850	14.080	21.110	28.150	35.190
水	t	4.00	1.400	2.000	3.000	4.000	5.000
其他材料费	元	—	0.450	0.650	0.970	1.290	1.610
机械 光轮压路机(内燃)8t	台班	499.80	0.035	0.035	0.035	0.035	0.035
光轮压路机(内燃)15t	台班	765.45	0.167	0.202	0.202	0.202	0.282

工作内容:放样、装运料、摊铺、找平、改锤、洒水、碾压。

单位:100m²

定 额 编 号				7-3-97	7-3-98	7-3-99	7-3-100	7-3-101
项 目				人机配合				
				厚度(cm)				
				7	10	15	20	25
基 价 (元)				**557.00**	**743.30**	**1008.64**	**1268.27**	**1460.49**
其中	人 工 费 (元)			66.83	75.60	89.78	105.30	120.15
	材 料 费 (元)			301.55	431.05	646.27	861.79	1073.31
	机 械 费 (元)			188.62	236.65	272.59	301.18	267.03
名 称		单位	单价(元)	数		量		
人工	综合工日	工日	75.00	0.891	1.008	1.197	1.404	1.602
材料	矿渣	m³	30.00	9.850	14.080	21.110	28.150	35.190
	水	t	4.00	1.400	2.000	3.000	4.000	4.000
	其他材料费	元	–	0.450	0.650	0.970	1.290	1.610
机械	光轮压路机(内燃) 8t	台班	499.80	0.035	0.035	0.035	0.035	0.035
	光轮压路机(内燃) 15t	台班	765.45	0.167	0.202	0.202	0.202	0.326
	平地机 90kW	台班	816.86	0.053	0.079	0.123	0.158	–

十五、山皮底层

工作内容:放样、装运料、摊铺、找平、洒水、碾压。

定 额 编 号			7-3-102	7-3-103	7-3-104	7-3-105	7-3-106
项　　　　目			人工铺装				
			厚度(cm)				
			7	10	15	20	25
基　　　价　　(元)			1247.12	1738.47	2498.92	3260.09	4140.92
其中	人　工　费　(元)		266.63	351.68	491.40	631.80	770.18
	材　料　费　(元)		868.85	1241.47	1862.20	2482.97	3103.71
	机　械　费　(元)		111.64	145.32	145.32	145.32	267.03
名　　　称	单位	单价(元)	数		量		
人工	综合工日	工日	75.00	3.555	4.689	6.552	8.424	10.269
材料	山皮石	m³	92.99	9.280	13.260	19.890	26.520	33.150
	水	t	4.00	1.150	1.640	2.460	3.290	4.110
	其他材料费	元	—	1.300	1.860	2.790	3.720	4.650
机械	光轮压路机(内燃)8t	台班	499.80	0.035	0.035	0.035	0.035	0.035
	光轮压路机(内燃)15t	台班	765.45	0.123	0.167	0.167	0.167	0.326

工作内容: 放样、装运料、摊铺、找平、洒水、碾压。 单位:100m²

定 额 编 号				7-3-107	7-3-108	7-3-109	7-3-110	7-3-111
项 目				人机配合				
				厚度(cm)				
				7	10	15	20	25
基 价 (元)				**1097.97**	**1348.02**	**2205.13**	**2877.36**	**3537.48**
其中	人 工 费 (元)			66.83	75.60	89.78	105.30	120.15
	材 料 费 (元)			868.85	1055.21	1862.20	2482.97	3103.71
	机 械 费 (元)			162.29	217.21	253.15	289.09	313.62
名 称		单位	单价(元)	数		量		
人工	综合工日	工日	75.00	0.891	1.008	1.197	1.404	1.602
材料	山皮石	m³	92.99	9.280	11.260	19.890	26.520	33.150
	水	t	4.00	1.150	1.640	2.460	3.290	4.110
	其他材料费	元	-	1.300	1.580	2.790	3.720	4.650
机械	光轮压路机(内燃)8t	台班	499.80	0.035	0.035	0.035	0.035	0.035
	光轮压路机(内燃)15t	台班	765.45	0.123	0.167	0.167	0.167	0.246
	平地机 90kW	台班	816.86	0.062	0.088	0.132	0.176	0.132

十六、沥青稳定碎石

工作内容: 放样、清扫路基、人工摊铺、洒水、洒布机喷油、嵌缝、碾压。

单位:100m²

定 额 编 号			7-3-112	7-3-113	7-3-114
项 目			喷油机喷油,人工摊铺撒料		
			厚度(cm)		
			5	7	每增减1
基 价 (元)			**1885.50**	**2673.82**	**400.55**
其中	人 工 费 (元)		284.18	346.95	31.73
	材 料 费 (元)		1370.39	2058.10	344.16
	机 械 费 (元)		230.93	268.77	24.66
名 称	单位	单价(元)	数		量
人工 综合工日	工日	75.00	3.789	4.626	0.423
材料 石油沥青76号	kg	3.80	240.000	360.000	60.000
碎石15mm	m³	55.00	1.630	3.160	0.770
碎石80mm	m³	55.00	6.630	9.280	1.330
水	t	4.00	0.680	0.960	0.140
其他材料费	元	—	1.370	2.060	0.100
机械 汽车式沥青喷洒机4000L	台班	948.57	0.062	0.114	0.026
光轮压路机(内燃)8t	台班	499.80	0.035	0.035	—
光轮压路机(内燃)15t	台班	765.45	0.202	0.187	—

十七、泥结碎石路面

工作内容:放样、整平、装运料、配料拌合、摊铺、找平、夯实、洒水、碾压。

单位:100m²

定 额 编 号				7-3-115	7-3-116	7-3-117	7-3-118	7-3-119	7-3-120
项 目				人工拌合					
				碎石级配路面64:21:15(碎石:砂:黏土)					
				厚度(cm)					
				6	8	10	15	20	25
基 价 (元)				**937.22**	**1186.74**	**1448.76**	**2000.79**	**2563.83**	**3182.49**
其中	人 工 费 (元)			313.20	404.33	479.25	632.48	797.18	955.80
	材 料 费 (元)			478.70	637.09	797.40	1196.20	1594.54	1993.34
	机 械 费 (元)			145.32	145.32	172.11	172.11	172.11	233.35
名 称		单位	单价(元)	数			量		
人工	综合工日	工日	75.00	4.176	5.391	6.390	8.433	10.629	12.744
材料	黏土	m³	25.00	1.500	1.990	2.490	3.730	4.970	6.210
	中砂	m³	60.00	1.930	2.560	3.210	4.810	6.420	8.020
	碎石 80mm	m³	55.00	5.830	7.770	9.720	14.590	19.440	24.310
	水	t	4.00	0.830	1.120	1.390	2.080	2.780	3.470
	其他材料费	元	－	1.430	1.910	2.390	3.580	4.770	5.960
机械	光轮压路机(内燃)8t	台班	499.80	0.035	0.035	0.035	0.035	0.035	0.035
	光轮压路机(内燃)15t	台班	765.45	0.167	0.167	0.202	0.202	0.202	0.282

十八、干结碎石路面

工作内容: 放样、分层铺装、找平、撒嵌缝料、扫缝、碾压、洒水。

单位:100m²

定 额 编 号				7-3-121	7-3-122	7-3-123
项 目				人工铺装		
				厚度(cm)		
				10	15	每增减1
基 价 (元)				**1383.38**	**2020.60**	**129.07**
其中	人 工 费 (元)			367.20	557.55	37.80
	材 料 费 (元)			822.76	1234.14	82.27
	机 械 费 (元)			193.42	228.91	9.00
名 称		单位	单价(元)	数		量
人工	综合工日	工日	75.00	4.896	7.434	0.504
材料	碎石 15mm	m³	55.00	10.260	15.390	1.030
	碎石 20mm	m³	55.00	3.000	4.500	0.300
	石屑	m³	45.50	2.000	3.000	0.200
	其他材料费	元	—	2.460	3.690	0.020
机械	光轮压路机(内燃)8t	台班	499.80	0.387	0.458	0.018

十九、简易路面(磨耗层)

工作内容:放样、运料、拌合、摊铺、找平、碾压、洒水。

单位:100m²

定 额 编 号				7-3-124	7-3-125	7-3-126
项 目				黏土:砂(20:80)	黏土:石屑(20:80)	黏土:炉渣(20:80)
				厚度(cm)		
				2		
基 价 (元)				244.87	215.38	188.82
其中	人 工 费 (元)			64.80	67.50	58.73
	材 料 费 (元)			145.08	112.89	121.09
	机 械 费 (元)			34.99	34.99	9.00
名 称		单位	单价(元)	数		量
人工	综合工日	工日	75.00	0.864	0.900	0.783
材料	黏土	m³	25.00	0.570	0.570	0.480
	中砂	m³	60.00	2.120	–	–
	石屑	m³	45.50	–	2.090	–
	炉渣	m³	35.00	–	–	3.030
	水	t	4.00	0.800	0.800	0.670
	其他材料费	元	–	0.430	0.340	0.360
机械	光轮压路机(内燃)8t	台班	499.80	0.070	0.070	0.018

二十、沥青表面处治

工作内容:放样、清扫路基、运料、分层撒料、洒油、找平、接茬、收边。

单位:100m²

定　额　编　号			7-3-127	7-3-128	7-3-129
项　　目			人工手泵喷油、撒料		
			单层式	双层式	三层式
基　　价　(元)			**1223.43**	**1858.45**	**2521.62**
其中	人　工　费　(元)		174.83	242.33	290.93
	材　料　费　(元)		1007.01	1553.33	2138.75
	机　械　费　(元)		41.59	62.79	91.94
名　　　称	单位	单价(元)	数		量
人工 综合工日	工日	75.00	2.331	3.231	3.879
材料 石油沥青76号	kg	3.80	240.000	360.000	500.000
碎(砾)石0.5~1.0cm	m³	52.00	1.330	1.020	1.020
碎(砾)石1.0~1.5cm	m³	52.00	–	–	1.220
碎(砾)石1.5~2.5cm	m³	52.00	–	2.040	1.840
中砂	m³	60.00	0.420	0.420	0.420
其他材料费	元	–	0.650	1.010	1.390
机械 手泵喷油机	台班	58.01	0.157	0.238	0.327
光轮压路机(内燃)8t	台班	499.80	0.065	0.098	0.146

二十一、沥青贯入式路面

工作内容:放样、清扫路基、分层喷油、铺装、运料、分层、洒料、找平、碾压。

单位:100m²

定 额 编 号				7-3-130	7-3-131	7-3-132	7-3-133	7-3-134
项 目				机械喷油、人工撒料				
				厚度(cm)				
				4	5	6	7	8
基 价 (元)				3423.90	3462.44	4186.37	4734.94	5241.97
其中	人 工 费 (元)			349.65	394.20	466.43	515.70	560.93
	材 料 费 (元)			2715.00	2698.55	3341.71	3828.68	4278.15
	机 械 费 (元)			359.25	369.69	378.23	390.56	402.89
名 称		单位	单价(元)	数		量		
人工	综合工日	工日	75.00	4.662	5.256	6.219	6.876	7.479
材料	石油沥青76号	kg	3.80	540.000	590.000	720.000	830.000	930.000
	碎(砾)石0.5~1.0cm	m³	52.00	0.610	0.610	0.610	0.610	0.610
	碎(砾)石1.0~1.5cm	m³	52.00	1.020	1.020	2.550	2.550	2.550
	碎(砾)石1.5~2.5cm	m³	52.00	10.600	6.630	7.960	9.280	10.610
	中砂	m³	60.00	0.420	0.420	0.420	0.420	0.420
	其他材料费	元	—	1.840	1.830	2.270	2.600	2.910
机械	汽车式沥青喷洒机4000L	台班	948.57	0.072	0.083	0.092	0.105	0.118
	光轮压路机(内燃)8t	台班	499.80	0.089	0.089	0.089	0.089	0.089
	光轮压路机(内燃)15t	台班	765.45	0.322	0.322	0.322	0.322	0.322

二十二、沥青混凝土及沥青加工

工作内容:建锅点、烤熬沥青(油)、配料加热、炒拌、压火、装运料、清理。　　　　　　　　　　单位:见表

定 额 编 号			7-3-135	7-3-136	7-3-137	7-3-138	7-3-139
项　　　　目			人工加工				
			沥青碎石	沥青混凝土			明火烤熬
				粗粒式	中粒式	细粒式	
单　　　　位			m³				t
基　　　价　（元）			318.72	328.44	331.58	349.30	611.35
其中	人　工　费　（元）		37.50	37.50	37.50	37.50	63.00
	材　料　费　（元）		232.62	232.62	234.04	234.04	548.35
	机　械　费　（元）		48.60	58.32	60.04	77.76	—
名　　称	单位	单价(元)	数		量		
人工	综合工日	工日	75.00	0.500	0.500	0.500	0.500	0.840
材料	石油沥青 76 号	kg	3.80	—	—	—	—	70.000
	煤	kg	0.85	65.000	65.000	65.000	65.000	300.000
	木柴	kg	0.95	50.000	50.000	50.000	50.000	25.000
	柴油 0 号	kg	8.70	14.000	14.000	14.000	14.000	—
	电	kW·h	0.85	8.400	8.400	9.800	9.800	—
	其他材料费	元	—	0.930	0.930	1.160	1.160	3.600
机械	其他机械费	元	—	48.600	58.320	60.040	77.760	—

二十三、喷洒沥青油料

工作内容:清扫路基、洒布机(人工手泵)喷油、运油、加热、撒砂、移动挡板(或遮盖物)、保护侧缘石。

单位:100m²

定　额　编　号			7-3-140	7-3-141	7-3-142	7-3-143
项　　　目			喷洒结合油		喷洒透层油	
			人工手泵	汽车式喷洒机	人工手泵	汽车式喷洒机
			喷油量(kg/m²)			
			0.8		1.0	
基　　　价　　(元)			**396.39**	**342.72**	**473.77**	**418.77**
其中	人　工　费　(元)		6.08	5.40	7.43	5.40
	材　料　费　(元)		378.07	304.12	454.10	380.17
	机　械　费　(元)		12.24	33.20	12.24	33.20
名　　　称	单位	单价(元)	数		量	
人工 综合工日	工日	75.00	0.081	0.072	0.099	0.072
材料 石油沥青76号	kg	3.80	80.000	80.000	100.000	100.000
煤	kg	0.85	40.000	–	40.000	–
木柴	kg	0.95	42.000	–	42.000	–
其他材料费	元	–	0.170	0.120	0.200	0.170
机械 手泵喷油机	台班	58.01	0.211	–	0.211	–
汽车式沥青喷洒机4000L	台班	948.57	–	0.035	–	0.035

工作内容:清扫路基、洒布机(人工手泵)喷油、运油、加热、撒砂、移动挡板(或遮盖物)、保护侧缘石。

单位:100m²

定 额 编 号				7-3-144	7-3-145	7-3-146	7-3-147
项 目				喷洒结合油		喷洒透层油	
				人工手泵	汽车式沥青喷洒机	人工手泵	汽车式沥青喷洒机
				喷油量(kg/m²)			
				1.0		0.6	
基 价 (元)				**717.60**	**662.60**	**458.30**	**306.06**
其中	人 工 费 (元)			7.43	5.40	112.73	13.50
	材 料 费 (元)			697.93	624.00	333.33	259.36
	机 械 费 (元)			12.24	33.20	12.24	33.20
名 称		单位	单价(元)	数			量
人工	综合工日	工日	75.00	0.099	0.072	1.503	0.180
材料	乳化沥青	kg	3.20	100.000	100.000	–	–
	石油沥青76号	kg	3.80	80.000	80.000	60.000	60.000
	中砂	m³	60.00	–	–	0.520	0.520
	煤	kg	0.85	40.000	–	40.000	–
	木柴	kg	0.95	42.000	–	42.000	–
	其他材料费	元	–	–	0.030	0.230	0.160
机械	汽车式沥青喷洒机4000L	台班	948.57	–	0.035	–	0.035
	手泵喷油机	台班	58.01	0.211	–	0.211	–

二十四、黑色碎石路面

工作内容:清扫路基、保护侧缘石、测温、摊铺、接茬、找平、点补、夯边、撒垫料、碾压、清理。

单位:100m²

定 额 编 号			7-3-148	7-3-149	7-3-150	7-3-151	7-3-152
项 目			人工铺摊				
			厚度(cm)				
			4	5	6	7	每增减1
基 价 (元)			2559.53	3134.02	3691.10	4252.28	605.11
其中	人 工 费 (元)		224.10	253.13	274.05	290.25	44.55
	材 料 费 (元)		2154.32	2699.78	3235.94	3780.92	560.56
	机 械 费 (元)		181.11	181.11	181.11	181.11	—
名 称	单位	单价(元)	数		量		
人工 综合工日	工日	75.00	2.988	3.375	3.654	3.870	0.594
材料 沥青混凝土 黑色碎石	m³	515.10	4.080	5.100	6.120	7.140	1.020
柴油 0 号	kg	8.70	4.000	5.000	6.000	7.000	1.000
煤	kg	0.85	10.000	20.000	20.000	30.000	30.000
木柴	kg	0.95	2.000	3.000	3.200	3.700	0.530
其他材料费	元	—	7.510	9.420	11.290	13.190	0.450
机械 光轮压路机(内燃)8t	台班	499.80	0.053	0.053	0.053	0.053	—
光轮压路机(内燃)15t	台班	765.45	0.202	0.202	0.202	0.202	—

工作内容:清扫路基、保护侧缘石、测温、摊铺、接茬、找平、点补、夯边、撒垫料、碾压、清理。

单位:100m²

定 额 编 号				7-3-153	7-3-154	7-3-155	7-3-156	7-3-157
项 目				机械铺摊				
				厚度(cm)				
				4	5	6	7	每增减1
基 价 (元)				**2567.55**	**3167.67**	**3704.43**	**4266.83**	**565.64**
其中	人 工 费 (元)			136.35	155.25	164.70	174.15	26.33
	材 料 费 (元)			2154.32	2699.78	3235.94	3780.92	539.31
	机 械 费 (元)			276.88	312.64	303.79	311.76	–
名 称	单位	单价(元)		数		量		
人工	综合工日	工日	75.00	1.818	2.070	2.196	2.322	0.351
材料	沥青混凝土 黑色碎石	m³	515.10	4.080	5.100	6.120	7.140	1.020
	柴油0号	kg	8.70	4.000	5.000	6.000	7.000	1.000
	煤	kg	0.85	10.000	20.000	20.000	30.000	3.000
	木柴	kg	0.95	2.000	3.000	3.200	3.700	0.530
	其他材料费	元	–	7.510	9.420	11.290	13.190	2.150
机械	沥青混凝土摊铺机8t	台班	996.44	0.123	0.132	0.150	0.158	–
	光轮压路机(内燃)8t	台班	499.80	0.053	0.053	0.053	0.053	–
	光轮压路机(内燃)15t	台班	765.45	0.167	0.202	0.167	0.167	–

二十五、沥青混凝土路面

工作内容:清扫路基、整修侧缘石、测温、摊铺、接茬、找平、点补、撒垫料、清理。

单位:100m²

定　额　编　号				7-3-158	7-3-159	7-3-160	7-3-161	7-3-162
项　　　　目				粗(中)粒式				
				人工摊铺				
				厚度(cm)				
				3	4	5	6	每增减1
基　　　价　　(元)				**2180.05**	**2814.98**	**3423.76**	**4017.38**	**644.48**
其中	人　　工　　费　(元)			218.25	268.50	296.25	322.50	35.25
	材　　料　　费　(元)			1756.01	2340.69	2921.72	3489.09	583.92
	机　　械　　费　(元)			205.79	205.79	205.79	205.79	25.31
名　　称		单位	单价(元)	数		量		
人工	综合工日	工日	75.00	2.910	3.580	3.950	4.300	0.470
材料	沥青混凝土 粗(中)粒式	m³	560.49	3.050	4.060	5.080	6.060	1.020
	煤	kg	0.85	10.000	20.000	20.000	30.000	3.000
	木柴	kg	0.95	2.000	3.000	3.200	3.700	0.530
	柴油 0 号	kg	8.70	4.000	5.000	6.000	7.000	1.000
	其他材料费	元	－	1.320	1.750	2.190	2.610	0.470
机械	光轮压路机(内燃)8t	台班	499.80	0.035	0.035	0.035	0.035	0.020
	光轮压路机(内燃)15t	台班	765.45	0.246	0.246	0.246	0.246	0.020

工作内容:清扫路基、整修侧缘石、测温、摊铺、接茬、找平、点补、撒垫料、清理。　　　　　　　　　　单位:100m²

定　额　编　号			7-3-163	7-3-164	7-3-165	7-3-166	7-3-167
项　　　　　目			粗(中)粒式				
			机械摊铺				
			厚度(cm)				
			3	4	5	6	每增减1
基　　　价　　(元)			**2057.74**	**2689.29**	**3290.43**	**3892.87**	**643.56**
其中	人　　工　　费　　(元)		90.75	130.65	143.78	158.03	27.90
	材　　料　　费　　(元)		1756.01	2340.69	2921.72	3505.93	583.92
	机　　械　　费　　(元)		210.98	217.95	224.93	228.91	31.74
名　　　　称	单位	单价(元)	数			量	
人工 综合工日	工日	75.00	1.210	1.742	1.917	2.107	0.372
材料	沥青混凝土 粗(中)粒式	m³	560.49	3.050	4.060	5.080	6.090	1.020
	煤	kg	0.85	10.000	20.000	20.000	30.000	3.000
	木柴	kg	0.95	2.000	3.000	3.200	3.700	0.530
	柴油 0 号	kg	8.70	4.000	5.000	6.000	7.000	1.000
	其他材料费	元	—	1.320	1.750	2.190	2.630	0.470
机械	沥青混凝土摊铺机 8t	台班	996.44	0.039	0.046	0.053	0.057	0.009
	光轮压路机(内燃) 8t	台班	499.80	0.035	0.035	0.035	0.035	0.018
	光轮压路机(内燃) 15t	台班	765.45	0.202	0.202	0.202	0.202	0.018

工作内容:清扫路基、整修侧缘石、测温、摊铺、接茬、找平、点补、撒垫料、清理。

单位:100m²

定 额 编 号			7-3-168	7-3-169	7-3-170	7-3-171
项 目			细(微)粒式			
			人工摊铺			
			厚度(cm)			
			1	2	3	每增减0.5
基 价 (元)			**901.84**	**1577.18**	**2267.37**	**419.69**
其中	人 工 费 (元)		108.08	158.25	209.03	50.48
	材 料 费 (元)		639.44	1273.61	1913.02	323.66
	机 械 费 (元)		154.32	145.32	145.32	45.55
名 称	单位	单价(元)	数		量	
人工	综合工日	工日	75.00	1.441	2.110	2.787	0.673
材料	沥青混凝土 细(微)粒式	m³	614.97	1.020	2.030	3.050	0.510
	煤	kg	0.85	3.000	7.000	10.000	1.000
	木柴	kg	0.95	0.530	1.100	1.600	0.300
	柴油0号	kg	8.70	1.000	2.000	3.000	1.000
	其他材料费	元	—	0.420	0.830	1.240	0.190
机械	光轮压路机(内燃)8t	台班	499.80	0.053	0.035	0.035	0.036
	光轮压路机(内燃)15t	台班	765.45	0.167	0.167	0.167	0.036

工作内容:清扫路基、整修侧缘石、测温、摊铺、接茬、找平、点补、撒垫料、清理。

单位:100m²

定 额 编 号			7-3-172	7-3-173	7-3-174	7-3-175
项　　目			细(微)粒式			
			机械摊铺			
			厚度(cm)			
			1	2	3	每增减0.5
基　　价　　(元)			**861.18**	**1515.76**	**2199.43**	**397.75**
其中	人　工　费　(元)		86.18	97.58	128.93	21.38
	材　料　费　(元)		639.44	1272.66	1913.02	323.66
	机　械　费　(元)		135.56	145.52	157.48	52.71
名　　　称	单位	单价(元)	数　　　　　　量			
人工 综合工日	工日	75.00	1.149	1.301	1.719	0.285
材料 沥青混凝土 细(微)粒式	m³	614.97	1.020	2.030	3.050	0.510
煤	kg	0.85	3.000	7.000	10.000	1.000
木柴	kg	0.95	0.530	0.100	1.600	0.300
柴油 0 号	kg	8.70	1.000	2.000	3.000	1.000
其他材料费	元	–	0.420	0.830	1.240	0.190
机械 沥青混凝土摊铺机 8t	台班	996.44	0.024	0.034	0.046	0.011
光轮压路机(内燃) 8t	台班	499.80	0.035	0.035	0.035	0.033
光轮压路机(内燃) 15t	台班	765.45	0.123	0.123	0.123	0.033

二十六、水泥混凝土路面

工作内容:放样、模板制作、安拆、模板刷油、混凝土纵缝涂沥青、拌合浇筑、捣固、抹光或拉毛遮盖、草袋养生。　　　　单位:100m²

定　额　编　号			7-3-176	7-3-177	7-3-178	7-3-179	7-3-180	7-3-181
项　　　　目			浇筑混凝土路面(抗折45号)					
			厚度(cm)					
			15	18	20	22	24	28
基　　价　　(元)			**6109.00**	**7144.88**	**7848.10**	**8567.23**	**9284.44**	**10687.65**
其中	人　工　费　(元)		1977.08	2208.60	2384.78	2575.80	2744.55	3098.93
	材　料　费　(元)		3984.16	4760.09	5266.26	5775.41	6291.68	7298.42
	机　械　费　(元)		147.76	176.19	197.06	216.02	248.21	290.30
名　　　　称	单位	单价(元)	数			量		
人工 综合工日	工日	75.00	26.361	29.448	31.797	34.344	36.594	41.319
材料 混凝土抗折45号	m³	239.25	15.300	18.360	20.400	22.440	24.480	28.560
二等方木 综合	m³	1800.00	0.040	0.053	0.056	0.058	0.064	0.070
圆钉2.1×45	kg	4.32	0.200	0.200	0.200	0.200	0.200	0.200
铁件	kg	5.30	5.500	6.200	6.500	7.700	7.700	7.700
草袋	条	1.90	43.000	43.000	43.000	43.000	43.000	43.000
水	t	4.00	32.000	35.600	38.000	40.400	42.800	48.560
其他材料费	元	–	11.920	14.240	15.750	17.270	25.070	21.830
机械 滚筒式混凝土搅拌机(电动)400L	台班	187.85	0.686	0.818	0.915	1.003	1.091	1.276
混凝土振捣器 平板式BL11	台班	13.76	1.373	1.637	1.830	2.006	2.182	2.552
混凝土振捣器 插入式	台班	12.14	–	–	–	–	1.091	1.276

工作内容:放样、模板制作、安拆、模板刷油、混凝土纵缝涂沥青、拌合浇筑、捣固、抹光或拉毛遮盖、草袋养生。 单位:100m²

定 额 编 号			7-3-182	7-3-183	7-3-184	7-3-185	7-3-186	7-3-187
项 目			浇筑混凝土路面(抗折 50 号)					
			厚度(cm)					
			15	18	20	22	24	28
基 价 (元)			**6354.53**	**7435.70**	**8164.65**	**8906.84**	**9663.80**	**11145.98**
其中	人 工 费 (元)		1977.08	2208.60	2384.78	2569.73	2744.55	3098.93
	材 料 费 (元)		4229.69	5050.91	5582.81	6121.09	6671.04	7756.75
	机 械 费 (元)		147.76	176.19	197.06	216.02	248.21	290.30
名 称	单位	单价(元)	数			量		
人工 综合工日	工日	75.00	26.361	29.448	31.797	34.263	36.594	41.319
材料 混凝土抗折 50 号	m³	255.25	15.300	18.360	20.400	22.440	24.480	28.560
二等方木 综合	m³	1800.00	0.040	0.050	0.050	0.050	0.060	0.070
圆钉 2.1×45	kg	4.32	0.200	0.200	0.200	0.200	0.200	0.200
铁件	kg	5.30	5.500	6.500	6.500	7.700	7.700	7.700
草袋	条	1.90	43.000	43.000	43.000	43.000	43.000	43.000
水	t	4.00	32.000	35.600	38.000	40.400	42.800	48.560
其他材料费	元	–	12.650	15.110	16.700	18.310	19.950	23.200
机械 滚筒式混凝土搅拌机(电动) 400L	台班	187.85	0.686	0.818	0.915	1.003	1.091	1.276
混凝土振捣器 平板式 BL11	台班	13.76	1.373	1.637	1.830	2.006	2.182	2.552
混凝土振捣器 插入式	台班	12.14	–	–	–	–	1.091	1.276

二十七、伸缩缝

工作内容:放样、缝板制作、备料、熬制沥青、浸泡木板、拌合嵌缝、烫平路面。

单位:10m²

定 额 编 号			7-3-188	7-3-189	7-3-190	7-3-191
项 目			伸 缝		缩 缝	
			沥青木板	沥青玛蹄脂	沥青木板	沥青玛蹄脂
基 价 (元)			**958.86**	**1125.82**	**319.88**	**969.60**
其中	人 工 费 (元)		440.78	238.95	–	502.88
	材 料 费 (元)		518.08	886.87	319.88	466.72
	机 械 费 (元)		–	–	–	–
名 称	单位	单价(元)	数			量
人工 综合工日	工日	75.00	5.877	3.186	–	6.705
材料 二等板方材 综合	m³	1800.00	0.220	–	0.110	–
石油沥青76号	kg	3.80	30.000	130.000	30.000	70.000
石棉	kg	2.50	–	126.000	–	63.000
石粉	kg	0.40	–	120.000	–	60.000
煤	kg	0.85	8.000	30.000	8.000	20.000
木柴	kg	0.95	0.800	3.200	0.800	1.600
其他材料费	元	–	0.520	1.330	0.320	0.700

二十八、传力杆及钢筋制作安装

工作内容:1.传力杆制安包括:下料、刷油(漆)、套管、填料、堆放及安装;2.钢筋制安包括:钢筋切断、运、平、弯、扎、分类堆放,
场内材料运输。

单位:t

定 额 编 号				7-3-192	7-3-193
项 目				传力杆制作	钢筋制作安装
基 价 (元)				**6913.98**	**4786.99**
其中	人 工 费 (元)			2155.95	580.50
	材 料 费 (元)			4696.56	4123.40
	机 械 费 (元)			61.47	83.09
名 称		单位	单价(元)	数	量
人工	综合工日	工日	75.00	28.746	7.740
材料	光圆钢筋 φ15~24	kg	3.90	1025.000	—
	Ⅱ级钢筋 φ20以外	kg	4.00	—	552.000
	Ⅱ级钢筋 φ20以内	kg	4.00	—	470.000
	防锈漆	kg	13.65	5.540	—
	汽油93号	kg	10.05	2.670	—
	石油沥青10号	kg	3.80	75.130	—
	滑石粉	kg	0.40	33.110	—
	煤	kg	0.85	12.000	—
	木柴	kg	0.95	2.870	—
	硬塑料管 φ25	m	3.30	83.080	—
	镀锌铁丝18~22号	kg	5.90	—	6.000
	其他材料费	元	—	10.780	
机械	钢筋调直机 φ40mm	台班	48.59	0.651	0.818
	钢筋切断机 φ40mm	台班	52.99	0.563	0.818

注:1.按钢筋质量计;2.拉杆执行传力杆制作安装项目,基价乘以系数0.9。

二十九、人行道板安砌

工作内容:放样、运料、配料、拌合、扒平、夯实、安砌、灌缝、扫缝。

单位:100m²

定　额　编　号				7-3-194	7-3-195	7-3-196	7-3-197
项　　　　　目				人行道板			
				砂垫层	炉渣垫层	石灰土垫层	
				规格(cm×cm×cm)			
				50×50×10			
基　　　价　(元)				3890.13	3793.32	3875.71	—
其中	人　工　费　(元)			821.48	819.45	994.28	—
	材　料　费　(元)			3068.65	2973.87	2881.43	—
	机　械　费　(元)			—	—	—	—
名　　　称		单位	单价(元)	数		量	
人工	综合工日	工日	75.00	10.953	10.926	13.257	—
材料	人行道板 500mm×500mm×100mm	千块	6500.00	0.410	0.410	0.410	—
	中砂	m³	60.00	6.600	0.060	0.060	—
	炉渣	m³	35.00	—	8.510	—	—
	生石灰	t	150.00	—	—	0.870	—
	黄土	m³	10.00	—	—	7.230	—
	水	t	4.00	—	—	0.710	—
	其他材料费	元	—	7.650	7.420	7.190	—

三十、侧缘石垫层

工作内容:运料、备料、拌合、摊铺、找平、洒水、夯实。

单位:100m²

定　额　编　号			7-3-198	7-3-199	7-3-200	7-3-201
项　　目			人工铺装			
			炉渣垫层	石灰土垫层	混凝土垫层	砂垫层
基　　价　（元）			**113.61**	**125.09**	**285.50**	**121.25**
其中	人　工　费　（元）		53.33	83.03	105.30	42.53
	材　料　费　（元）		60.28	42.06	180.20	78.72
	机　械　费　（元）		－	－	－	－
名　　称	单位	单价(元)	数		量	
人工 综合工日	工日	75.00	0.711	1.107	1.404	0.567
材料 炉渣	m³	35.00	1.700	－	－	－
生石灰	t	150.00	－	0.180	－	－
现浇混凝土 C15-20（砾石）	m³	175.71	－	－	1.020	－
中砂	m³	60.00	－	－	－	1.300
黄土	m³	10.00	－	1.450	－	－
水	t	4.00	0.180	0.130	0.200	0.160
其他材料费	元	－	0.060	0.040	0.180	0.080

三十一、侧缘石安砌

工作内容:放样、开槽、运料、调配砂、安砌、勾缝、养护、清理。

单位:100m

定　额　编　号				7-3-202	7-3-203	7-3-204	7-3-205
项　　　　目				混凝土侧石	石质侧石	混凝土缘石	石质缘石
				长度(cm)			
				50			
基　　　价　(元)				**5711.62**	**4828.58**	**3467.10**	**3581.02**
其 中	人　工　费　(元)			664.88	893.03	351.00	479.93
	材　料　费　(元)			5046.74	3935.55	3116.10	3101.09
	机　械　费　(元)			－	－	－	－
	名　　　称	单位	单价(元)	数		量	
人工	综合工日	工日	75.00	8.865	11.907	4.680	6.399
材 料	混凝土侧石	m	48.76	101.500	－	－	－
	石质侧石	m	38.00	－	101.000	－	－
	石质缘石	m	30.03	－	－	101.500	101.000
	水泥砂浆 1:3	m³	205.32	0.050	0.050	0.010	0.010
	石灰砂浆 1:3	m³	106.20	0.820	0.820	0.620	0.620
	其他材料费	元	－	0.250	0.200	0.160	0.160

工作内容:放样、开槽、运料、调配砂、安砌、勾缝、养护、清理。

单位:100m

定　额　编　号			7-3-206	7-3-207	7-3-208	7-3-209
项　　　　　目			砖缘石(侧铺)		砖缘石(立铺)	
			单砖	双砖	单砖	双砖
基　　　价　　(元)			**254.42**	**497.66**	**523.32**	**1017.51**
其中	人　工　费　(元)		128.25	224.78	259.20	454.28
	材　料　费　(元)		126.17	272.88	264.12	563.23
	机　械　费　(元)		-	-	-	-
名　　　　称	单位	单价(元)	数		量	
人工 综合工日	工日	75.00	1.710	2.997	3.456	6.057
材料 混合砂浆 M5	m³	145.90	0.020	0.160	0.100	0.460
红砖 240×115×53	千块	300.00	0.410	0.830	0.830	1.650
其他材料费	元	-	0.250	0.540	0.530	1.120

三十二、侧平石安砌

工作内容：放样、开槽、运料、调配砂浆、安砌、勾缝、养护。

单位：100m

定　额　编　号			7-3-210	7-3-211	7-3-212	7-3-213
项　　　　　目			连接型		分离型	
			勾缝	不勾缝	勾缝	不勾缝
基　　价　（元）			**6297.36**	**6180.34**	**6587.16**	**6356.41**
其中	人　工　费（元）		1333.80	1231.20	1563.98	1374.30
	材　料　费（元）		4963.56	4949.14	5023.18	4982.11
	机　械　费（元）		–	–	–	–
名　　称	单位	单价（元）	数		量	
人工 综合工日	工日	75.00	17.784	16.416	20.853	18.324
材料 混凝土侧石	m	48.76	101.500	101.500	101.500	101.500
水泥砂浆 1：3	m³	205.32	0.070	–	0.200	–
石灰砂浆 1：3	m³	106.20	–	–	0.310	0.310
其他材料费	元	–	0.050	–	0.050	0.050

三十三、砌筑树池

工作内容:放样、开槽、配料、运料、安砌、灌缝、找平、夯实、清理。

单位:100m

定 额 编 号			7-3-214	7-3-215	7-3-216	7-3-217	7-3-218
项　　目			混凝土块	石质块	条石块	单层立砖	双层立砖
			25×5×12.5				
基　　价（元）			**14533.97**	**24700.58**	**38910.86**	**632.36**	**1054.53**
其中	人　工　费（元）		288.23	332.78	332.78	371.25	492.75
	材　料　费（元）		14245.74	24367.80	38578.08	261.11	561.78
	机　械　费（元）		–	–	–	–	–
名　　称	单位	单价（元）	数		量		
人工	综合工日	工日	75.00	3.843	4.437	4.437	4.950	6.570
材料	混凝土块	m	35.00	406.000	–	–	–	–
	石质块	m	60.00	–	406.000	–	–	–
	条石块	m	95.00	–	–	406.000	–	–
	红砖 240×115×53	千块	300.00	–	–	–	0.820	1.650
	水泥砂浆 1:2	m³	243.72	0.030	0.030	0.030	–	–
	混合砂浆 M5	m³	145.90	–	–	–	0.100	0.450
	其他材料费	元	–	28.430	0.490	0.770	0.520	1.120

三十四、拆除旧路面

1.拆除沥青柏油类路面

工作内容:拆除、清底、旧料清理成堆。

单位:100m²

定 额 编 号			7-3-219	7-3-220	7-3-221	7-3-222
项 目			人工拆除		机械拆除	
			$\delta=10cm$ 以内	每增1cm	$\delta=10cm$ 以内	每增1cm
基 价 (元)			**559.58**	**56.03**	**521.49**	**52.50**
其中	人 工 费 (元)		559.58	56.03	324.68	31.73
	材 料 费 (元)		–	–	–	–
	机 械 费 (元)		–	–	196.81	20.77
名 称	单位	单价(元)	数			量
人工 综合工日	工日	75.00	7.461	0.747	4.329	0.423
机械 风镐	台班	56.35	–	–	1.144	0.114
电动空气压缩机 3m³/min	台班	231.38	–	–	0.572	0.062

2. 人工拆除混凝土类路面

工作内容：拆除、清底、旧料清理成堆。

单位：100m²

定 额 编 号			7-3-223	7-3-224	7-3-225	7-3-226	7-3-227	7-3-228
项 目			无筋		有筋		预制板	
			δ=15cm 以内	每增1cm	δ=15cm 以内	每增1cm	δ=20cm 以内	每增1cm
基 价 （元）			**1174.50**	**77.63**	**1676.03**	**111.38**	**1487.03**	**371.93**
其中	人 工 费 （元）		1174.50	77.63	1676.03	111.38	1487.03	371.93
	材 料 费 （元）		–	–	–	–	–	–
	机 械 费 （元）		–	–	–	–	–	–
名 称	单位	单价(元)	数			量		
人工 综合工日	工日	75.00	15.660	1.035	22.347	1.485	19.827	4.959

3. 机械拆除混凝土路面

工作内容：拆除、清底、旧料清理成堆。

单位：100m²

定 额 编 号			7-3-229	7-3-230	7-3-231	7-3-232
项 目			无筋		有筋	
			$\delta = 15$cm 以内	每增1cm	$\delta = 15$cm 以内	每增1cm
基 价 （元）			**1183.42**	**78.21**	**1849.62**	**91.77**
其 中	人 工 费 （元）		720.23	47.93	1119.83	55.35
	材 料 费 （元）		－	－	－	－
	机 械 费 （元）		463.19	30.28	729.79	36.42
名 称	单位	单价（元）	数		量	
人工 综合工日	工日	75.00	9.603	0.639	14.931	0.738
机械 电动空气压缩机 3m³/min	台班	231.38	1.346	0.088	2.121	0.106
风镐	台班	56.35	2.693	0.176	4.242	0.211

4. 人工拆除底层和面层

工作内容: 拆除、清底、旧料清理成堆。

单位:100m²

定 额 编 号			7-3-233	7-3-234	7-3-235	7-3-236	7-3-237	7-3-238
项 目			碎(砾石)		碎砖		矿(炉)渣	
			δ=15cm 以内	每增5cm	δ=15cm	每增5cm	δ=15cm	每增5cm
基 价 (元)			**693.23**	**229.50**	**786.38**	**262.58**	**924.75**	**308.48**
其 中	人 工 费 (元)		693.23	229.50	786.38	262.58	924.75	308.48
	材 料 费 (元)		-	-	-	-	-	-
	机 械 费 (元)		-	-	-	-	-	-
名 称	单位	单价(元)	数			量		
人 工 综合工日	工日	75.00	9.243	3.060	10.485	3.501	12.330	4.113

工作内容:拆除、清底、旧料清理成堆。

定 额 编 号			7-3-239	7-3-240	7-3-241	7-3-242	7-3-243	7-3-244
项 目			毛(块)石		条(方)石		钢渣	
			$\delta=20\text{cm}$	每增5cm	$\delta=15\text{cm}$	每增5cm	$\delta=20\text{cm}$	每增5cm
基 价 (元)			**947.03**	**236.93**	**1518.08**	**506.25**	**1780.65**	**445.50**
其中	人 工 费 (元)		947.03	236.93	1518.08	506.25	1780.65	445.50
	材 料 费 (元)		–	–	–	–	–	–
	机 械 费 (元)		–	–	–	–	–	–
名 称	单位	单价(元)	数			量		
人工 综合工日	工日	75.00	12.627	3.159	20.241	6.750	23.742	5.940

工作内容:拆除、清底、旧料清理成堆。

单位:100m²

定　额　编　号			7-3-245	7-3-246	7-3-247	7-3-248	7-3-249
项　　　　　　目			无骨料多合土		有骨料多合土		机械拆除各类底面和面层
			$\delta-10\text{cm}$	每增 5cm	$\delta=15\text{cm}$	每增 5cm	
基　　　　价　（元）			**525.83**	**263.25**	**596.70**	**298.35**	**1339.04**
其中	人　工　费　（元）		525.83	263.25	596.70	298.35	46.58
	材　料　费　（元）		-	-	-	-	-
	机　械　费　（元）		-	-	-	-	1292.46
名　　称	单位	单价（元）	数			量	
人工 综合工日	工日	75.00	7.011	3.510	7.956	3.978	0.621
机械 履带式推土机 75kW	台班	917.94	-	-	-	-	1.408

5. 拆除人行道板

工作内容:拆除、清底、旧料清理成堆。

单位:100m²

定 额 编 号			7-3-250	7-3-251	7-3-252	7-3-253	7-3-254	7-3-255
项 目			混凝土板	混凝土面层		机砖		
			$\delta=8cm$ 以内	$\delta=10cm$ 以内	每增1cm	平铺	侧铺	立铺
基 价 (元)			**189.00**	**850.13**	**197.48**	**166.05**	**338.18**	**666.90**
其 中	人 工 费 (元)		189.00	705.38	70.88	166.05	338.18	666.90
	材 料 费 (元)		–	–	–	–	–	–
	机 械 费 (元)		–	144.75	126.60	–	–	–
名 称	单位	单价(元)	数			量		
人工 综合工日	工日	75.00	2.520	9.405	0.945	2.214	4.509	8.892
机械 风镐	台班	56.35	–	0.836	0.440	–	–	–
电动空气压缩机 3m³/min	台班	231.38	–	0.422	0.440	–	–	–

6. 旧路面切缝

工作内容:划线、安放导轨、接水、电源、(运水)切缝、机械小修。

单位:100m

定　额　编　号				7-3-256	7-3-257	7-3-258
项　　　　　目				混凝土路面切缝		柔性路面切缝
				缝深15cm以内	缝深超过15cm	
基　　　价　（元）				**602.11**	**903.19**	**512.06**
其 中	人　工　费　（元）			473.85	710.78	402.98
	材　料　费　（元）			5.96	8.96	5.12
	机　械　费　（元）			122.30	183.45	103.96
	名　　　　　称	单位	单价（元）	数		量
人工	综合工日	工日	75.00	6.318	9.477	5.373
材 料	水	t	4.00	0.490	0.740	0.420
	合金刀片	片	8.00	0.500	0.750	0.430
机 械	切缝机	台班	69.49	1.760	2.640	1.496

7. 拆除侧缘石

工作内容:刨出、刮净、旧料清理成堆。

单位:100m

定 额 编 号			7-3-259	7-3-260	7-3-261	7-3-262	7-3-263	7-3-264	7-3-265
项 目			侧石				缘石		混凝土
			混凝土	石质	1/2 砖	一砖	混凝土	石质	侧缘石
基 价 (元)			**226.80**	**299.70**	**65.48**	**113.40**	**150.53**	**197.78**	**245.70**
其中	人 工 费 (元)		226.80	299.70	65.48	113.40	150.53	197.78	245.70
	材 料 费 (元)		–	–	–	–	–	–	–
	机 械 费 (元)		–	–	–	–	–	–	–
名 称	单位	单价(元)	数				量		
人工 综合工日	工日	75.00	3.024	3.996	0.873	1.512	2.007	2.637	3.276

第四章　桥　涵　工　程

说　　明

一、本章定额包括:砌筑工程、钢筋工程、现浇混凝土工程、预制混凝土工程、安装工程、脚手架等工程。

二、本章中厂区桥梁工程子目适应于单跨100m以内的桥梁工程,且其均未包括各类操作脚手架,发生时按本章有关项目执行。

三、涵洞工程

1. 本定额工作内容,除在定额中要说明施工的主要工序外,均已包括该项目的全部施工过程的内容和辅助工日。

2. 本定额中混凝土、钢筋混凝土、浆砌石及浆砂的水泥用量,是按中(粗)砂编制的,如使用细砂,则应按基本定额进行调整,增加水泥用量。

3. 本定额中圬工用砂的用量,是按配合比中含水率为零的干砂编制的,使用自然湿度的砂子,其体积膨胀系数按1.21计取,把因体积膨胀而产生的差额考虑在砂子单价中,不修改砂子消耗量。

4. 本定额中只列所需的主要材料用量和机械台班数量,对于零星材料和小型施工机具未列出的,分别以其他材料费及其他机械使用费计取,以"元"表示,编制预算不予调整。

5. 本定额中的材料消耗定额,已包括工地小搬运及操作中的损耗率。

6. 本定额中施工机械种类、规格是按一般情况考虑的,施工中实际采用机械种类、规格与定额不同时,除定额说明允许换算外,一般不换算。

7. 钢筋混凝土圆形管节安装,本定额是按单孔编制的,如安装双孔或三孔使用时可乘以2倍或3倍。

四、顶管工程

1. 本定额内容包括工作坑土方、人工挖土顶管、挤压顶管，混凝土方(拱)管涵顶进，不同材质不同管径的顶管接口等项目，适用于雨、污水管(涵)以及外套管的不开槽顶管工程项目。

2. 工作坑垫层、基础采用本册第五章的相应项目，人工乘系数1.10，其他不变。如果方(拱)涵管需设滑板和导向装置时，另行计算。

3. 工作坑挖土方是按土壤类别综合计算的，土壤类别不同，不允许调整。

4. 工作坑内管(涵)明敷，应根据管径、接口作法套用本册第五章的相应项目，人工、机械乘系数1.10，其他不变。

5. 本章定额是按无地下水考虑的，如遇地下水时，排(降)水费用按相应另行计算。

6. 定额中钢板内/外套环接口项目，只适用于设计所要求的永久性管口，顶进中为防止错口，在管内接口处所设置的工具式临时性钢胀圈不得套用。

7. 顶进施工的方(拱)涵断面大于$4m^2$的，按箱涵顶进项目或规定执行。

8. 管道顶进项目中的顶镐均为液压自退式，如采用人力顶镐，人工乘以系数1.43；如是人力退顶(回镐)，时间定额乘以系数1.20，其他不变。

9. 人工挖土顶管设备、千斤顶，高压油泵台班单价中已包括了安拆及场外运费，执行中不得重复计算。

10. 工作坑如设沉井，其制作、下沉套用第一册《土建工程》的相应项目。

11. 水力机械顶进定额中，未包括泥浆处理、运输费用，可另计。

12. 单位工程中，管径$\phi1650$以内敞开式顶进在100m以内、封闭式顶进(不分管径)在50m以内时，顶进定额中的人工费与机械费乘以系数1.3。

五、钢筋工程

1. 本定额包括桥梁工程各种钢筋、高强钢丝、钢绞线、预埋铁件制作、安装等项目。

2.定额中钢筋、钢板、预应力钢筋、钢绞线、高强钢丝,因设计要求采用特殊钢材与定额不符时,可予调整。

3.因束道长度不等,故定额中未列锚具数量,但已包括锚具的人工费。

4.先张法预应力筋制作、安装定额,未包括张拉台座,其费用另计。不同规格预应力筋张拉台座含量见下表:

规格	φ5	φ12	φ14	φ16	φ18	φ20	φ22
张拉机具	39.6	46.6	34.27	26.36	20.75	16.86	13.93

5.压浆管道定额中的铁皮管、波纹管均已包括套管及三通管安装费用,但未包括三通管费用,可另行计算。

6.定额中钢绞线按 φ15.24mm、束长在 40m 以内考虑,如规格不同或束长超过 40m 时,应另行计算。

六、现浇混凝土工程

1.本定额适用于桥梁工程现浇各种混凝土构筑物,包括基础、墩、台、柱、梁、桥面、接缝等项目。

2.定额中嵌石混凝土的块石含量如与设计不同时,可以换算,但人工及机械不得调整。

3.定额中均未包括预埋铁件,如设计要求预埋铁件时,可按设计用量加损耗,套用钢筋工程中有关定额。

4.承台分为有底模及无底模两种,应按不同施工方法套用相应项目。

5.定额中混凝土按常用强度等级列出,如设计要求不同时可以换算。

6.定额中模板以木模、工具式钢模为主(除防撞护栏采用定型钢模外)。若采用其他类型模板时不作调整。

7.现浇梁、板等模板定额中均已包括铺筑底模内容,但未包括支架部分,如发生时可套用有关项目。

七、预制混凝土工程

1.定额适用于桥梁工程现场制作的预制构件。

2.定额中均未包括预埋铁件,如设计要求预埋铁件时,可按设计用量套用本章中钢筋工程有关定额。

3.定额中不包括地模、胎模费用。胎、地模占用面积的取定可按施工组织设计处理。

八、构件运输

1.本定额均系构件场内运输,凡属桥梁工程混凝土构件,均可视不同的运输方法套用本定额,包括垫滚子绞运、轨道平车运输、驳船运输等项目。

2.定额中均已包括装车、船费用在内。

3.运距按场内运输范围(150m内)构件堆放中心至起吊点的距离计算,超出该范围的按场外运输计算。

九、安装工程

1.本定额适用桥梁工程混凝土构件的安装等项目。

2.小型构件安装已包括150m场内运输,其他构件均未包括场内运输。

3.安装预制构件定额中,均未包括脚手架,如需要用脚手架时,可套用相应定额项目。

4.安装预制构件,应根据施工现场具体情况,采用合理的施工方法,套用相应定额。

5.除安装梁分陆上、水上安装外,其他构件安装均未考虑船上吊装,发生时可增计船只费用。

6.驳船不包括进出场费。

十、装饰工程

1.本定额适用于桥梁构筑物的装饰项目。

2.镶贴面层定额中,贴面材料与定额不同时,可以调整换算,但人工与机械台班消耗量不变。

3.水质涂料不分面层类别,均按本定额计算,由于涂料种类繁多,如采用其他涂料时,可以调整换算。

4.水泥白石子浆抹灰定额,均未包括颜料费用,如设计需要颜料调制时,应增加颜料费用。

5.油漆定额按手工操作计取,如采用喷漆时,应另行计算。定额中油漆种类与实际不同时,可以调整换算。

6.定额中均未包括施工脚手架,发生时可套用本章有关定额。

工程量计算规则

一、砌筑工程

砌筑工程量按设计要求图示尺寸以立方米(m^3)计算,嵌体砌体中的钢管、沉降缝以及单孔面积 $0.3m^2$ 以内的预留孔所占体积不予扣除。

二、钢筋工程

1.钢筋按设计数量套用相应定额计算,设计图纸未注明的钢筋接头和施工损耗,已综合在定额项目内。

2.T型梁连接钢板项目按设计图纸,以吨(t)为单位计算。

3.管道压浆不扣除钢筋体积。

4.锚具工程量按设计用量乘以下系数计算:

锥形锚:1.05;OVM锚:1.05;镦头锚:1.00。

三、现浇混凝土工程

1.模板工程量按模板与混凝土的接触面积计算。

2.现浇混凝土工程量除另有规定外,均按图示尺寸实体体积以立方米(m^3)计算(不包括空心板、梁的空心体积),不扣除内钢筋、预埋铁件、压降管道和螺栓所占的体积。

3. 现浇混凝土墙、板上单孔面积的 0.3m² 以内的孔洞体积不予扣除,洞侧壁模板面积不再计算。单孔面积在 0.3m² 以上时,应予扣除,洞侧壁模板面积并入墙、板模板工程量计算。

四、预制混凝土工程

(一)混凝土工程量计算

1. 预制混凝土桩的体积,按设计桩长(包括桩尖,不扣除桩尖虚体积)乘以桩截面面积计算。

2. 预制空心构件按设计图尺寸扣除空心体积,均按图示尺寸实体体积以立方米计算。空心板梁的堵头板体积不另计算,其工、料已在定额中考虑。

3. 预制空心板梁,凡采用橡胶囊做内模的,考虑其压缩变形因素,可增加混凝土数量,当梁长在 16m 以内时,可按设计计算体积增加 7%,若梁长大于 16m 时,则增加 9% 计算。如设计图已注明考虑橡胶囊变形时,不得再增加计算。

4. 预应力混凝土构件的封锚混凝土数量并入构件混凝土工程量计算。

(二)模板工程量计算

1. 预制构件中预应力混凝土构件及 T 型梁、I 型梁、双曲拱、桁架拱等构件均按模板混凝土的面积(包括侧模、底模)计算。

2. 灯柱、端柱、栏杆等小型构件按平面投影计算面积。

3. 预制构件中非预应力构件按模板与混凝土的接触面积计算,不包括胎、地模。

4. 空心板梁中空心部分,本定额均采用橡胶囊抽拔,其摊销量已包括在定额中,不再计算空心部分模板工程量。

(三)预制构件中的钢筋混凝土桩、梁及小型构件,可按混凝土定额基价的 2% 计算其运输、堆放、安装损耗,但该部分不计材料用量。

五、顶管工程

1.顶管采用中继间顶进时,顶进定额中的人工费与机械费乘以下列系数分级计算:

中继间	一级顶进	二级顶进	三级顶进	四级顶进	超过四级
人工费、机械费调整系数	1.36	1.64	2.15	2.8	另计

2.安拆中继间项目仅适用于敞开式管道顶进,当采用其他顶进方法时,中继间费用允许另行计算。

3.钢套环制作项目以吨(t)为单位,适用于永久性接口内、外套环,中继间套环,触变泥浆密封套环的制作。

4.顶管工程中的材料是按50m水平运距、坑边取料考虑的,如因场地等情况取用料水平运距超过50m时,根据超过距离和相应定额另行计算。

5.各种材质管道的顶管工程量,按实际顶进长度,以延长米计算。

六、安装工程

安装预制构件以立方米(m³)为计量单位,均按构件混凝土实体积(不包括空心部分)计算。

七、脚手架工程

脚手架工程量按墙面水平边线长度乘以墙面砌筑高度以平方米(m²)计算,柱形砌体按图示柱结构外围周长另加3.6m乘以砌筑高度以平方米(m²)计算。

一、涵洞基础

1. 石砌基础

工作内容：准备工作、选修、洗石料、砂浆制作、安砌及养护。

单位：10m³

定　额　编　号				7-4-1	7-4-2
项　　　　目				片石砌筑	
				砂浆标号	
				75	100
基　　　价　（元）				**2239.35**	**2297.23**
其中	人　工　费　（元）			931.50	931.50
	材　料　费　（元）			1270.58	1328.46
	机　械　费　（元）			37.27	37.27
名　　　　　称		单位	单价（元）	数	量
人工	综合工日	工日	75.00	12.420	12.420
材料	矿渣硅酸盐水泥 32.5 袋装	kg	0.39	887.000	1035.000
	中砂	m³	60.00	3.200	3.200
	片石	m³	57.00	12.300	12.300
	水	t	4.00	7.000	7.000
	其他材料费	元	—	3.550	3.710
机械	灰浆搅拌机 400L	台班	137.04	0.272	0.272

2. 片石混凝土、混凝土及钢筋混凝土基础

工作内容: 1.片石混凝土:混凝土拌合、灌注、捣固、养护洗刷片石、埋置片石、木模型制安拆(钢模安拆)修理装箱堆放;2.混凝土及钢筋混凝土:混凝土拌合、灌注、捣固、养护、要模型制安拆(钢模安拆)修理装箱堆放、钢筋弯制绑扎。

单位:10m³,钢筋弯扎:t

定 额 编 号			7-4-3	7-4-4	7-4-5	7-4-6
项 目			片石混凝土		混凝土及钢筋混凝土	
			混凝土标号			
			C15			
			木模	钢模	木模	钢模
基 价 (元)			**3227.76**	**2867.72**	**3382.83**	**3016.04**
其中	人 工 费 (元)		1093.50	884.25	1100.25	884.25
	材 料 费 (元)		2020.67	1824.65	2168.99	1972.97
	机 械 费 (元)		113.59	158.82	113.59	158.82
名 称	单位	单价(元)	数		量	
人工 综合工日	工日	75.00	14.580	11.790	14.670	11.790
材料 矿渣硅酸盐水泥32.5 袋装	kg	0.39	2211.000	2211.000	2601.000	2601.000
中砂	m³	60.00	4.460	4.460	5.240	5.240
碎石 80mm	m³	55.00	7.800	7.800	9.100	9.100
组合钢模板	kg	5.10	–	9.910	–	9.910
组合钢支撑	kg	4.89	–	4.430	–	4.430

单位:10m³,钢筋弯扎:t

定　额　编　号			7-4-3	7-4-4	7-4-5	7-4-6
项　　　　目			\多 col 片石混凝土		混凝土及钢筋混凝土	
			混凝土标号			
			C15			
			木模	钢模	木模	钢模
材 料	组合钢配件	kg	4.90	–	2.540	–	2.540
	铁拉杆	kg	5.10	0.100	–	0.100	–
	铁件	kg	5.30	0.500	–	0.500	–
	铁线钉	kg	4.10	0.400	–	0.400	–
	二等圆木 综合	m³	1300.00	0.009	–	0.009	–
	二等方木 综合	m³	1800.00	0.042	–	0.042	–
	二等板方材 综合	m³	1800.00	0.104	–	0.104	–
	片石	m³	57.00	2.190	2.190	–	–
	水	t	4.00	10.900	10.900	11.330	11.330
	其他材料费	元	–	14.050	12.680	15.080	13.710
机 械	滚筒式混凝土搅拌机(电动)400L	台班	187.85	0.536	0.536	0.536	0.536
	混凝土振捣器 插入式	台班	12.14	1.063	1.063	1.063	1.063
	轮胎式起重机 8t	台班	665.16	–	0.068	–	0.068

工作内容:1.片石混凝土:混凝土拌合、灌注、捣固、养护洗刷片石、埋置片石、木模型制安拆(钢模安拆)修理装箱堆放;
2.混凝土及钢筋混凝土:混凝土拌合、灌注、捣固、养护、要模型制安拆(钢模安拆)修理装箱堆放、钢筋弯制绑扎。　单位:见表

定　额　编　号				7-4-7	7-4-8	7-4-9	7-4-10
项　　　目				混凝土及钢筋混凝土		基础钢筋绑扎	
				混凝土标号		A3	20MnSi
				C20			
				木模	钢模		
单　　　　　　　　位				10m³		t	
基　　　价　　(元)				**3539.96**	**3181.63**	**4774.34**	**4653.87**
其中	人　工　费　(元)			1100.25	884.25	573.75	573.75
	材　料　费　(元)			2326.12	2138.56	4151.42	4030.95
	机　械　费　(元)			113.59	158.82	49.17	49.17
名　　　　称		单位	单价(元)	数　　　　　　量			
人工	综合工日	工日	75.00	14.670	11.790	7.650	7.650
材料	矿渣硅酸盐水泥 32.5 袋装	kg	0.39	3007.000	3007.000	–	–
	中砂	m³	60.00	5.240	5.240	–	–
	碎石 80mm	m³	55.00	9.100	9.100	–	–
	Ⅱ级钢筋 φ20 以内	kg	4.00	–	–	1028.000	26.000
	光圆钢筋 φ10 以外	t	3900.00	–	–	–	0.844
	光圆钢筋 φ10 以内	t	3700.00	–	–	–	0.159
	组合钢模板	kg	5.10	–	9.910	–	–
	组合钢支撑	kg	4.89	–	4.430	–	–
	组合钢配件	kg	4.90	–	2.540	–	–

定 额 编 号			7-4-7	7-4-8	7-4-9	7-4-10
项　　　　目			混凝土及钢筋混凝土		基础钢筋绑扎	
			混凝土标号		A3	20MnSi
			C20			
			木模	钢模		
材料	镀锌铁丝 20～22 号	kg	5.90	–	–	5.500	5.500
	铁拉杆	kg	5.10	0.100	–	–	–
	铁件	kg	5.30	0.500	–	–	–
	铁线钉	kg	4.10	0.400	–	–	–
	电焊条 结 422 φ2.5	kg	5.04	–	–	1.300	1.300
	二等圆木 综合	m³	1300.00	0.009	–	–	–
	二等方木 综合	m³	1800.00	0.042	–	–	–
	二等板方材 综合	m³	1800.00	0.104	–	–	–
	水	t	4.00	11.330	11.330	–	–
	其他材料费	元	–	13.870	20.960	0.420	8.050
机械	滚筒式混凝土搅拌机(电动) 400L	台班	187.85	0.536	0.536	–	–
	混凝土振捣器 插入式	台班	12.14	1.063	1.063	–	–
	钢筋调直机 φ40mm	台班	48.59	–	–	0.153	0.153
	钢筋切断机 φ40mm	台班	52.99	–	–	0.145	0.145
	钢筋弯曲机 φ40mm	台班	31.57	–	–	0.179	0.179
	交流弧焊机 32kV・A	台班	221.86	–	–	0.128	0.128
	轮胎式起重机 8t	台班	665.16	–	0.068	–	–

二、洞身及出口

1. 石砌端翼墙、边、中墙及石帽出入口

工作内容：准备工作、选修、洗石料、砂浆制作、安装砌及养护清理。

单位：100m³

定 额 编 号				7-4-11	7-4-12	7-4-13	7-4-14
项 目				片石砌筑			块石砌筑
				端墙、边墙、翼墙、中墙、石帽			
				砂浆标号			
				50	75	100	
基 价 （元）				**2386.21**	**2443.74**	**2501.66**	**2357.38**
其中	人 工 费 （元）			1134.00	1134.00	1134.00	1066.50
	材 料 费 （元）			1214.94	1272.47	1330.39	1258.26
	机 械 费 （元）			37.27	37.27	37.27	32.62
名 称		单位	单价(元)	数		量	
人工	综合工日	工日	75.00	15.120	15.120	15.120	14.220
材料	矿渣硅酸盐水泥 32.5 袋装	kg	0.39	740.000	887.000	1035.000	893.000
	中砂	m³	60.00	3.190	3.190	3.190	2.800
	片石	m³	57.00	12.300	12.300	12.300	–
	块石	m³	64.00	–	–	–	11.100
	水	t	4.00	7.400	7.400	7.400	6.800
	其他材料费	元	–	4.240	4.440	4.640	4.390
机械	灰浆搅拌机 400L	台班	137.04	0.272	0.272	0.272	0.238

2. 混凝土端翼墙、边、中墙及中间填筑管座出入口

工作内容: 准备工作、木模板制安拆、修理装箱、堆放、混凝土拌合灌注捣固及养护。

单位:10m³

定 额 编 号				7-4-15	7-4-16	7-4-17	7-4-18	7-4-19	7-4-20
项 目				端翼边中墙		帽石墙顶		双孔间填筑	管座
				混凝土标号				混凝土标号	
				C15				C10	C15
				木模	钢模	木模	钢模		
基 价 (元)				**4757.83**	**4024.74**	**6136.46**	**5152.41**	**6740.69**	**3875.45**
其 中	人 工 费 (元)			1788.75	1451.25	2774.25	2187.00	992.25	1309.50
	材 料 费 (元)			2855.49	2251.31	3248.62	2502.21	5634.85	2452.36
	机 械 费 (元)			113.59	322.18	113.59	463.20	113.59	113.59
	名 称	单位	单价(元)	数			量		
人 工	综合工日	工日	75.00	23.850	19.350	36.990	29.160	13.230	17.460
材 料	矿渣硅酸盐水泥32.5 袋装	kg	0.39	2757.000	2757.000	2757.000	2757.000	—	2986.000
	碎石 40mm	m³	55.00	9.100	9.100	9.100	9.100	9.100	—
	碎石 80mm	m³	55.00	—	—	—	—	9.500	—
	碎石 20mm	m³	55.00	—	—	—	—	—	9.140
	组合钢模板	kg	5.10	—	31.800	—	54.900		

定 额 编 号			7-4-15	7-4-16	7-4-17	7-4-18	7-4-19	7-4-20
项 目			端翼边中墙		帽石墙顶		双孔间填筑	管座
			混凝土标号				混凝土标号	
			C15				C10	C15
			木模	钢模	木模	钢模		
材料	组合钢支撑	kg	4.89	–	14.200	–	24.500	–	–
	组合钢配件	kg	4.90	–	8.200	–	14.100	–	–
	铁件	kg	5.30	4.500	–	11.900	–	–	0.830
	铁线钉	kg	4.10	0.500	–	0.900	–	–	1.900
	二等圆木 综合	m³	1300.00	0.144	–	0.211	–	–	–
	二等方木 综合	m³	1800.00	0.189	–	0.161	–	–	0.060
	二等板方材 综合	m³	1800.00	0.190	–	0.342	–	2.351	0.160
	中砂	m³	60.00	5.200	5.200	5.200	5.200	5.120	5.240
	水	t	4.00	12.450	12.450	17.000	17.000	12.600	11.370
	其他材料费	元	–	22.660	41.980	46.430	77.590	22.450	17.050
机械	滚筒式混凝土搅拌机(电动) 400L	台班	187.85	0.536	0.536	0.536	0.536	0.536	0.536
	混凝土振捣器 插入式	台班	12.14	1.063	1.063	1.063	1.063	1.063	1.063
	轮胎式起重机 16t	台班	979.28	–	0.213	–	0.357	–	–

三、圆涵

1. 预制钢筋混凝土圆涵管节

（1）预制钢筋混凝土圆涵管节（木模）

工作内容：制作安装及拆除模板钢筋制作、混凝土制作、灌注、捣固及养护管节堆放。　　　　单位：m

	定　额　编　号			7-4-21	7-4-22	7-4-23	7-4-24	7-4-25
				\multicolumn{5}{c}{C15 号钢筋混凝土圆管孔径(m)}				
	项　　　　　　目			0.75	1.00	1.25	\multicolumn{2}{c}{1.50}	
				\multicolumn{5}{c}{填土高(m)}				
				2	4	8	5	10
	基　　　价　　（元）			**460.72**	**803.27**	**1206.77**	**1454.83**	**1707.37**
其	人　　工　　费　（元）			234.23	355.05	508.28	623.70	689.18
中	材　　料　　费　（元）			214.91	424.80	664.75	785.66	972.82
	机　　械　　费　（元）			11.58	23.42	33.74	45.47	45.37
	名　　　　称	单位	单价（元）	\multicolumn{5}{c}{数　　　　　量}				
人工	综合工日	工日	75.00	3.123	4.734	6.777	8.316	9.189
材 料	矿渣硅酸盐水泥 32.5 袋装	kg	0.39	70.000	103.000	167.000	214.000	246.000
	中砂	m³	60.00	0.120	0.180	0.290	0.370	0.430
	碎石 20mm	m³	55.00	0.220	0.510	0.660	0.760
	Ⅱ级钢筋 φ20 以内	kg	4.00	15.000	52.000	90.000	101.000	142.000
	二等板方材 综合	m³	1800.00	0.044	0.060	0.078	0.097	0.097

定 额 编 号			7-4-21	7-4-22	7-4-23	7-4-24	7-4-25
项 目			C15 号钢筋混凝土圆管孔径(m)				
			0.75	1.00	1.25	1.50	
			填土高(m)				
			2	4	8	5	10
材料	二等方木 综合	m³	1800.00	0.006	0.008	0.011	0.013	0.013
	铁件	kg	5.30	1.100	1.500	1.960	2.430	2.430
	铁线钉	kg	4.10	0.350	0.480	0.620	0.770	0.770
	铁拉杆	kg	5.10	0.900	1.230	1.610	2.000	2.000
	六角螺栓带帽	kg	7.20	0.060	0.090	0.120	0.140	0.140
	镀锌铁丝 20~22 号	kg	5.90	0.090	0.300	0.540	0.600	0.830
	水	t	4.00	1.000	1.330	1.780	2.200	2.300
	其他材料费	元	—	1.490	1.900	1.660	2.120	1.940
机械	滚筒式混凝土搅拌机(电动) 400L	台班	187.85	0.009	0.009	0.017	0.026	0.026
	混凝土振捣器 插入式	台班	12.14	0.017	0.026	0.034	0.051	0.051
	钢筋调直机 ϕ40mm	台班	48.59	0.003	0.009	0.017	0.017	0.026
	钢筋切断机 ϕ40mm	台班	52.99	0.003	0.009	0.017	0.017	0.017
	钢筋弯曲机 ϕ40mm	台班	31.57	0.003	0.009	0.017	0.017	—
	汽车式起重机 5t	台班	546.38	0.017	0.037	0.051	0.069	0.069

工作内容:制作安装及拆除模板钢筋制作、混凝土制作、灌注、捣固及养护管节堆放。　　　　　单位:m

定　额　编　号				7-4-26	7-4-27	7-4-28
项　　　　　目				C15 号钢筋混凝土圆管孔径(m)		
				2.00		2.50
				填土高(m)		
				5	10	5
基　　　价　（元）				**2375.20**	**2823.30**	**3305.94**
其中	人　工　费　（元）			955.80	1098.23	1298.03
	材　料　费　（元）			1284.81	1625.66	1883.17
	机　械　费　（元）			134.59	99.41	124.74
名　　　　　　称		单位	单价(元)	数		量
人工	综合工日	工日	75.00	12.744	14.643	17.307
材料	矿渣硅酸盐水泥 32.5 袋装	kg	0.39	363.000	454.000	504.000
	碎石 20mm	m³	55.00	1.120	1.400	1.550
	中砂	m³	60.00	0.630	0.790	0.880
	Ⅱ级钢筋 φ20 以内	kg	4.00	174.000	243.000	277.000
	二等板方材 综合	m³	1800.00	0.139	0.139	0.177
	二等方木 综合	m³	1800.00	0.019	0.019	0.024

单位：m

定 额 编 号			7-4-26	7-4-27	7-4-28
项　　　　目			C15 号钢筋混凝土圆管孔径（m）		
			2.00		2.50
			填土高（m）		
			5	10	5
材料	铁件	kg	5.30	3.480	3.480	4.430
	铁线钉	kg	4.10	1.110	1.110	1.410
	铁拉杆	kg	5.10	2.850	2.850	3.630
	镀锌铁丝 20～22 号	kg	5.90	1.010	1.430	1.610
	六角螺栓带帽	kg	7.20	0.210	0.210	0.260
	水	t	4.00	3.170	3.460	4.060
	其他材料费	元	－	5.760	6.480	3.380
机械	滚筒式混凝土搅拌机（电动）400L	台班	187.85	0.043	0.051	0.060
	混凝土振捣器 插入式	台班	12.14	0.085	0.102	0.111
	钢筋调直机 ϕ40mm	台班	48.59	0.026	0.034	0.043
	钢筋切断机 ϕ40mm	台班	52.99	0.026	0.034	0.043
	轮胎式起重机 8t	台班	665.16	0.128	0.128	0.162
	汽车式起重机 5t	台班	546.38	0.069	－	－

（2）预制钢筋混凝土圆涵管节（钢模）

工作内容：1. 钢模板安装校正、紧固、涂刷脱模剂；2. 钢模板拆除、修正、涂油、装入保管箱，30m 以内搬运堆放等；
3. 混凝土拌合灌注捣固及养生；4. 管节堆放。

单位：m

定 额 编 号				7-4-29	7-4-30	7-4-31	7-4-32
项 目				C15 号钢筋混凝土圆管孔径（m）			
				1.25	1.50		2.00
				填土高（m）			
				8	5	10	5
基 价（元）				**1017.76**	**1215.94**	**1445.24**	**1965.58**
其中	人 工 费（元）			448.20	544.73	610.20	823.50
	材 料 费（元）			535.82	625.74	812.15	1044.12
	机 械 费（元）			33.74	45.47	22.89	97.96
名 称	单位	单价（元）		数 量			
人工	综合工日	工日	75.00	5.976	7.263	8.136	10.980
材料	矿渣硅酸盐水泥 32.5 袋装	kg	0.39	167.000	214.000	246.000	363.000
	碎石 20mm	m³	55.00	0.510	0.660	0.760	1.120
	中砂	m³	60.00	0.290	0.370	0.430	0.630
	Ⅱ级钢筋 φ20 以内	kg	4.00	90.000	101.000	142.000	174.000
	组合钢模板	kg	5.10	7.900	9.590	9.590	12.720

续前

	定　额　编　号			7-4-29	7-4-30	7-4-31	7-4-32
	项　　　　　目			C15 号钢筋混凝土圆管孔径(m)			
				1.25	1.50		2.00
				填土高(m)			
				8	5	10	5
材	组合钢支撑	kg	4.89	0.840	1.010	1.010	1.350
	镀锌铁丝 20~22 号	kg	5.90	0.620	0.770	0.770	1.110
	组合钢配件	kg	4.90	0.970	1.180	1.180	1.560
料	水	t	4.00	1.780	2.200	2.300	3.170
	其他材料费	元	–	5.310	6.810	7.240	8.800
机	滚筒式混凝土搅拌机(电动) 400L	台班	187.85	0.017	0.026	0.026	0.043
	混凝土振捣器 插入式	台班	12.14	0.034	0.051	0.051	0.085
	钢筋调直机 φ40mm	台班	48.59	0.017	0.017	0.026	0.026
	钢筋切断机 φ40mm	台班	52.99	0.017	0.017	0.026	0.026
	钢筋弯曲机 φ40mm	台班	31.57	0.017	0.017	0.017	0.034
械	汽车式起重机 5t	台班	546.38	0.051	0.069	0.026	–
	轮胎式起重机 8t	台班	665.16	–	–	–	0.128

工作内容:1.钢模板安装校正、紧固、涂刷脱模剂;2.钢模板拆除、修正、涂油、装入保管箱,30m以内搬运堆放等;

3.混凝土拌合灌注捣固及养生;4.管节堆放。

单位:m

定 额 编 号				7-4-33	7-4-34	7-4-35
项 目				C15号钢筋混凝土圆管孔径(m)		
				2.00	2.50	
				填土高(m)		
				10	5	10
基 价 (元)				2448.59	2815.09	3894.13
其 中	人 工 费 (元)			965.93	1115.78	1368.90
	材 料 费 (元)			1381.89	1572.96	2393.56
	机 械 费 (元)			100.77	126.35	131.67
	名 称	单位	单价(元)	数		量
人工	综合工日	工日	75.00	12.879	14.877	18.252
材 料	矿渣硅酸盐水泥32.5袋装	kg	0.39	454.000	504.000	583.000
	碎石 20mm	m³	55.00	1.400	1.550	1.790
	中砂	m³	60.00	0.790	0.880	1.010
	Ⅱ级钢筋 φ20以内	kg	4.00	243.000	277.000	469.000
	组合钢模板	kg	5.10	12.720	15.540	15.540

续前

定 额 编 号				7-4-33	7-4-34	7-4-35
项　　　　　　目				C15 号钢筋混凝土圆管孔径(m)		
				2.00	2.50	
				填土高(m)		
				10	5	10
材料	组合钢支撑	kg	4.89	1.350	1.640	1.640
	组合钢配件	kg	4.90	1.560	1.910	1.910
	镀锌铁丝 20~22 号	kg	5.90	1.110	1.110	1.110
	水	t	4.00	3.460	4.060	4.310
	其他材料费	元	–	8.920	10.930	10.720
机械	滚筒式混凝土搅拌机(电动) 400L	台班	187.85	0.051	0.060	0.068
	混凝土振捣器 插入式	台班	12.14	0.102	0.111	0.128
	钢筋调直机 ϕ40mm	台班	48.59	0.034	0.043	0.068
	钢筋切断机 ϕ40mm	台班	52.99	0.034	0.043	0.068
	钢筋弯曲机 ϕ40mm	台班	31.57	0.043	0.051	0.085
	轮胎式起重机 8t	台班	665.16	0.128	0.162	0.162

2.安装钢筋混凝土管节

工作内容:拌运砂浆、修正构件、吊装就位、砂浆嵌缝、养护。

单位:m

定 额 编 号			7-4-36	7-4-37	7-4-38	7-4-39	7-4-40	7-4-41
项 目			孔径(m)					
			0.75	1.00	1.25	1.50	2.00	2.50
基 价 （元）			**42.70**	**63.85**	**103.45**	**133.36**	**154.68**	**180.47**
其中	人 工 费 （元）		18.23	27.00	42.53	54.68	61.43	78.98
	材 料 费 （元）		1.72	2.65	3.97	4.44	7.56	10.21
	机 械 费 （元）		22.75	34.20	56.95	74.24	85.69	91.28
名 称	单位	单价(元)	数			量		
人工	综合工日	工日	75.00	0.243	0.360	0.567	0.729	0.819	1.053
材料	矿渣硅酸盐水泥 32.5 袋装	kg	0.39	4.000	6.000	9.000	10.000	17.000	23.000
	中砂	m³	60.00	0.001	0.002	0.003	0.003	0.005	0.007
	水	t	4.00	0.020	0.040	0.060	0.080	0.140	0.180
	其他材料费	元	－	0.020	0.030	0.040	0.040	0.070	0.100
机械	灰浆搅拌机 400L	台班	137.04	0.001	0.002	0.003	0.003	0.004	0.006
	轮胎式起重机 8t	台班	665.16	0.034	0.051	0.085	0.111	0.128	0.136

四、混凝土及钢筋混凝土盖板箱涵

工作内容:1.预制混凝土及钢筋混凝土盖板;准备工作、木模板制作安装与拆除(钢模板安装与拆除)整修堆放、
混凝土制作、灌注、捣固与养护、堆放成品;钢筋绑扎:整直除锈切断弯制及绑扎;2.安砌盖板:选料、
洗刷、制作、砂浆安砌盖板,处理预留吊环等养护及处理。

单位:10m³,钢筋弯扎:t

定 额 编 号			7-4-42	7-4-43	7-4-44	7-4-45
项 目			预制 C20 号钢筋混凝土盖板			
			人力	机械		钢筋绑扎
			木模		钢模	A3
基 价 (元)			**13177.29**	**13921.16**	**12464.60**	**5300.98**
其中	人 工 费 (元)		4085.10	3902.85	3835.35	965.25
	材 料 费 (元)		8659.15	8659.15	8403.32	4167.87
	机 械 费 (元)		433.04	1359.16	225.93	167.86
名 称	单位	单价(元)	数		量	
人工 综合工日	工日	75.00	54.468	52.038	51.138	12.870
材料 矿渣硅酸盐水泥 32.5 袋装	kg	0.39	3152.000	3152.000	3152.000	—
碎石 20mm	m³	55.00	9.100	9.100	9.100	—
中砂	m³	60.00	5.400	5.400	5.400	—
Ⅱ级钢筋 φ20 以内	kg	4.00	1376.000	1376.000	1376.000	1025.000
组合钢模板	kg	5.10	—	—	72.700	—
组合钢支撑	kg	4.89	—	—	32.500	—
组合钢配件	kg	4.90	—	—	18.700	—

定 额 编 号			7-4-42	7-4-43	7-4-44	7-4-45
项 目			预制 C20 号钢筋混凝土盖板			
			人力	机械		钢筋绑扎
			木模		钢模	A3
材料	铁线钉	kg	4.10	1.000	1.000	–	–
	镀锌铁丝 20~22 号	kg	5.90	8.100	8.100	8.100	6.000
	电焊条 结 422 φ2.5	kg	5.04	8.600	8.600	8.600	6.400
	二等方木 综合	m³	1800.00	0.144	0.144	–	–
	二等板方材 综合	m³	1800.00	0.358	0.358	–	–
	水	t	4.00	17.010	17.010	17.010	–
	其他材料费	元	–	34.500	34.500	65.040	0.210
机械	滚筒式混凝土搅拌机(电动) 400L	台班	187.85	0.332	0.332	–	–
	混凝土振捣器 插入式	台班	12.14	0.655	0.655	–	–
	履带式起重机 15t	台班	966.34	–	0.476	–	–
	轮胎式起重机 16t	台班	979.28	0.094	0.570	–	–
	载货汽车 4t	台班	466.52	0.094	0.094	–	–
	钢筋调直机 φ40mm	台班	48.59	0.204	0.204	0.204	0.153
	钢筋切断机 φ40mm	台班	52.99	0.196	0.196	0.196	0.145
	钢筋弯曲机 φ40mm	台班	31.57	0.238	0.238	0.238	0.179
	交流弧焊机 32kV·A	台班	221.86	0.893	0.893	0.893	0.663
	其他机械费	元	–	0.884	0.884	–	–

工作内容:1.预制混凝土及钢筋混凝土盖板;准备工作、木模板制作安装与拆除(钢模板安装与拆除)整修堆放、
混凝土制作、灌注、捣固与养护、堆放成品;钢筋绑扎:整直除锈切断弯制及绑扎。2.安砌盖板:选料、
洗刷、制作、砂浆安砌盖板,处理预留吊环等养护及处理。

单位:10m³,钢筋弯扎:t

定 额 编 号			7-4-46	7-4-47	7-4-48	7-4-49
项 目			预制 C20 号 钢筋混凝土盖板	100 号水泥砂浆安砌		
			钢筋绑扎	钢筋混凝土盖板		毛方石盖板
			20MnSi	人力	机械	人力
基 价 (元)			**2588.57**	**4113.04**	**459.77**	**1635.34**
其 中	人 工 费 (元)		965.25	1471.50	128.25	931.50
	材 料 费 (元)		1455.46	2641.54	71.44	703.84
	机 械 费 (元)		167.86	–	260.08	–
名 称	单位	单价(元)	数		量	
人 工 综合工日	工日	75.00	12.870	19.620	1.710	12.420
材 料 矿渣硅酸盐水泥 32.5 袋装	kg	0.39	–	96.000	96.000	486.000
中砂	m³	60.00	–	0.300	0.300	1.440
Ⅱ级钢筋 φ20 以内	kg	4.00	112.000	–	–	–
光圆钢筋 φ10 以内	t	3700.00	0.254	–	–	–

·207·

定 额 编 号			7-4-46	7-4-47	7-4-48	7-4-49
项 目			预制 C20 号 钢筋混凝土盖板	100 号水泥砂浆安砌		
			钢筋绑扎	钢筋混凝土盖板		毛方石盖板
			20MnSi	人力	机械	人力
材 料	光圆钢筋 φ10 以外	t	3900.00	–	0.659	–	–
	镀锌铁丝 20～22 号	kg	5.90	6.000	–	–	–
	电焊条 结 422 φ2.5	kg	5.04	6.400	–	–	–
	毛方石盖板	m³	45.00	–	–	–	9.100
	水	t	4.00	–	4.000	4.000	3.900
	其他材料费	元	–	–	–	–	2.800
机 械	汽车式起重机 5t	台班	546.38	–	–	0.476	–
	钢筋调直机 φ40mm	台班	48.59	0.153	–	–	–
	钢筋切断机 φ40mm	台班	52.99	0.145	–	–	–
	钢筋弯曲机 φ40mm	台班	31.57	0.179	–	–	–
	交流弧焊机 32kV·A	台班	221.86	0.663	–	–	–

五、矩形涵

工作内容：1.就地灌注钢筋混凝土涵身：准备工作,木模型安拆,混凝土制作、灌注、捣固及所作养护,钢筋调直、除锈、下料、弯制、绑扎；2.预制钢筋混凝土及混凝土成品块：准备工作,木模制安拆,钢筋制作与绑扎,混凝土制作、灌注、捣固及养护,成品块堆放；3.安装涵身及成品块：选材配料、洗刷预制管节或成品块铺设；校正、砂浆制作；安砌勾缝,处理吊环孔。

单位:10m³,钢筋弯扎:t

定　额　编　号			7-4-50	7-4-51	7-4-52	7-4-53
项　　　　目			就地灌注钢筋混凝土涵身		就地灌注钢筋混凝土涵身	预制钢筋混凝土涵身
			孔径≤1.0m	孔径1.5～3.0m		孔径≤1.0m
			混凝土标号		钢筋弯扎	混凝土标号
			C25	C30		C25
基　　价（元）			**18665.12**	**18677.19**	**5295.39**	**16354.62**
其中	人　工　费（元）		8708.18	7509.38	963.90	6579.23
	材　料　费（元）		9597.66	10808.53	4163.63	9432.89
	机　械　费（元）		359.28	359.28	167.86	342.50
名　　　　称	单位	单价(元)	数　　　　　　量			
人工 综合工日	工日	75.00	116.109	100.125	12.852	87.723
材料 矿渣硅酸盐水泥32.5 袋装	kg	0.39	4.037	－	－	4.037
矿渣硅酸盐水泥42.5 低碱 袋装	kg	0.45	－	3954.000	－	－
碎石 20mm	m³	55.00	8.830	8.620	－	8.830
中砂	m³	60.00	5.240	4.910	－	5.240
Ⅱ级钢筋 φ20 以内	kg	4.00	1500.000	1500.000	1024.000	1500.000
二等圆木 综合	m³	1300.00	0.831	0.661	－	－

续前

定 额 编 号				7-4-50	7-4-51	7-4-52	7-4-53
项 目				就地灌注钢筋混凝土涵身		就地灌注钢筋混凝土涵身	预制钢筋混凝土涵身
				孔径≤1.0m	孔径1.5~3.0m		孔径≤1.0m
				混凝土标号		钢筋弯扎	混凝土标号
				C25	C30		C25
材料	二等方木 综合	m³	1800.00	0.633	0.504	–	–
	二等板方材 综合	m³	1800.00	–	–	–	1.018
	铁件	kg	5.30	46.700	37.200	–	–
	铁线钉	kg	4.10	3.600	2.900	–	2.600
	镀锌铁丝 20~22 号	kg	5.90	8.700	8.700	5.960	8.850
	六角螺栓带帽	kg	7.20	–	–	–	65.300
	电焊条 结422 φ2.5	kg	5.04	9.400	9.300	6.400	10.500
	水	t	4.00	31.260	26.580	0.210	29.880
	其他材料费	元	–	90.320	80.460	0.210	93.390
机械	滚筒式混凝土搅拌机(电动) 400L	台班	187.85	0.536	0.536	–	0.332
	混凝土振捣器 插入式	台班	12.14	0.850	0.850	–	0.655
	混凝土振捣器 平板式BL11	台班	13.76	0.213	0.213	–	–
	钢筋调直机 φ40mm	台班	48.59	0.221	0.221	0.153	0.230
	钢筋切断机 φ40mm	台班	52.99	0.213	0.213	0.145	0.213
	钢筋弯曲机 φ40mm	台班	31.57	0.264	0.264	0.179	0.264
	交流弧焊机 32kV·A	台班	221.86	0.969	0.969	0.663	1.088

工作内容:1.就地灌注钢筋混凝土涵身:准备工作,木模型安拆,混凝土制作、灌注、捣固及所作养护,钢筋调直,除锈、下料、弯制、绑扎;2.预制钢筋混凝土及混凝土成品块:准备工作,木模制安拆,钢筋制作与绑扎,混凝土制作、灌注、捣固及养护,成品块堆放;3.安装涵身及成品块:选材配料、洗刷预制管节或成品块铺设;校正、砂浆制作;安砌勾缝,处理吊环孔。

单位:10m³,钢筋弯扎:t

定 额 编 号			7-4-54	7-4-55	7-4-56
项 目			预制钢筋混凝土涵身	预制矩涵成品块	
			孔径 1.5~3.0m	翼墙及帽石	基础及泄床
			混凝土标号	钢筋混凝土	混凝土
			C30	C15	
基 价 (元)			**16497.21**	**16110.70**	**5312.41**
其中	人 工 费 (元)		5733.45	5724.00	2496.83
	材 料 费 (元)		10421.70	10292.66	2744.06
	机 械 费 (元)		342.06	94.04	71.52
名 称	单位	单价(元)	数		量
人工 综合工日	工日	75.00	76.446	76.320	33.291
材料 矿渣硅酸盐水泥 32.5 袋装	kg	0.39	3954.000	–	–
矿渣硅酸盐水泥 42.5 低碱 袋装	kg	0.45	–	2986.000	2757.000
碎石 20mm	m³	55.00	8.620	9.140	–
碎石 40mm	m³	55.00	–	–	9.140
Ⅱ级钢筋 φ20 以内	kg	4.00	1499.000	1167.000	–
二等圆木 综合	m³	1300.00	–	0.342	0.003
二等方木 综合	m³	1800.00	–	0.425	0.091

定 额 编 号			7-4-54	7-4-55	7-4-56
项 目			预制钢筋混凝土涵身	预制矩涵成品块	
			孔径 1.5~3.0m	翼墙及帽石	基础及泄床
			混凝土标号	钢筋混凝土	混凝土
			C30	C15	
材 料	二等板方材 综合	m³	1800.00	0.810	0.961	0.219
	铁件	kg	5.30	–	3.300	–
	铁拉杆	kg	5.10	–	41.400	–
	铁线钉	kg	4.10	2.100	8.400	1.900
	六角螺栓带帽	kg	7.20	51.900	–	0.800
	镀锌铁丝 20~22 号	kg	5.90	8.850	7.770	–
	电焊条 结 422 φ2.5	kg	5.04	10.500	–	–
	中砂	m³	60.00	4.910	5.240	5.240
	水	t	4.00	24.780	28.410	16.580
	其他材料费	元	–	70.390	101.910	44.540
机 械	滚筒式混凝土搅拌机(电动) 400L	台班	187.85	0.332	0.332	0.332
	混凝土振捣器 插入式	台班	12.14	0.655	0.655	0.655
	钢筋调直机 φ40mm	台班	48.59	0.221	0.179	0.009
	钢筋切断机 φ40mm	台班	52.99	0.213	0.162	0.009
	钢筋弯曲机 φ40mm	台班	31.57	0.264	0.204	0.009
	交流弧焊机 32kV·A	台班	221.86	1.088	–	–

工作内容: 1.就地灌注钢筋混凝土涵身:准备工作,木模型安拆,混凝土制作、灌注、捣固及所作养护, 钢筋调直,除锈、下料、弯制、绑扎;2.预制钢筋混凝土及混凝土成品块:准备工作,木模制 安拆,钢筋制作与绑扎,混凝土制作、灌注、捣固及养护,成品块堆放;3.安装涵身及成品 块:选材配料、洗刷预制管节或成品块铺设;校正、砂浆制作;安砌勾缝,处理吊环孔。

单位:10m³,钢筋弯扎:t

定 额 编 号			7-4-57	7-4-58	7-4-59	7-4-60
项 目			安装涵身成品块			
			基础及泄床	翼墙	涵身	帽石
			砂浆标号			
			100 号			
基 价 (元)			**644.05**	**658.55**	**841.42**	**1220.79**
其中	人 工 费 (元)		141.08	197.10	454.28	346.28
	材 料 费 (元)		270.76	270.76	270.76	270.76
	机 械 费 (元)		232.21	190.69	116.38	603.75
名 称	单位	单价(元)	数		量	
人工 综合工日	工日	75.00	1.881	2.628	6.057	4.617
材料 矿渣硅酸盐水泥 32.5 袋装	kg	0.39	464.000	464.000	464.000	464.000
中砂	m³	60.00	1.430	1.430	1.430	1.430
水	t	4.00	1.000	1.000	1.000	1.000
机械 汽车式起重机 5t	台班	546.38	0.425	0.349	0.213	1.105

六、拱涵

工作内容：1. 就地灌注混凝土拱圈：木模型制安拆（钢模安拆整修与装箱存放），混凝土制作灌注捣固及养护；2. 预制混凝土拱圈：准备工作、制安拆模板和支撑制作、灌注、捣固、养护混凝土管节及成品块堆放；3. 砌筑拱圈：选区料洗清、砂浆制作、拱架制安拆及整修、安砌拱圈填塞预留孔。

单位：10m³

定　额　编　号				7-4-61	7-4-62	7-4-63	7-4-64
项　　　目				就地灌注混凝土拱圈			
				混凝土			
				C15		C20	
				木模	钢模	木模	钢模
基　　价　（元）				**8240.03**	**5631.54**	**8419.51**	**5815.03**
其中	人　工　费　（元）			3307.50	2247.75	3307.50	2247.75
	材　料　费　（元）			4818.94	2861.84	4998.42	3045.33
	机　械　费　（元）			113.59	521.95	113.59	521.95
名　　　称	单位	单价（元）		数			量
人工 综合工日	工日	75.00		44.100	29.970	44.100	29.970
材料 矿渣硅酸盐水泥 32.5 袋装	kg	0.39		2601.000	2601.000	3007.000	3007.000
碎石 80mm	m³	55.00		9.100	9.100	9.100	9.100
中砂	m³	60.00		5.210	5.210	5.540	5.540
二等圆木 综合	m³	1300.00		0.691	–	0.691	–

定 额 编 号			7-4-61	7-4-62	7-4-63	7-4-64
项 目			就地灌注混凝土拱圈			
			混凝土			
			C15		C20	
			木模	钢模	木模	钢模
材 料	二等方木 综合	m³	1800.00	0.121	–	0.121	–
	二等板方材 综合	m³	1800.00	0.941	–	0.941	–
	组合钢模板	kg	5.10	–	98.410	–	98.410
	组合钢支撑	kg	4.89	–	48.140	–	48.140
	组合钢配件	kg	4.90	–	30.470	–	30.470
	六角螺栓带帽	kg	7.20	1.600	–	1.600	–
	铁件	kg	5.30	6.200	–	6.200	–
	铁线钉	kg	4.10	9.000	–	9.000	–
	水	t	4.00	16.100	16.100	16.100	16.100
	其他材料费	元	–	35.870	83.350	37.210	88.700
机 械	滚筒式混凝土搅拌机(电动)400L	台班	187.85	0.536	0.536	0.536	0.536
	混凝土振捣器 插入式	台班	12.14	1.063	1.063	1.063	1.063
	轮胎式起重机 16t	台班	979.28	–	0.417	–	0.417

工作内容:1. 就地灌注混凝土拱圈:木模型制安拆(钢模安拆整修与装箱存放),混凝土制作灌注捣固及养护;2. 预制混凝土拱圈:准备工作、制安拆模板和支撑制作、灌注、捣固、养护混凝土管节及成品块堆放;3. 砌筑拱圈:选区料洗清、砂浆制作、拱架制安拆及整修、安砌拱圈填塞预留孔。

单位:10m³

定 额 编 号				7-4-65	7-4-66	7-4-67	7-4-68
项 目				预制混凝土拱圈			
				混凝土			
				C15		C20	
				木模	钢模	木模	钢模
基 价 (元)				**5711.72**	**5718.50**	**5880.20**	**5889.47**
其中	人 工 费 (元)			2565.00	2241.00	2565.00	2241.00
	材 料 费 (元)			2923.99	2851.80	3092.47	3022.77
	机 械 费 (元)			222.73	625.70	222.73	625.70
名 称	单位	单价(元)		数		量	
人工 综合工日	工日	75.00		34.200	29.880	34.200	29.880
材料 矿渣硅酸盐水泥 32.5 袋装	kg	0.39		2576.000	2576.000	2977.000	2977.000
碎石 80mm	m³	55.00		9.100	9.100	9.100	9.100
中砂	m³	60.00		5.210	5.210	5.370	5.370
二等圆木 综合	m³	1300.00		0.093	–	0.093	–
二等方木 综合	m³	1800.00		0.185	–	0.185	–

续前

定 额 编 号				7-4-65	7-4-66	7-4-67	7-4-68
项 目				预制混凝土拱圈			
				混凝土			
				C15		C20	
				木模	钢模	木模	钢模
材料	二等板方材 综合	m³	1800.00	0.268	–	0.268	–
	组合钢模板	kg	5.10	–	98.410	–	98.410
	组合钢支撑	kg	4.89	–	48.140	–	48.140
	组合钢配件	kg	4.90	–	30.470	–	30.470
	铁拉杆	kg	5.10	7.400	–	7.400	–
	铁线钉	kg	4.10	6.000	–	6.000	–
	水	t	4.00	16.100	16.100	16.100	16.100
	其他材料费	元	–	43.210	83.060	45.700	88.040
机械	滚筒式混凝土搅拌机(电动) 400L	台班	187.85	0.332	0.332	0.332	0.332
	混凝土振捣器 插入式	台班	12.14	0.655	0.655	0.655	0.655
	履带式拖拉机 55kW	台班	608.51	0.119	0.119	0.119	0.119
	履带式起重机 15t	台班	966.34	–	0.417	–	0.417
	轮胎式起重机 8t	台班	665.16	0.119	0.119	0.119	0.119
	其他机械费	元	–	0.850	0.850	0.850	0.850

工作内容：1. 就地灌注混凝土拱圈：木模型制安拆（钢模安拆整修与装箱存放），混凝土制作灌注捣固及养护；2. 预制混凝土
拱圈：准备工作、制安拆模板和支撑制作、灌注、捣固、养护混凝土管节及成品块堆放；3. 砌筑拱圈：选区料洗清、
砂浆制作、拱架制安拆及整修、安砌拱圈填塞预留孔。

单位：10m³

定　额　编　号			7-4-69	7-4-70	7-4-71
项　　　　　目			安砌拱圈		
			砂浆		
			100 号		
			混凝土拱圈	毛方石拱圈	粗凿拱圈
基　　价　（元）			**3677.28**	**3425.79**	**3425.79**
其中	人　工　费　（元）		2457.00	1647.00	1647.00
	材　料　费　（元）		955.92	1776.46	1776.46
	机　械　费　（元）		264.36	2.33	2.33
名　　　　称	单位	单价（元）	数		量
人工 综合工日	工日	75.00	32.760	21.960	21.960
材料 矿渣硅酸盐水泥 32.5 袋装	kg	0.39	228.000	785.000	785.000
碎石 20mm	m³	55.00	0.220	–	–
中砂	m³	60.00	0.570	2.400	2.400
二等圆木 综合	m³	1300.00	0.229	0.212	0.212

单位:10m³

定 额 编 号			7-4-69	7-4-70	7-4-71
项　　　　目			安砌拱圈		
			砂浆		
			100 号		
			混凝土拱圈	毛方石拱圈	粗凿拱圈
材料	二等方木 综合	m³	1800.00	0.037	0.035	0.035
	二等板方材 综合	m³	1800.00	0.218	0.199	0.199
	毛方拱石	m³	60.00	–	9.100	–
	粗凿拱石	m³	60.00	–	–	9.100
	六角螺栓带帽	kg	7.20	0.600	0.500	0.500
	铁件	kg	5.30	4.000	3.700	3.700
	铁线钉	kg	4.10	4.800	4.400	4.400
	水	t	4.00	4.700	5.300	5.300
	其他材料费	元	–	–	21.060	21.060
机械	履带式起重机 10t	台班	740.50	0.357	–	–
	灰浆搅拌机 400L	台班	137.04	–	0.017	0.017

七、顶管工程

1. 工作坑、交汇坑土方及支撑安拆

（1）人工挖工作坑、交汇坑土方

工作内容：人工挖土，少先吊配合吊土，卸土、场地清理。

单位：100m³

定　额　编　号				7-4-72	7-4-73	7-4-74
项　　　目				深度（m）		
				4	6	8
基　　　价（元）				**5545.53**	**6305.15**	**6837.97**
其中	人　工　费（元）			4848.53	5561.33	6075.00
	材　料　费（元）			－	－	－
	机　械　费（元）			697.00	743.82	762.97
名　　　称		单位	单价(元)	数		量
人工	综合工日	工日	75.00	64.647	74.151	81.000
机械	少先吊 1t	台班	125.18	5.568	5.942	6.095

（2）工作坑支撑设备安拆

工作内容：备料、场内运输、支撑安拆、整理、指定地点堆放。

单位：每坑

定 额 编 号			7-4-75	7-4-76	7-4-77	7-4-78
项 目			坑深4m管径（mm）		坑深6m管径（mm）	
			1000～1400	1600～2000	1000～1400	1600～2000
基 价 （元）			**8267.95**	**6794.32**	**13074.00**	**8331.67**
其中	人 工 费 （元）		1660.28	2217.15	2307.60	3058.35
	材 料 费 （元）		6072.56	3782.54	10051.83	4232.93
	机 械 费 （元）		535.11	794.63	714.57	1040.39
名 称	单位	单价（元）	数		量	
人工	综合工日	工日	75.00	22.137	29.562	30.768	40.778
材料	槽钢18号以上	kg	4.00	24.000	－	32.000	－
	钢支撑	kg	4.98	12.920	20.580	23.110	－
	二等硬木板方材 综合	m³	1900.00	0.073	－	0.097	－
	二等圆木 综合	m³	1300.00	－	0.025	－	0.034
	镀锌铁丝20～22号	kg	5.90	4.740	4.740	6.600	6.600
	电焊条 结422 φ2.5	kg	5.04	－	12.900	－	17.200
	普碳方钢80×80以上	kg	4.15	－	280.000	－	37.000
	铁簸箕0.2×0.2×0.16	个	5.00	－	－	－	27.400
	铁撑柱使用费	吨·天	45.00	41.000	－	83.000	－
	槽型钢板桩使用费	吨·天	50.00	78.000	－	117.000	－
	方钢支撑设备使用费	吨·天	23.00	－	104.000	－	164.000
	其他材料费	元	－	0.550	0.570	0.500	0.550
机械	履带式电动起重机5t	台班	217.79	2.457	2.675	3.281	3.562
	立式液压千斤顶100t	台班	7.70	－	2.304	－	3.077
	直流弧焊机30kW	台班	228.59	－	0.850	－	1.054

(3)接收坑支撑安拆

工作内容:备料、场内运输、支撑安拆、整理、指定地点堆放。

单位:每坑

定 额 编 号			7-4-79	7-4-80	7-4-81	7-4-82
项 目			坑深4m管径(mm)		坑深6m管径(mm)	
			1000~1400	1600~2000	1000~1400	1600~2000
基 价 (元)			**4445.44**	**3839.72**	**6767.22**	**5356.71**
其中	人 工 费 (元)		1084.58	1654.50	1507.13	2279.55
	材 料 费 (元)		3010.87	1597.27	4795.33	2295.05
	机 械 费 (元)		349.99	587.95	464.76	782.11
名 称	单位	单价(元)	数		量	
人工 综合工日	工日	75.00	14.461	22.060	20.095	30.394
材料 槽钢18号以上	kg	4.00	16.000	–	21.000	–
钢支撑	kg	4.98	9.610	–	16.960	–
普碳方钢80×80以上	kg	4.15	–	22.000	21.000	30.000
二等板方材 综合	m³	1800.00	0.047	–	0.063	–
二等圆木 综合	m³	1300.00	–	0.017	–	0.022
镀锌铁丝20~22号	kg	5.90	4.020	4.740	5.210	6.600
电焊条 结422 φ2.5	kg	5.04	–	11.060	–	14.750
铁簸箕0.2×0.2×0.16	个	5.00	–	17.640	–	23.520
铁撑柱使用费	吨·天	45.00	22.000	–	41.000	–
槽型钢板桩使用费	吨·天	50.00	36.000	–	51.000	0.030
方钢支撑设备使用费	吨·天	23.00	–	57.000	–	83.000
其他材料费	元	–	0.690	0.960	0.580	0.570
机械 履带式电动起重机5t	台班	217.79	1.607	1.927	2.134	2.567
立式液压千斤顶100t	台班	7.70	–	1.666	–	2.219
直流弧焊机30kW	台班	228.59	–	0.680	–	0.901

2. 顶进后座及坑内平台安拆

工作内容: 1. 枋木后座:安拆顶进后座、安拆人工操作平台及千斤顶平台、清理现场;2. 钢筋混凝土后座:模板制安拆、钢筋除锈、制作、安装、混凝土拌合、浇捣、养护、安拆背板后靠、搭拆人工操作平台及千斤顶平台;拆除混凝土后座,清理现场。

单位:见表

定 额 编 号				7-4-83	7-4-84	7-4-85	7-4-86
项 目				管径(mm)			钢筋混凝土后座
				800~1200	1400~1800	2000~2400	
单 位				每坑			10m³
基 价 (元)				**3541.05**	**5302.94**	**7383.58**	**13407.00**
其中	人 工 费 (元)			913.50	1448.93	1830.38	3586.58
	材 料 费 (元)			1505.13	1861.15	2384.97	4950.11
	机 械 费 (元)			1122.42	1992.86	3168.23	4870.31
名 称		单位	单价(元)	数		量	
人工	综合工日	工日	75.00	12.180	19.319	24.405	47.821
材料	钢板 δ>32mm	kg	3.70	149.000	149.000	203.000	181.000
	钢支撑	kg	4.98	5.000	6.000	7.000	5.000
	枕木	m³	1650.00	0.182	0.255	0.346	0.096
	木模板	m³	1389.00	0.002	0.004	0.005	0.153
	碎石 20mm	m³	55.00	1.510	1.510	2.050	—
	现浇混凝土 C15-40(砾石)	m³	167.72	—	—	—	10.200
	扒钉	kg	6.00	0.467	0.935	1.403	0.940
	Ⅱ级钢筋 φ20 以内	kg	4.00	—	—	—	290.000

续前

定 额 编 号			7-4-83	7-4-84	7-4-85	7-4-86
项 目			管径(mm)			钢筋混凝土后座
			800~1200	1400~1800	2000~2400	
材料	圆钉 2.1×45	kg	4.32	-	-	-	4.650
	镀锌铁丝 20~22 号	kg	5.90	-	-	-	0.880
	石油沥青油毡 350 号	m²	2.55	-	-	-	22.230
	草袋	条	1.90	-	-	-	2.000
	电	kW·h	0.85	-	-	-	5.280
	水	t	4.00	-	-	-	4.290
	铁撑板使用费	吨·天	45.00	12.000	17.000	20.000	20.000
	其他材料费	元	-				0.790
机械	汽车式起重机 8t	台班	728.19	0.833	1.479	-	3.825
	汽车式起重机 12t	台班	888.68			1.896	-
	载货汽车 8t	台班	619.25	0.833	1.479	-	1.675
	载货汽车 10t	台班	782.33	-	-	1.896	-
	机动翻斗车 1t	台班	193.00				0.561
	涡浆式混凝土搅拌机 500L	台班	316.08				0.561
	钢筋调直机 φ40mm	台班	48.59				0.119
	钢筋切断机 φ40mm	台班	52.99				0.119
	风镐	台班	56.35	-	-	-	2.822
	直流弧焊机 20kW	台班	209.44				2.822

3. 泥水切削机械及附属设施安拆

工作内容:安拆工具管、千斤顶、顶铁、油泵、配电设备、进水泵、出泥泵、仪表操作台、油管闸阀、压力表、进水管、出泥管及铁梯等全部工序。

单位:套

定　额　编　号			7-4-87	7-4-88	7-4-89	7-4-90	7-4-91	7-4-92
项　　　目			管径(mm)					
			800	1200	1600	1800	2200	2400
基　价　(元)			**26976.83**	**22313.53**	**30658.41**	**33656.21**	**34163.38**	**44877.31**
其中	人　工　费　(元)		5153.40	5550.75	6007.43	6410.40	5671.73	6025.50
	材　料　费　(元)		10039.00	10039.00	11691.16	12441.46	6495.04	6785.16
	机　械　费　(元)		11784.43	6723.78	12959.82	14804.35	21996.61	32066.65
名　　　称	单位	单价(元)	数			量		
人工 综合工日	工日	75.00	68.712	74.010	80.099	85.472	75.623	80.340
材料 法兰闸阀 Z45T-10 DN50	个	127.00	1.000	1.000	1.000	1.000	-	-
法兰止回阀 H44T-10 DN150	个	586.00	2.000	2.000	2.000	2.000	-	-
焊接钢管综合	kg	4.42	75.550	75.550	75.500	75.550	63.000	63.000
枕木	m³	1650.00	-	-	-	-	0.190	0.190
六角螺栓带帽	kg	7.20	1.680	1.680	1.680	1.680	-	-
槽钢 18 号以上	kg	4.00	32.000	32.000	32.000	32.000	14.000	14.000
钢支撑	kg	4.98	7.000	7.000	7.000	7.000	8.000	8.000
压力表 DN150	块	50.00	1.000	1.000	1.000	1.000	-	-
扒钉	kg	6.00	-	-	-	-	2.040	2.060
料 柔性接头	套	18.00	0.400	0.400	0.400	0.400	-	-
槽型钢板桩使用费	吨·天	50.00	145.000	145.000	174.000	189.000	88.000	92.000
铁撑板使用费	吨·天	45.00	20.500	20.500	25.000	25.000	31.000	33.000

定 额 编 号			7-4-87	7-4-88	7-4-89	7-4-90	7-4-91	7-4-92
项 目			管径(mm)					
			800	1200	1600	1800	2200	2400
材料 其他材料费	元	–	1.410	1.410	1.290	1.370	–	–
机 械 汽车式起重机 8t	台班	728.19	2.414	2.933	–	–	–	–
汽车式起重机 16t	台班	1071.52	–	–	2.678	3.069	3.502	3.681
汽车式起重机 50t	台班	3709.18	–	–	1.335	1.530	–	–
汽车式起重机 75t	台班	5403.15	–	–	–	–	1.751	–
汽车式起重机 125t	台班	9625.95	–	–	–	–	–	1.836
载货汽车 8t	台班	619.25	2.414	2.933	–	–	–	–
平板拖车组 20t	台班	1264.92	–	–	1.275	1.275	–	–
平板拖车组 30t	台班	1562.31	–	–	–	–	1.275	–
平板拖车组 60t	台班	2186.44	–	–	–	–	–	1.275
电动卷扬机(单筒慢速) 30kN	台班	137.62	–	–	–	–	5.253	5.517
电动多级离心清水泵 ϕ150mm 180m 以下	台班	755.43	0.859	0.859	0.859	0.859	–	–
潜水泵 ϕ100mm	台班	155.16	2.414	2.933	4.012	4.599	5.253	5.517
遥控顶管掘进机 ϕ800mm	台班	2377.70	2.797	–	–	–	–	–
油泵车	台班	306.69	2.797	3.392	4.012	4.599	10.506	11.033
挤压法顶管设备 ϕ1200mm	台班	184.98	–	3.392	–	–	–	–
挤压法顶管设备 ϕ1650mm	台班	255.21	–	–	4.012	–	–	–
挤压法顶管设备 ϕ1800mm	台班	316.39	–	–	–	4.599	–	–
挤压法顶管设备 ϕ2200mm	台班	386.68	–	–	–	–	5.253	–
挤压法顶管设备 ϕ2400mm	台班	482.59	–	–	–	–	–	5.517

4. 中断间安装

工作内容:安装、吊卸中断间、装油泵、油管、接缝防水、拆除中断间内的全部设备,吊出井口。 单位:套

定 额 编 号			7-4-93	7-4-94	7-4-95	7-4-96	7-4-97
项 目			管径(mm)				
			800	1000	1200	1400	1600
基 价 (元)			**11278.28**	**13243.70**	**15230.58**	**19974.67**	**27665.43**
其中	人 工 费 (元)		310.35	310.35	495.23	545.78	608.85
	材 料 费 (元)		10030.30	11995.72	13473.83	17841.48	25101.35
	机 械 费 (元)		937.63	937.63	1261.52	1587.41	1955.23
名 称	单位	单价(元)	数				量
人工 综合工日	工日	75.00	4.138	4.138	6.603	7.277	8.118
材料	中断间 φ800	套	7554.50	1.000	—	—	—	—
	中断间 φ1000	套	8806.20	—	1.000	—	—	—
	中断间 φ1200	套	9958.70	—	—	1.000	—	—
	中断间 φ1400	套	12254.30	—	—	—	1.000	—
	中断间 φ1600	套	18441.10	—	—	—	—	1.000
	钢板 δ>32mm	kg	3.70	669.000	862.000	950.000	1510.000	1800.000
	其他材料费	元	—	0.500	0.120	0.130	0.180	0.250
机械	汽车式起重机 5t	台班	546.38	0.689	0.689	0.927	—	—
	汽车式起重机 8t	台班	728.19	—	—	—	1.029	—
	汽车式起重机 12t	台班	888.68	—	—	—	—	1.148
	载货汽车 5t	台班	507.79	0.689	0.689	0.927	1.029	1.148
	油泵车	台班	306.69	0.689	0.689	0.927	1.029	1.148

工作内容: 安装、吊卸中断间、装油泵、油管、接缝防水、拆除中断间内的全部设备,吊出井口。

单位:套

定　额　编　号			7-4-98	7-4-99	7-4-100	7-4-101
项　　　　　目			管径(mm)			
			1800	2000	2200	2400
基　　　　价　　(元)			**52941.36**	**36023.95**	**41759.84**	**44314.06**
其中	人　工　费　(元)		757.35	989.78	1061.03	1141.95
	材　料　费　(元)		49751.90	31956.22	37161.07	39085.89
	机　械　费　(元)		2432.11	3077.95	3537.74	4086.22
名　　　称	单位	单价(元)	数		量	
人工	综合工日	工日	75.00	10.098	13.197	14.147	15.226
材料	中断间 φ1800	套	19168.20	1.000	—	—	—
	中断间 φ2000	套	21133.40	1.000	1.000	—	—
	中断间 φ2200	套	23751.90	—	—	1.000	—
	中断间 φ2400	套	25306.70	—	—	—	1.000
	钢板 δ>32mm	kg	3.70	2554.000	2925.000	3624.000	3724.000
	其他材料费	元	—	0.500	0.320	0.370	0.390
机械	汽车式起重机 12t	台班	888.68	1.428	—	—	—
	汽车式起重机 16t	台班	1071.52	—	1.632	—	—
	汽车式起重机 20t	台班	1205.93	—	—	1.751	—
	汽车式起重机 32t	台班	1360.20	—	—	—	1.879
	载货汽车 5t	台班	507.79	1.428	1.632	1.751	1.879
	油泵车	台班	306.69	1.428	1.632	1.751	1.879

5. 顶进触变泥浆减阻

工作内容:安拆操作机械、取料、拌浆、压浆、清理。

单位:10m

定 额 编 号				7-4-102	7-4-103	7-4-104	7-4-105	7-4-106
项 目				管径(mm)				
				800	1000	1200	1400	1600
基 价 (元)				**1837.59**	**2210.66**	**2505.19**	**2809.95**	**3304.04**
其中	人 工 费 (元)			236.10	283.65	320.78	359.40	417.30
	材 料 费 (元)			65.55	82.06	98.62	113.70	172.72
	机 械 费 (元)			1535.94	1844.95	2085.79	2336.85	2714.02
名 称		单位	单价(元)	数		量		
人工	综合工日	工日	75.00	3.148	3.782	4.277	4.792	5.564
材料	触变泥浆	m³	29.53	0.910	1.140	1.370	1.580	2.400
	膨润土	kg	0.35	101.250	126.630	152.250	175.500	266.630
	水	t	4.00	0.810	1.018	1.218	1.404	2.133
机械	泥浆系统	台班	1136.05	1.352	1.624	1.836	2.057	2.389

工作内容:安拆操作机械、取料、拌浆、压浆、清理。 单位:见表

定 额 编 号			7-4-107	7-4-108	7-4-109	7-4-110	7-4-111
项 目			管径(mm)				压浆制作与封孔
			1800	2000	2200	2400	
单 位			10m				每只
基 价 (元)			**3713.59**	**4291.54**	**5137.65**	**6061.48**	**117.10**
其中	人 工 费 (元)		469.28	543.53	654.90	773.70	38.10
	材 料 费 (元)		192.88	213.76	233.92	256.21	48.01
	机 械 费 (元)		3051.43	3534.25	4248.83	5031.57	30.99
名 称	单位	单价(元)	数			量	
人工 综合工日	工日	75.00	6.257	7.247	8.732	10.316	0.508
材料 触变泥浆	m³	29.53	2.680	2.970	3.250	3.560	-
水	t	4.00	2.382	2.640	2.889	3.164	-
膨润土	kg	0.35	297.750	330.000	361.130	395.500	-
镀锌管堵 DN50	个	2.90	-	-	-	-	1.000
镀锌管接头(金属软管用) 50	个	10.70	-	-	-	-	1.000
环氧树脂(各种规格)	kg	28.60	-	-	-	-	1.010
其他材料费	元	-	-	-	-	-	5.520
机械 泥浆系统	台班	1136.05	2.686	3.111	3.740	4.429	-
电动空气压缩机 1m³/min	台班	146.17	-	-	-	-	0.153
风镐	台班	56.35	-	-	-	-	0.153

6. 封闭式顶进

工作内容:卸管、接拆进水管、出泥浆管、照明设备、掘进、测量纠偏、泥浆出坑、场内运输等。

单位:10m

定 额 编 号			7-4-112	7-4-113	7-4-114	7-4-115	7-4-116	7-4-117
项 目			水力机械(管径 mm)				切削机械(管径 mm)	
			800 以内	1200 以内	1650 以内	1800 以内	2200 以内	2400 以内
基 价 (元)			**7611.72**	**5161.25**	**16642.77**	**19359.60**	**25330.04**	**29384.54**
其中	人 工 费 (元)		1347.15	1464.08	1859.48	2074.80	2456.18	2841.45
	材 料 费 (元)		166.35	165.74	9002.39	10495.27	14925.29	16574.29
	机 械 费 (元)		6098.22	3531.43	5780.90	6789.53	7948.57	9968.80
名 称	单位	单价(元)	数			量		
人工 综合工日	工日	75.00	17.962	19.521	24.793	27.664	32.749	37.886
材料 钢筋混凝土推立模管 φ800	m	—	(10.050)	—	—	—	—	—
钢筋混凝土推立模管 φ1200	m	—	—	(10.050)	—	—	—	—
丹麦管 φ1650	m	745.90	—	—	10.050	—	—	—
丹麦管 φ1800	m	879.90	—	—	—	10.050	—	—
丹麦管 φ2200	m	1219.40	—	—	—	—	10.050	—
丹麦管 φ2400	m	1364.00	—	—	—	—	—	10.050
柔性接头	套	18.00	0.067	0.067	0.067	0.067	—	—
料 出土轨道	付	25.00	—	—	—	—	0.100	0.100
丹麦管 Q 型橡胶圈 φ1650	根	208.00	—	—	5.000	—	—	—

续前

单位:10m

定　额　编　号			7-4-112	7-4-113	7-4-114	7-4-115	7-4-116	7-4-117
项　　　　目			水力机械(管径 mm)				切削机械(管径 mm)	
			800 以内	1200 以内	1650 以内	1800 以内	2200 以内	2400 以内
材	丹麦管 Q 型橡胶圈 φ1800	根	230.00	–	–	–	5.000	–	–
	丹麦管 Q 型橡胶圈 φ2200	根	335.00	–	–	–	–	5.000	–
	丹麦管 Q 型橡胶圈 φ2400	根	365.00	–	–	–	–	–	5.000
	丹麦垫板 φ1650	套	58.00	–	–	5.000	–	–	–
	丹麦垫板 φ1800	套	64.00	–	–	–	5.000	–	–
	丹麦垫板 φ2200	套	85.36	–	–	–	–	5.000	–
	丹麦垫板 φ2400	套	92.44	–	–	–	–	–	5.000
	无缝钢管综合价	kg	5.80	2.090	2.090	2.090	2.090	–	–
	重型橡套电缆 YC 3×16+1×6	m	52.70	0.150	0.150	0.150	0.150	–	–
	重型橡套电缆 YC 3×70+1×25	m	162.70	0.150	0.150	0.150	0.150	0.300	0.300
	重型橡套电缆 YC 3×50+1×6	m	120.80	0.150	0.150	0.150	0.150	–	–
	六角螺栓带帽	kg	7.20	0.670	0.067	0.670	0.670		
料	电	kW·h	0.85	50.060	54.460	61.440	68.540	73.040	85.040
	汽轮机油（各种规格）	kg	8.80	6.180	6.180	6.180	6.180	51.550	51.550
	其他材料费	元	–	0.830	0.820	0.900	1.050	1.490	1.660
机械	汽车式起重机 8t	台班	728.19	1.352	1.522	–	–	–	–

续前

定　额　编　号			7-4-112	7-4-113	7-4-114	7-4-115	7-4-116	7-4-117
项　　目			水力机械(管径 mm)				切削机械(管径 mm)	
			800 以内	1200 以内	1650 以内	1800 以内	2200 以内	2400 以内
机　　　　　　　　　　　械	汽车式起重机 16t	台班	1071.52	–	–	1.845	2.125	–	–
	汽车式起重机 20t	台班	1205.93	–	–	–	–	2.431	–
	汽车式起重机 32t	台班	1360.20	–	–	–	–	–	2.831
	叉式起重机 5t	台班	542.43	–	–	–	–	0.808	0.944
	叉式起重机 6t	台班	561.63	0.451	0.510	–	–	–	–
	叉式起重机 10t	台班	852.39	–	–	0.612	0.706	–	–
	自卸汽车 5t	台班	590.61	–	–	–	–	2.431	2.831
	电动卷扬机(单筒慢速) 30kN	台班	137.62	–	–	–	–	2.431	2.831
	电动多级离心清水泵 φ150mm 180m 以下	台班	755.43	1.352	1.522	1.845	2.125	–	–
	潜水泵 φ100mm	台班	155.16	1.352	1.522	1.845	2.125	2.431	2.831
	遥控顶管掘进机 φ800mm	台班	2377.70	1.352	–	–	–	–	–
	油泵车	台班	306.69	1.352	1.530	3.689	4.250	4.862	5.670
	挤压法顶管设备 φ1200mm	台班	184.98	–	1.522	–	–	–	–
	挤压法顶管设备 φ1650mm	台班	255.21	–	–	1.845	–	–	–
	挤压法顶管设备 φ1800mm	台班	316.39	–	–	–	2.125	–	–
	挤压法顶管设备 φ2200mm	台班	386.68	–	–	–	–	2.431	–
	挤压法顶管设备 φ2400mm	台班	482.59	–	–	–	–	–	2.831

7. 混凝土管顶进

工作内容： 下管、固定管圈、安、拆、挖、运、换顶铁、挖、运、吊土、顶进、纠偏。

单位：10m

定 额 编 号			7-4-118	7-4-119	7-4-120	7-4-121	7-4-122
项 目			管径（mm）				
			800	1000	1100	1200	1350
基 价 （元）			**8622.74**	**10863.93**	**12577.32**	**13376.63**	**16613.55**
其中	人 工 费 （元）		3024.38	3088.80	3153.53	3218.03	3363.45
	材 料 费 （元）		2960.63	4394.73	5909.27	6515.28	8939.39
	机 械 费 （元）		2637.73	3380.40	3514.52	3643.32	4310.71
名 称	单位	单价（元）	数		量		
人工 综合工日	工日	75.00	40.325	41.184	42.047	42.907	44.846
材料 加强钢筋混凝土管 800mm	m	293.00	10.100	–	–	–	–
加强钢筋混凝土管 1000mm	m	435.00	–	10.100	–	–	–
加强钢筋混凝土管 1100mm	m	585.00	–	–	10.100	–	–
加强钢筋混凝土管 1200mm	m	645.00	–	–	–	10.100	–
加强钢筋混凝土管 1350mm	m	885.00	–	–	–	–	10.100
其他材料费	元	–	1.330	1.230	0.770	0.780	0.890
机械 汽车式起重机 5t	台班	546.38	1.556	–	–	–	–
汽车式起重机 8t	台班	728.19	–	1.853	1.964	2.074	–
汽车式起重机 12t	台班	888.68	–	–	–	–	2.193
电动卷扬机（双筒慢速）30kN	台班	146.41	3.120	3.545	3.638	3.723	3.808
高压油泵 50MPa	台班	253.57	3.120	3.545	3.638	3.723	3.808
人工挖土法顶管设备 φ1200mm	台班	154.54	3.120	3.545	3.638	3.723	–
人工挖土法顶管设备 φ1650mm	台班	201.83	–	–	–	–	3.808
立式液压千斤顶 200t	台班	9.21	6.239	7.089	7.276	7.446	7.616

工作内容：下管、固定管圈、安、拆、挖、运、换顶铁，挖、运、吊土，顶进，纠偏。

单位：10m

定 额 编 号			7-4-123	7-4-124	7-4-125	7-4-126	7-4-127	7-4-128
项 目			管径(mm)					
			1500	1650	1800	2000	2200	2400
基 价 （元）			**20652.04**	**21557.79**	**26119.41**	**31351.48**	**38128.62**	**71063.74**
其 中	人 工 费 （元）		3515.78	3660.38	3878.93	4320.68	4760.25	5220.98
	材 料 费 （元）		11615.58	12272.11	15756.79	19544.28	22574.40	44492.28
	机 械 费 （元）		5520.68	5625.30	6483.69	7486.52	10793.97	21350.48
名 称	单位	单价（元）	数			量		
人工 综合工日	工日	75.00	46.877	48.805	51.719	57.609	63.470	69.613
材 料	加强钢筋混凝土管 1500mm	m	1150.00	10.100	-	-	-	-	-
	加强钢筋混凝土管 1650mm	m	1215.00	-	10.100	-	-	-	-
	加强钢筋混凝土管 1800mm	m	1560.00	-	-	10.100	-	-	-
	加强钢筋混凝土管 2000mm	m	1935.00	-	-	-	10.100	-	-
	加强钢筋混凝土管 2200mm	m	2235.00	-	-	-	-	10.100	-
	加强钢筋混凝土管 2400mm	m	4405.00	-	-	-	-	-	10.100
	其他材料费	元	-	0.580	0.610	0.790	0.780	0.900	1.780

续前

定 额 编 号			7-4-123	7-4-124	7-4-125	7-4-126	7-4-127	7-4-128
项 目			管径(mm)					
			1500	1650	1800	2000	2200	2400
机	汽车式起重机 16t	台班	1071.52	2.746	2.941	–	–	–	–
	汽车式起重机 20t	台班	1205.93	–	–	3.077	–	–	–
	汽车式起重机 32t	台班	1360.20	–	–	–	3.349	–	–
	汽车式起重机 40t	台班	1811.86	–	–	–	–	4.021	–
	汽车式起重机 50t	台班	3709.18	–	–	–	–	–	4.726
	电动卷扬机(双筒慢速)30kN	台班	146.41	4.157	4.318	4.471	4.726	5.185	5.670
	高压油泵 50MPa	台班	253.57	4.157	4.318	4.471	4.726	5.185	5.670
	人工挖土法顶管设备 φ1200mm	台班	154.54	–	4.318	–	–	–	–
	人工挖土法顶管设备 φ1650mm	台班	201.83	4.157	–	4.471	4.726	–	–
	人工挖土法顶管设备 φ2000mm	台班	247.90	–	–	–	–	–	5.670
械	人工挖土法顶管设备 φ2460mm	台班	250.66	–	–	–	–	5.185	–
	立式液压千斤顶 200t	台班	9.21	8.313	8.636	8.942	9.452	–	–
	立式液压千斤顶 300t	台班	13.01	–	–	–	–	10.370	11.331

8．钢管顶进

工作内容：修整工作坑、安拆顶管设备、下管、切口、焊口、安、拆、换顶铁，挖、运、吊土，顶进，纠偏。　　　　　　　　　　单位：10m

定　额　编　号			7-4-129	7-4-130	7-4-131	7-4-132	7-4-133
项　　　　目			管径（mm）				
			800	900	1000	1200	1400
基　　价（元）			**5562.40**	**6141.00**	**6785.20**	**7744.19**	**9519.17**
其中	人　工　费（元）		2071.58	2168.10	2229.53	2650.05	3280.50
	材　料　费（元）		86.55	134.39	149.11	175.84	220.52
	机　械　费（元）		3404.27	3838.51	4406.56	4918.30	6018.15
名　　　　称	单位	单价（元）	数		量		
人工	综合工日	工日	75.00	27.621	28.908	29.727	35.334	43.740
材料	焊接钢管	m	－	(10.200)	(10.200)	(10.200)	(10.200)	(10.200)
	电焊条 结422 φ2.5	kg	5.04	11.000	19.800	22.000	26.400	33.000
	氧气	m³	3.60	2.450	2.750	3.050	3.420	4.370
	乙炔气	m³	25.20	0.817	0.917	1.017	1.140	1.457
	其他材料费	元	－	1.700	1.590	1.620	1.740	1.750
机械	汽车式起重机 8t	台班	728.19	1.556	1.853	1.964	2.074	2.278
	电动卷扬机（双筒慢速）30kN	台班	146.41	2.533	2.771	2.916	3.120	3.451
	高压油泵 50MPa	台班	253.57	2.533	2.771	2.916	3.120	3.451
	人工挖土法顶管设备 φ1200mm	台班	154.54	2.533	2.771	2.916	3.120	－
	人工挖土法顶管设备 φ1650mm	台班	201.83	－	－	－	－	3.451
	立式液压千斤顶 200t	台班	9.21	5.066	5.542	5.831	6.239	6.902
	直流弧焊机 30kW	台班	228.59	3.587	3.944	5.712	7.089	9.707

工作内容:修整工作坑、安拆顶管设备、下管、切口、焊口、安、拆、换顶铁,挖、运、吊土,顶进、纠偏。

单位:10m

定 额 编 号			7-4-134	7-4-135	7-4-136	7-4-137	7-4-138	7-4-139
项 目			管径(mm)					
			1600	1800	2000	2200	2400	2600
基 价 (元)			**11058.72**	**14036.22**	**15424.89**	**17152.52**	**19079.46**	**20679.27**
其中	人 工 费 (元)		3723.98	4315.95	4814.78	5279.18	5812.43	6534.68
	材 料 费 (元)		244.52	326.67	363.00	408.00	531.98	569.31
	机 械 费 (元)		7090.22	9393.60	10247.11	11465.34	12735.05	13575.28
名 称	单位	单价(元)	数			量		
人工 综合工日	工日	75.00	49.653	57.546	64.197	70.389	77.499	87.129
材料 焊接钢管	m	–	(10.200)	(10.200)	(10.200)	(10.200)	(10.200)	(10.200)
电焊条 结422 φ2.5	kg	5.04	36.300	49.500	55.000	62.700	82.500	88.000
氧气	m³	3.60	4.990	6.270	7.000	7.530	9.550	10.340
乙炔气	m³	25.20	1.663	2.090	2.333	2.510	3.183	3.447
其他材料费	元	–	1.700	1.950	1.810	1.630	1.590	1.700
机械 汽车式起重机 8t	台班	728.19	2.856	–	–	–	–	–
汽车式起重机 16t	台班	1071.52	–	3.077	3.349	4.021	4.726	5.024
电动卷扬机(双筒慢速)30kN	台班	146.41	3.987	4.131	4.403	4.633	4.786	5.007
高压油泵 50MPa	台班	253.57	3.987	4.131	4.403	4.633	4.786	5.007
人工挖土法顶管设备 φ1650mm	台班	201.83	3.987	–	–	–	–	–
人工挖土法顶管设备 φ2000mm	台班	247.90	–	4.131	4.403	–	–	–
人工挖土法顶管设备 φ2460mm	台班	250.66	–	–	–	4.633	4.786	5.007
立式液压千斤顶 200t	台班	9.21	7.982	8.262	8.806	9.265	9.571	10.013
直流弧焊机 30kW	台班	228.59	11.101	14.629	16.295	17.748	19.550	21.182

9. 挤压顶进
(1)钢管

工作内容:修整工作坑、安拆顶管设备、下管、切口、焊口、安、拆、换顶铁,挖、运、吊土,顶进,纠偏。　　　　　　　单位:10m

定　额　编　号			7-4-140	7-4-141	7-4-142	7-4-143	7-4-144	7-4-145
项　　　　　目			管径(mm)					
			150	200	300	400	500	600
基　　价　(元)			**2351.65**	**2678.91**	**3538.36**	**3911.19**	**4225.63**	**4622.61**
其中	人　工　费　(元)		1563.15	1786.35	2524.20	2647.88	2779.65	3000.00
	材　料　费　(元)		82.65	88.33	128.57	135.58	153.58	153.58
	机　械　费　(元)		705.85	804.23	885.59	1127.73	1292.40	1469.03
名　　称	单位	单价(元)	数			量		
人工 综合工日	工日	75.00	20.842	23.818	33.656	35.305	37.062	40.000
材料 焊接钢管	m	—	(10.200)	(10.200)	(10.200)	(10.200)	(10.200)	(10.200)
Ⅱ级钢筋 φ20mm 以内	kg	4.00	8.216	8.216	10.400	10.400	12.844	12.844
电焊条 结 422 φ2.5	kg	5.04	8.151	8.624	14.190	14.707	15.499	15.499
氧气	m³	3.60	0.590	0.870	1.160	1.520	1.880	1.880
乙炔气	m³	25.20	0.197	0.290	0.387	0.507	0.627	0.627
其他材料费	元	—	1.620	1.560	1.520	1.610	1.520	1.520
机械 汽车式起重机 5t	台班	546.38	—	—	—	0.340	0.510	0.510
高压油泵 50MPa	台班	253.57	1.522	1.743	1.896	1.998	2.108	2.312
挤压法顶管设备 φ1000mm	台班	175.61	1.522	1.743	1.896	1.998	2.108	2.312
立式液压千斤顶 100t	台班	7.70	1.522	1.743	—	—	—	—
立式液压千斤顶 200t	台班	9.21	—	—	1.896	1.998	—	4.633
立式液压千斤顶 300t	台班	13.01	—	—	—	—	2.108	—
直流弧焊机 30kW	台班	228.59	0.179	0.187	0.238	0.289	0.357	0.680

(2)铸铁管

工作内容:修整工作坑、安拆顶管设备、下管、切口、焊口、安、拆、换顶铁,挖、运、吊土,顶进,纠偏。 单位:10m

定 额 编 号			7-4-146	7-4-147	7-4-148	7-4-149	7-4-150	7-4-151
项 目			管径(mm)					
			150	200	300	400	500	600
基 价 (元)			**2148.61**	**2472.56**	**2735.02**	**3081.53**	**3314.60**	**3620.57**
其中	人 工 费 (元)		1477.73	1698.98	1854.75	1967.63	2086.43	2289.60
	材 料 费 (元)		5.95	12.10	49.08	52.23	17.38	17.38
	机 械 费 (元)		664.93	761.48	831.19	1061.67	1210.79	1313.59
名 称	单位	单价(元)	数			量		
人工 综合工日	工日	75.00	19.703	22.653	24.730	26.235	27.819	30.528
材料 铸铁管	m	—	(10.200)	(10.200)	(10.200)	(10.200)	(10.200)	(10.200)
石棉水泥(接口用)3:7	m³	3495.56	—	0.001	—	—	—	—
氧气	m³	3.60	—	—	—	10.400	10.400	—
乙炔气	m³	25.20	0.197	0.290	0.387	0.507	0.627	0.627
其他材料费	元	—	0.990	1.300	1.890	2.010	1.580	1.580
机械 汽车式起重机5t	台班	546.38	—	—	—	0.340	0.510	0.510
高压油泵50MPa	台班	253.57	1.522	1.743	1.896	1.998	2.108	2.312
挤压法顶管设备φ1000mm	台班	175.61	1.522	1.743	1.896	1.998	2.108	2.312
立式液压千斤顶100t	台班	7.70	1.522	1.743	—	—	—	—
立式液压千斤顶200t	台班	9.21	—	—	1.896	1.998	—	4.633
立式液压千斤顶300t	台班	13.01	—	—	—	—	2.108	—

10.方(拱)涵顶进

(1)顶进

工作内容:修整工作坑、安拆顶管设备、下管、切口、焊口、安、拆、换顶铁、挖、运、吊土、顶进、纠偏。

单位:10m

定 额 编 号				7-4-152	7-4-153
项 目				方(拱)涵截面积(m²)	
				2 以内	4 以内
基 价 (元)				**7070.46**	**8676.94**
其中	人 工 费 (元)			4932.90	5919.30
	材 料 费 (元)			34.91	63.10
	机 械 费 (元)			2102.65	2694.54
名 称		单位	单价(元)	数	量
人工	综合工日	工日	75.00	65.772	78.924
材料	混凝土方式 拱涵	m	–	(10.100)	(10.100)
	千斤顶液压控制箱	kg	5.20	0.260	0.410
	扒钉	kg	6.00	0.019	0.030
	热轧中厚钢板 δ=18~25mm	kg	3.70	8.000	15.000
	锭子油	kg	6.70	0.290	0.458
	激光测量导向费	元	–	0.240	0.380
	其他材料费	元	–	1.660	1.840
机械	汽车式起重机 16t	台班	1071.52	0.387	–
	汽车式起重机 32t	台班	1360.20	–	0.467
	少先吊 1t	台班	125.18	4.250	5.185
	高压油泵 50MPa	台班	253.57	4.250	5.185
	立式液压千斤顶200t	台班	9.21	8.500	10.370

（2）接口

工作内容：熬制沥青玛蹄脂、裁油毡，制填石棉水泥，抹口。

单位：10m²

定　额　编　号				7-4-154	
项　　　　　目				方涵接口	
基　　　价（元）				**1656.31**	
其中	人　工　费（元）			1137.38	
	材　料　费（元）			518.93	
	机　械　费（元）			－	
名　　　称	单位	单价（元）	数　　量		
人工 综合工日	工日	75.00	15.165		
材料 素水泥浆	m³	497.74	0.017		
水泥砂浆 1:2.5	m³	227.55	0.129		
石棉水泥（接口用）3:7	m³	3495.56	0.037		
冷底子油	kg	6.30	4.040		
石油沥青玛蹄脂	m³	3800.00	0.059		
石油沥青油毡 350 号	m²	2.55	29.679		
木柴	kg	0.95	25.927		
其他材料费	元	－	1.810		

11. 混凝土管顶管平口管接口

（1）沥青麻丝膨胀水泥接口

工作内容: 配制沥青麻丝,拌合砂浆、填、抹(打)管口、材料运输。

单位:10 个口

	定　额　编　号			7-4-155	7-4-156	7-4-157	7-4-158	7-4-159
	项　　　　　目			管径(mm)				
				880 以内	1000 以内	1100 以内	1200 以内	1350 以内
	基　　价　（元）			**290.48**	**351.69**	**402.61**	**458.78**	**627.38**
其中	人　工　费　（元）			221.48	249.60	273.38	298.73	425.85
	材　料　费　（元）			69.00	102.09	129.23	160.05	201.53
	机　械　费　（元）			－	－	－	－	－
	名　　称	单位	单价(元)	数		量		
人工	综合工日	工日	75.00	2.953	3.328	3.645	3.983	5.678
材料	水泥砂浆 1:1	m³	306.36	0.013	0.014	0.017	0.018	0.022
	石油沥青 30 号	kg	3.80	10.240	15.518	19.748	24.656	31.143
	木柴	kg	0.95	4.686	7.106	9.042	11.286	14.256
	麻丝	kg	7.75	2.611	3.958	5.029	6.283	7.936
	其他材料费	元	－	1.420	1.410	1.410	1.430	1.400

工作内容:配制沥青麻丝,拌合砂浆、填、抹(打)管口、材料运输。

单位:10 个口

定 额 编 号			7-4-160	7-4-161	7-4-162	7-4-163	7-4-164	7-4-165
项 目			管径(mm)					
			1500 以内	1650 以内	1800 以内	2000 以内	2200 以内	2400 以内
基 价 (元)			**650.06**	**749.70**	**873.00**	**1058.79**	**1253.25**	**1514.17**
其 中	人 工 费 (元)		401.03	448.95	516.53	613.50	724.35	876.75
	材 料 费 (元)		249.03	300.75	356.47	445.29	528.90	637.42
	机 械 费 (元)		—	—	—	—	—	—
名 称	单位	单价(元)	数			量		
人工 综合工日	工日	75.00	5.347	5.986	6.887	8.180	9.658	11.690
材 料 水泥砂浆 1:1	m³	306.36	0.028	0.033	0.039	0.046	0.059	0.069
石油沥青 30 号	kg	3.80	38.489	46.566	55.258	69.197	82.171	98.993
木柴	kg	0.95	17.622	21.318	25.300	31.680	36.620	45.320
麻丝	kg	7.75	9.802	11.863	14.076	17.626	20.930	25.214
其他材料费	元	—	1.490	1.500	1.420	1.550	1.580	1.650

(2)沥青麻丝石棉水泥接口

工作内容:配制沥青麻丝,拌合砂浆、填、抹(打)管口、材料运输。

单位:10 个口

定 额 编 号			7-4-166	7-4-167	7-4-168	7-4-169	7-4-170
项 目			管径(mm)				
			880 以内	1000 以内	1100 以内	1200 以内	1350 以内
基 价 (元)			**514.13**	**591.68**	**654.32**	**716.74**	**929.44**
其中	人 工 费 (元)		407.10	444.90	470.85	499.20	657.53
	材 料 费 (元)		107.03	146.78	183.47	217.54	271.91
	机 械 费 (元)		–	–	–	–	–
名 称	单位	单价(元)	数		量		
人工 综合工日	工日	75.00	5.428	5.932	6.278	6.656	8.767
材料 石棉水泥(接口用)3:7	m³	3495.56	0.012	0.014	0.017	0.018	0.022
石油沥青30 号	kg	3.80	10.240	15.518	19.748	24.656	31.143
木柴	kg	0.95	4.686	7.106	9.042	11.286	14.256
麻丝	kg	7.75	2.611	3.958	5.026	6.283	7.936
其他材料费	元	–	1.480	1.450	1.460	1.510	1.620

工作内容:配制沥青麻丝,拌合砂浆、填、抹(打)管口、材料运输。

单位:10 个口

定 额 编 号			7-4-171	7-4-172	7-4-173	7-4-174	7-4-175	7-4-176
项 目			管径(mm)					
			1500 以内	1650 以内	1800 以内	2000 以内	2200 以内	2400 以内
基 价 (元)			**968.44**	**1140.21**	**1292.90**	**1565.77**	**1829.81**	**2279.66**
其中	人 工 费 (元)		630.08	734.10	812.03	984.75	1111.95	1408.43
	材 料 费 (元)		338.36	406.11	480.87	581.02	717.86	871.23
	机 械 费 (元)		—	—	—	—	—	—
名 称	单位	单价(元)	数			量		
人工 综合工日	工日	75.00	8.401	9.788	10.827	13.130	14.826	18.779
材料 石棉水泥(接口用)3:7	m³	3495.56	0.028	0.033	0.039	0.046	0.059	0.069
石油沥青 30 号	kg	3.80	38.489	46.566	55.258	66.335	82.171	98.993
木柴	kg	0.95	17.622	21.318	25.300	31.680	37.620	45.320
麻丝	kg	7.75	9.802	11.863	14.076	17.626	20.930	25.214
其他材料费	元	—	1.520	1.620	1.440	1.450	1.430	15.400

12. 混凝土管顶管企口管接口

（1）沥青麻丝膨胀水泥接口

工作内容:配制沥青麻丝,拌合砂浆、填、抹(打)管口、材料运输。

单位:10 个口

定 额 编 号			7-4-177	7-4-178	7-4-179	7-4-180	7-4-181
项 目			管径(mm)				
			1100 以内	1200 以内	1350 以内	1500 以内	1650 以内
基 价 (元)			**450.75**	**494.75**	**576.38**	**676.94**	**800.56**
其中	人 工 费 (元)		327.53	349.43	394.28	449.10	511.13
	材 料 费 (元)		123.22	145.32	182.10	227.84	289.43
	机 械 费 (元)		—	—	—	—	—
名 称	单位	单价(元)	数		量		
人工 综合工日	工日	75.00	4.367	4.659	5.257	5.988	6.815
材料 水泥砂浆 1:1	m³	306.36	0.039	0.046	0.058	0.070	0.086
石油沥青 30 号	kg	3.80	17.681	20.903	26.235	33.008	39.739
木柴	kg	0.95	8.096	9.570	12.012	15.114	18.194
麻丝	kg	7.75	4.508	5.324	6.681	8.405	10.118
其他材料费	元	—	1.460	1.440	1.450	1.470	16.380

工作内容:配制沥青麻丝,拌合砂浆、填、抹(打)管口、材料运输。

定 额 编 号				7-4-182	7-4-183	7-4-184	7-4-185
项　　　　目				管径(mm)			
				1800 以内	2000 以内	2200 以内	2400 以内
基　　　价　（元）				**906.13**	**1088.29**	**1293.87**	**1546.86**
其中	人　工　费　（元）			583.58	686.78	812.33	977.78
	材　料　费　（元）			322.55	401.51	481.54	569.08
	机　械　费　（元）			-	-	-	-
名　　称		单位	单价(元)	数			量
人工	综合工日	工日	75.00	7.781	9.157	10.831	13.037
材料	水泥砂浆 1:1	m³	306.36	0.103	0.127	0.155	0.187
	石油沥青 30 号	kg	3.80	46.608	58.141	69.674	82.171
	木柴	kg	0.95	21.340	26.620	31.900	37.620
	麻丝	kg	7.75	11.873	14.810	17.748	20.930
	其他材料费	元	-	1.600	1.600	1.440	1.590

（2）沥青麻丝石棉水泥接口

工作内容:配制沥青麻丝,拌合砂浆、填、抹(打)管口、材料运输。

单位:10 个口

定 额 编 号			7-4-186	7-4-187	7-4-188	7-4-189	7-4-190
项 目			管径(mm)				
			1100 以内	1200 以内	1350 以内	1500 以内	1650 以内
基 价 （元）			**912.20**	**984.66**	**1155.33**	**1310.02**	**1544.97**
其中	人 工 费 （元）		664.58	692.63	788.25	858.83	996.00
	材 料 费 （元）		247.62	292.03	367.08	451.19	548.97
	机 械 费 （元）		－	－	－	－	－
名 称	单位	单价(元)	数		量		
人工 综合工日	工日	75.00	8.861	9.235	10.510	11.451	13.280
材料 石棉水泥(接口用)3:7	m³	3495.56	0.039	0.046	0.058	0.070	0.086
石油沥青30 号	kg	3.80	17.681	20.903	26.235	33.008	39.739
木柴	kg	0.95	8.096	9.570	12.012	15.114	18.194
麻丝	kg	7.75	4.508	5.324	6.681	8.405	10.118
其他材料费	元	－	1.480	1.450	1.460	1.570	1.640

工作内容:配制沥青麻丝,拌合砂浆、填、抹(打)管口、材料运输。

单位:10 个口

定 额 编 号				7-4-191	7-4-192	7-4-193	7-4-194
项 目				管径(mm)			
				1800 以内	2000 以内	2200 以内	2400 以内
基 价 (元)				**1743.66**	**2124.45**	**2456.84**	**3046.61**
其中	人 工 费 (元)			1092.60	1317.90	1480.95	1881.23
	材 料 费 (元)			651.06	806.55	975.89	1165.38
	机 械 费 (元)			–	–	–	–
	名 称	单位	单价(元)	数			量
人工	综合工日	工日	75.00	14.568	17.572	19.746	25.083
材料	石棉水泥(接口用)3:7	m³	3495.56	0.103	0.127	0.155	0.187
	石油沥青 30 号	kg	3.80	46.608	58.141	69.674	82.171
	木柴	kg	0.95	21.340	26.620	31.900	37.620
	麻丝	kg	7.75	11.873	14.810	17.748	20.930
	其他材料费	元	–	1.620	1.610	1.460	1.510

（3）橡胶垫板膨胀水泥接口

工作内容:清理管口,调配嵌缝及粘接材料,制粘垫板,抹(打)管口、材料运输。

单位:10 个口

定　额　编　号			7-4-195	7-4-196	7-4-197	7-4-198	7-4-199
项　　　目			管径(mm)				
			1100 以内	1200 以内	1350 以内	1500 以内	1650 以内
基　　价　（元）			**979.03**	**1120.91**	**1487.57**	**1823.27**	**2177.66**
其中	人　工　费　（元）		365.03	393.90	450.00	519.30	595.50
	材　料　费　（元）		614.00	727.01	1037.57	1303.97	1582.16
	机　械　费　（元）		—	—	—	—	—
名　　称	单位	单价(元)	数		量		
人工	综合工日	工日	75.00	4.867	5.252	6.000	6.924	7.940
材料	水泥砂浆 1:1	m³	306.36	0.039	0.046	0.058	0.070	0.086
	氯丁橡胶浆液	kg	8.20	5.100	6.100	7.600	9.500	11.400
	橡胶板 各种规格	kg	9.68	52.920	62.640	91.680	115.440	138.840
	三异氰酸酯	kg	21.66	0.800	0.910	1.110	1.400	1.700
	乙酸乙酯	kg	15.32	1.900	2.300	2.900	3.600	4.300
	其他材料费	元	—	1.530	1.600	1.550	1.690	15.660

工作内容:清理管口,调配嵌缝及粘接材料,制粘垫板,抹(打)管口、材料运输。

单位:10 个口

定 额 编 号			7-4-200	7-4-201	7-4-202	7-4-203
项 目			管径(mm)			
			1800 以内	2000 以内	2200 以内	2400 以内
基 价 (元)			**2525.12**	**3381.22**	**4043.73**	**4790.93**
其中	人 工 费 (元)		682.88	809.78	959.85	1152.15
	材 料 费 (元)		1842.24	2571.44	3083.88	3638.78
	机 械 费 (元)		–	–	–	–
名 称	单位	单价(元)	数			量
人工 综合工日	工日	75.00	9.105	10.797	12.798	15.362
材料 水泥砂浆 1:1	m³	306.36	0.103	0.127	0.155	0.187
氯丁橡胶浆液	kg	8.20	13.300	16.600	19.900	23.400
橡胶板 各种规格	kg	9.68	163.080	231.840	277.920	328.080
三异氰酸酯	kg	21.66	2.000	2.500	3.000	3.500
乙酸乙酯	kg	15.32	5.100	6.300	7.600	8.900
其他材料费	元	–	1.560	1.540	1.540	1.640

（4）橡胶垫板石棉水泥接口

工作内容: 清理管口,调配嵌缝及粘接材料,制粘垫板,抹(打)管口、材料运输。

单位:10 个口

定 额 编 号			7-4-204	7-4-205	7-4-206	7-4-207	7-4-208
项 目			管径(mm)				
			1100 以内	1200 以内	1350 以内	1500 以内	1650 以内
基 价 （元）			**1440.62**	**1610.96**	**2066.64**	**2456.08**	**2922.81**
其中	人 工 费 （元）		702.15	737.10	844.05	929.03	1080.38
	材 料 费 （元）		738.47	873.86	1222.59	1527.05	1842.43
	机 械 费 （元）		－	－	－	－	－
名 称	单位	单价(元)	数		量		
人工 综合工日	工日	75.00	9.362	9.828	11.254	12.387	14.405
材料 石棉水泥(接口用)3:7	m³	3495.56	0.039	0.046	0.058	0.070	0.086
氯丁橡胶浆液	kg	8.20	5.100	6.100	7.600	9.500	11.400
橡胶板 各种规格	kg	9.68	52.920	62.640	91.680	115.440	138.840
三异氰酸酯	kg	21.66	0.800	0.910	1.110	1.400	1.700
乙酸乙酯	kg	15.32	1.900	2.300	2.900	3.600	4.300
其他材料费	元	－	1.620	1.740	1.590	1.530	1.660

工作内容:清理管口,调配嵌缝及粘接材料,制粘垫板,抹(打)管口、材料运输。

单位:10 个口

定 额 编 号				7-4-209	7-4-210	7-4-211	7-4-212
项 目				管径(mm)			
				1800 以内	2000 以内	2200 以内	2400 以内
基 价 (元)				**3361.47**	**4417.61**	**5206.94**	**6290.89**
其中	人 工 费 (元)			1190.78	1440.90	1628.48	2055.68
	材 料 费 (元)			2170.69	2976.71	3578.46	4235.21
	机 械 费 (元)			–	–	–	–
名 称		单位	单价(元)	数		量	
人工	综合工日	工日	75.00	15.877	19.212	21.713	27.409
材料	石棉水泥(接口用) 3∶7	m³	3495.56	0.103	0.127	0.155	0.187
	氯丁橡胶浆液	kg	8.20	13.300	16.600	19.900	23.400
	橡胶板 各种规格	kg	9.68	163.080	231.840	277.920	328.080
	三异氰酸酯	kg	21.66	2.000	2.500	3.000	3.500
	乙酸乙酯	kg	15.32	5.100	6.300	7.600	8.900
	其他材料费	元	–	1.520	1.780	1.790	1.690

13. 顶管接口外套环

工作内容: 清理管口,安放"O"形橡胶圈,安放钢制外套环,刷环氧沥青漆。

单位:10 个口

定 额 编 号			7-4-213	7-4-214	7-4-215	7-4-216	7-4-217
项 目			管径(mm)				
			1000 以内	1200 以内	1400 以内	1600 以内	1800 以内
基 价 (元)			**1328.23**	**2046.55**	**2675.08**	**2922.52**	**3083.26**
其中	人 工 费 (元)		965.25	1128.60	1663.20	1744.88	1811.70
	材 料 费 (元)		362.98	917.95	1011.88	1177.64	1271.56
	机 械 费 (元)		–	–	–	–	–
名 称	单位	单价(元)	数		量		
人工 综合工日	工日	75.00	12.870	15.048	22.176	23.265	24.156
材料 钢板外套环	个	–	(10.000)	(10.000)	(10.000)	(10.000)	(10.000)
橡胶圈 ϕ30mm	kg	12.78	–	40.500	44.928	54.000	59.400
带帽带垫螺栓 M14	kg	8.90	10.000	10.000	10.000	10.000	10.000
环氧沥青防锈漆	kg	24.30	11.275	12.813	14.350	16.400	17.425

工作内容:清理管口,安放"O"形橡胶圈,安放钢制外套环,刷环氧沥青漆。

单位:10 个口

定 额 编 号				7-4-218	7-4-219	7-4-220
项 目				管径(mm)		
				2000 以内	2200 以内	2400 以内
基 价 （元）				**3400.47**	**3706.57**	**4072.61**
其 中	人 工 费 （元）			1982.48	2153.25	2331.45
	材 料 费 （元）			1417.99	1553.32	1741.16
	机 械 费 （元）			－	－	－
	名 称	单位	单价(元)	数		量
人工	综合工日	工日	75.00	26.433	28.710	31.086
材 料	钢板外套环	个	－	(10.000)	(10.000)	(10.000)
	橡胶圈 φ30mm	kg	12.78	66.960	75.600	86.400
	带帽带垫螺栓 M14	kg	8.90	10.000	10.000	10.000
	环氧沥青防锈漆	kg	24.30	19.475	20.500	22.550

14. 顶管接口内套环

(1)平口

工作内容:配制沥青麻丝,拌合砂浆,安放内套环,填、抹(打)管口,材料运输。

单位:10 个口

定额编号			7-4-221	7-4-222	7-4-223	7-4-224	7-4-225
项目			管径(mm)				
			1000 以内	1100 以内	1200 以内	1350 以内	1500 以内
基价（元）			**2578.36**	**2792.82**	**2995.89**	**3386.15**	**4877.50**
其中	人工费（元）		2005.35	2138.10	2263.65	2529.60	2956.88
	材料费（元）		573.01	654.72	732.24	856.55	1920.62
	机械费（元）		–	–	–	–	–
名称	单位	单价(元)	数		量		
人工	综合工日	工日	75.00	26.738	28.508	30.182	33.728	39.425
材料	钢板内套环	个	–	(10.000)	(10.000)	(10.000)	(10.000)	(10.000)
	Ⅱ级钢筋 φ20 以内	kg	4.00	–	–	–	–	222.664
	水泥砂浆 1:3	m³	205.32	–	0.048	0.053	0.059	0.450
	石棉水泥(接口用)3:7	m³	3495.56	0.083	0.091	0.099	0.114	0.130
	石油沥青 30 号	kg	3.80	45.315	52.375	60.282	71.582	83.178
	木柴	kg	0.95	20.746	24.046	27.500	32.780	1.500
	麻丝	kg	7.75	11.546	13.342	15.300	18.238	21.175
	其他材料费	元	–	1.490	1.500	1.530	1.450	1.540

工作内容:配制沥青麻丝,拌合砂浆,安放内套环,填、抹(打)管口,材料运输。

单位:10 个口

定 额 编 号			7-4-226	7-4-227	7-4-228	7-4-229	7-4-230
项 目			管径(mm)				
			1650 以内	1800 以内	2000 以内	2200 以内	2400 以内
基 价 (元)			**5496.11**	**6043.50**	**7777.36**	**8927.13**	**9999.78**
其中	人 工 费 (元)		3309.00	3610.58	4317.08	5040.15	6112.80
	材 料 费 (元)		2187.11	2432.92	3460.28	3886.98	3886.98
	机 械 费 (元)		—	—	—	—	—
名 称	单位	单价(元)	数		量		
人工 综合工日	工日	75.00	44.120	48.141	57.561	67.202	81.504
材料 钢板内套环	个	—	(10.000)	(10.000)	(10.000)	(10.000)	(10.000)
Ⅱ级钢筋 φ20 以内	kg	4.00	245.752	268.944	468.416	516.984	516.984
水泥砂浆 1:3	m³	205.32	0.498	0.545	0.710	0.801	0.801
石棉水泥(接口用)3:7	m³	3495.56	0.145	0.162	0.183	0.210	0.210
石油沥青 30 号	kg	3.80	95.580	109.085	128.779	148.008	148.008
木柴	kg	0.95	43.758	50.028	58.960	67.760	67.760
麻丝	kg	7.75	24.347	27.785	32.803	37.699	37.699
其他材料费	元	—	1.530	1.580	1.560	1.550	1.550

（2）企口

工作内容:配制沥青麻丝,拌合砂浆,安放内套环,填、抹(打)管口,材料运输。

单位:10个口

定 额 编 号			7-4-231	7-4-232	7-4-233	7-4-234	7-4-235
项 目			管径(mm)				
			1100 以内	1200 以内	1350 以内	1500 以内	1650 以内
基 价 （元）			**3050.56**	**3163.64**	**3701.19**	**5450.70**	**6117.21**
其中	人 工 费 （元）		2330.78	2456.63	2745.00	3378.68	3786.98
	材 料 费 （元）		719.78	707.01	956.19	2072.02	2330.23
	机 械 费 （元）		—	—	—	—	—
名 称	单位	单价(元)	数		量		
人工 综合工日	工日	75.00	31.077	32.755	36.600	45.049	50.493
材料 钢板内套环	个	—	(10.000)	(10.000)	(10.000)	(10.000)	(10.000)
Ⅱ级钢筋 ϕ20 以内	kg	4.00	—	—	—	222.664	245.752
水泥砂浆 1:3	m³	205.32	0.048	0.053	0.059	0.450	0.498
石棉水泥(接口用) 3:7	m³	3495.56	0.113	0.099	0.151	0.173	0.198
石油沥青 30 号	kg	3.80	50.456	56.466	66.791	77.698	88.733
木柴	kg	0.95	23.100	23.100	30.580	35.640	40.700
麻丝	kg	7.75	12.852	14.443	17.014	19.829	22.644
其他材料费	元	—	1.650	1.620	1.530	1.450	1.510

工作内容:配制沥青麻丝,拌合砂浆,安放内套环,填、抹(打)管口,材料运输。

单位:10 个口

定　额　编　号			7-4-236	7-4-237	7-4-238	7-4-239
项　　　目			管径(mm)			
			1800 以内	2000 以内	2200 以内	2400 以内
基　　价　(元)			**6744.72**	**8596.64**	**10918.71**	**11587.09**
其中	人　工　费　(元)		4140.83	4925.40	5725.50	6952.50
	材　料　费　(元)		2603.89	3671.24	5193.21	4634.59
	机　械　费　(元)		—	—	—	—
名　　称		单位	单价(元)	数		量
人工	综合工日	工日	75.00	55.211	65.672	76.340	92.700
材料	钢板内套环	个	—	(10.000)	(10.000)	(10.000)	(10.000)
	Ⅱ级钢筋 φ20 以内	kg	4.00	268.944	468.416	516.984	565.344
	水泥砂浆 1:3	m³	205.32	0.545	0.710	0.801	0.877
	石棉水泥(接口用) 3:7	m³	3495.56	0.227	0.263	0.606	0.353
	石油沥青 30 号	kg	3.80	99.828	117.734	135.394	154.251
	木柴	kg	0.95	45.980	53.900	62.040	70.620
	麻丝	kg	7.75	25.582	29.988	34.517	39.290
	其他材料费	元	—	1.430	1.470	1.560	1.480

15. 顶管钢板套环制作

工作内容:划线、下料、坡口、压头、卷圆、组对、点焊、焊接、除锈、刷油、场内运输。

单位:t

定 额 编 号			7-4-240	7-4-241	7-4-242	7-4-243
项 目			管径(mm)			
			6 以内	8 以内	10 以内	12 以内
基 价 (元)			**1881.26**	**1727.58**	**1588.27**	**1299.61**
其中	人 工 费 (元)		742.88	682.13	629.93	510.68
	材 料 费 (元)		408.01	365.21	315.64	250.52
	机 械 费 (元)		730.37	680.24	642.70	538.41
名 称	单位	单价(元)	数		量	
人工 综合工日	工日	75.00	9.905	9.095	8.399	6.809
材料 热轧中厚钢板 δ=4.5~10	kg	3.90	1.050	1.050	–	–
热轧中厚钢板 δ=10~16	kg	3.70	–	–	1.050	1.050
环氧沥青防锈漆	kg	24.30	10.530	7.900	6.320	5.270
电焊条 结422 φ2.5	kg	5.04	17.050	19.470	17.880	13.310
氧气	m³	3.60	3.450	4.350	4.230	3.200
乙炔气	m³	25.20	1.150	1.450	1.410	1.067
尼龙砂轮片 φ100	片	7.60	1.450	1.370	1.310	1.070
尼龙砂轮片 φ180	片	7.60	0.330	0.380	0.380	0.160
动力苯	kg	3.57	1.850	1.390	1.110	0.920
其他材料费	元	–	0.570	0.550	0.500	0.450
机械 龙门式起重机 10t	台班	414.69	0.264	0.264	0.264	0.264
剪板机 20mm×2500mm	台班	302.52	0.077	0.060	0.068	0.068
卷板机 20mm×2500mm	台班	291.50	0.145	0.145	0.128	0.102
刨边机 12000mm	台班	777.63	0.102	0.077	0.060	0.034
直流弧焊机 30kW	台班	228.59	2.057	1.947	1.853	1.522
其他机械费	元	–	5.800	5.400	5.100	4.270

八、钢筋工程

1.钢筋制作、安装

工作内容：1.钢筋解捆、除锈；2.调直、下料、弯曲；3.焊接、除渣；4.绑扎成形；5.运输入模。

单位：t

定 额 编 号			7-4-244	7-4-245	7-4-246	7-4-247
项 目			预制混凝土		现浇混凝土	
			ϕ10 以内	ϕ10 以外	ϕ10 以内	ϕ10 以外
基 价 （元）			**5294.35**	**4791.33**	**5011.72**	**4814.95**
其中	人 工 费 （元）		1391.18	530.55	1124.55	547.43
	材 料 费 （元）		3830.29	4114.84	3826.27	4118.16
	机 械 费 （元）		72.88	145.94	60.90	149.36
名 称	单位	单价（元）	数		量	
人工 综合工日	工日	75.00	18.549	7.074	14.994	7.299
材料 光圆钢筋 ϕ6~9	kg	3.70	1020.000	–	1020.000	–
光圆钢筋 ϕ10~14	kg	3.90	–	1040.000	–	1040.000
镀锌铁丝 18~22 号	kg	5.90	9.540	2.900	8.860	2.950
电焊条 结422 ϕ2.5	kg	5.04	–	8.280	–	8.880
机械 电动卷扬机（单筒慢速）50kN	台班	145.07	0.281	0.145	0.272	0.162
钢筋切断机 ϕ40mm	台班	52.99	0.145	0.077	0.111	0.085
钢筋弯曲机 ϕ40mm	台班	31.57	0.774	0.162	0.493	0.179
交流弧焊机 30kV·A	台班	216.39	–	0.434	–	0.434
对焊机 75kV·A	台班	256.38	–	0.085	–	0.085

2. 铁件、拉杆制作、安装

工作内容：铁件：1.制作、除锈；2.钢板划线、切割；3.钢筋调直、下料、弯曲；4.安装焊接、固定。
拉杆：1.下料，挑扣、焊接；2.涂防锈漆；3.涂沥青；4.缠麻布；5.安装。

单位：t

定 额 编 号				7-4-248	7-4-249	7-4-250	7-4-251	7-4-252
项 目				铁件		拉杆直径（mm）		
				预埋铁件	T型梁连接板	φ20以内	φ40以内	φ40以外
基 价 （元）				**6103.19**	**27099.42**	**16641.75**	**9126.26**	**7168.39**
其中	人 工 费 （元）			2585.93	7370.33	6226.20	1654.43	652.73
	材 料 费 （元）			3321.08	6905.39	9677.88	7041.43	6202.98
	机 械 费 （元）			196.18	12823.70	737.67	430.40	312.68
名 称		单位	单价（元）	数		量		
人工	综合工日	工日	75.00	34.479	98.271	83.016	22.059	8.703
材料	热轧中厚钢板 δ=10~16	kg	3.70	673.000	–	–	–	–
	热轧中厚钢板 δ=18~25	kg	3.70	–	1200.000	–	–	–
	型钢综合	kg	4.00	139.000	–	27.000	16.000	15.000
	圆钢 φ>32	kg	4.10	–	–	1060.000	1060.000	1060.000
	光圆钢筋 φ6~9	kg	3.70	0.243	–	–	–	–
	电焊条 结422 φ2.5	kg	5.04	29.160	416.600	11.850	12.650	13.670
	氧气	m³	3.60	10.600	30.470	1.472	0.546	0.354
	乙炔气	m³	25.20	3.530	10.160	0.490	0.180	0.120
	石油沥青30号	kg	3.80	–	–	1248.000	621.000	418.000
	煤	kg	0.85	–	–	125.000	62.000	42.000
	木柴	kg	0.95	–	–	12.480	6.620	4.180
	醇酸防锈漆 C53-1 红丹	kg	16.72	–	–	13.420	6.680	4.490
	麻布	kg	3.00	–	–	20.540	10.230	6.880
机械	交流弧焊机 30kV·A	台班	216.39	0.051	59.262	3.409	1.989	1.445
	钢筋切断机 φ40mm	台班	52.99	3.494	–	–	–	–

3. 预应力钢筋制作、安装

工作内容： 先张法：调直、下料、进入台座、按夹具、张拉、切断、整修等。后张法：调直、切断、编束、穿束、安装锚具、张拉、锚固、拆除、切割钢丝(束)、封锚等。

单位：t

定 额 编 号			7-4-253	7-4-254	7-4-255	7-4-256	7-4-257	7-4-258
项 目			先张法		后张法			
			低合金钢筋	钢绞线	螺栓锚	锥形锚	JM12 型锚	镦头锚
基 价 (元)			**5563.66**	**7538.74**	**6183.42**	**7856.69**	**6182.85**	**8599.71**
其中	人 工 费 (元)		494.78	640.58	1204.88	1412.78	1264.28	1886.63
	材 料 费 (元)		4802.46	6695.54	4571.32	6118.24	4564.50	6116.52
	机 械 费 (元)		266.42	202.62	407.22	325.67	354.07	596.56
名 称	单位	单价(元)	数			量		
人工	综合工日	工日	75.00	6.597	8.541	16.065	18.837	16.857	25.155
材料	预应力钢筋 各种规格	kg	4.30	1110.000	–	1060.000	–	1060.000	–
	光圆钢筋 φ6~9	kg	3.70	–	–	–	21.000	–	20.000
	高强钢丝 φ5(不镀锌)	t	5800.00	–	1.140	–	1.040	–	1.040
	热轧中厚钢板 δ=18~25	kg	3.70	4.000	13.000	–	–	–	–
	铁件	kg	5.30	1.340	4.370	–	–	–	–
	镀锌铁丝 18~22 号	kg	5.90	–	–	–	0.770	0.680	0.740
	氧气	m³	3.60	0.630	1.030	1.110	0.340	0.200	0.520
	乙炔气	m³	25.20	0.210	0.340	0.370	0.110	0.070	0.170
机械	钢筋切断机 φ40mm	台班	52.99	0.442	–	0.442	–	0.689	–
	预应力钢筋拉伸机 900kN	台班	71.13	–	–	1.182	1.003	0.978	1.828
	预应力钢筋拉伸机 3000kN	台班	144.05	0.272	0.425	–	–	–	–
	对焊机 75kV·A	台班	256.38	0.442	–	–	–	–	–
	高压油泵 50MPa	台班	253.57	–	–	1.182	1.003	0.978	1.828
	高压油泵 80MPa	台班	332.70	0.272	0.425	–	–	–	–
	钢筋镦头机 φ5mm	台班	58.90	–	–	–	–	–	0.051

工作内容:先张法:调直、下料、进入台座、按夹具、张拉、切断、整修等。后张法:调直、切断、编束、穿束、安装锚具、张拉、
锚固、拆除、切割钢丝(束)、封锚等。

单位:t

定 额 编 号			7-4-259	7-4-260	7-4-261	7-4-262	7-4-263	7-4-264
项 目			后张法(OVM 锚)					
			束长 20m 以内			束长 20m 以外		
			3孔以内	7孔以内	12孔以内	3孔以内	7孔以内	12孔以内
基 价 (元)			**9932.40**	**8131.52**	**7586.11**	**7391.88**	**7142.80**	**7070.71**
其中	人 工 费 (元)		2410.43	1287.23	955.80	842.40	694.58	666.90
	材 料 费 (元)		6303.99	6301.45	6300.62	6297.45	6296.63	6296.27
	机 械 费 (元)		1217.98	542.84	329.69	252.03	151.59	107.54
名 称	单位	单价(元)	数			量		
人工 综合工日	工日	75.00	32.139	17.163	12.744	11.232	9.261	8.892
材 料 钢绞线 普通	t	6050.00	1.040	1.040	1.040	1.040	1.040	1.040
镀锌铁丝 18~22 号	kg	5.90	0.750	0.320	0.180	0.320	0.180	0.120
氧气	m³	3.60	0.630	0.630	0.630	0.290	0.290	0.290
乙炔气	m³	25.20	0.210	0.210	0.210	0.100	0.100	0.100
机 械 高压油泵 80MPa	台班	332.70	3.332	1.428	0.833	0.663	0.383	0.247
预应力拉伸机 YCW－100	台班	32.84	3.332	－	－	－	－	－
预应力拉伸机 YCW－150	台班	47.44	－	1.428	－	0.663	－	－
预应力拉伸机 YCW－250	台班	63.09	－	－	0.833	－	0.383	－
预应力拉伸机 YCW－400	台班	102.70	－	－	－	－	－	0.247

工作内容:先张法:调直、下料、进入台座、按夹具、张拉、切断、整修等。后张法:调直、切断、编束、穿束、安装锚具、张拉、
锚固、拆除、切割钢丝(束)、封锚等。

单位:t

定　额　编　号				7-4-265
项　　　　目				临时钢丝束拆除
基　　价　（元）				**1650.15**
其 中	人　工　费　（元）			1638.23
	材　料　费　（元）			11.92
	机　械　费　（元）			－
	名　　　　称	单位	单价(元)	数　　　　量
人工	综合工日	工日	75.00	21.843
材料	氧气	m³	3.60	1.000
	乙炔气	m³	25.20	0.330

4.安装压浆管道和压浆

工作内容:1.铁皮管、波纹管、三通安装、定位固定;2.胶管内塞钢筋或充气,安放定位,缠接头、抽拔、清洗钢管、清孔等;
3.管道压浆,砂浆配、拌、运、压浆。

单位:100m

定 额 编 号			7-4-266	7-4-267	7-4-268	7-4-269
项 目			压浆管道			压浆
			橡胶管	铁皮管	波纹管	10m³
基 价 （元）			**306.16**	**2447.75**	**2408.81**	**13430.39**
其中	人 工 费 （元）		243.00	466.43	466.43	4122.23
	材 料 费 （元）		63.16	1981.32	1942.38	5262.27
	机 械 费 （元）		–	–	–	4045.89
名 称	单位	单价(元)	数		量	
人工 综合工日	工日	75.00	3.240	6.219	6.219	54.963
材料 橡胶护套管	m	21.23	2.680	–	–	–
铁皮管 φ50	m	18.72	–	105.000	–	–
波纹管 φ50	m	18.00	–	–	107.840	–
素水泥浆	m³	497.74	–	–	–	10.500
水	t	4.00	–	–	–	9.000
其他材料费	元	–	6.260	15.720	1.260	–
机械 液压注浆泵 HYB50/50－1型	台班	254.95	–	–	–	7.047
灰浆搅拌机 200L	台班	126.18	–	–	–	7.047
机动翻斗车 1t	台班	193.00	–	–	–	7.047

九、现浇混凝土及钢筋混凝土
1. 基础

工作内容:碎石:按放流槽,碎石装运,找平。混凝土:装运、抛块石;混凝土配、拌运输、浇筑、捣固、抹平、养生。
模板:模板制作、安装、涂脱模剂、修理、整堆。

单位:10m³

定 额 编 号			7-4-270	7-4-271	7-4-272	7-4-273	7-4-274
项 目			碎石垫层	混凝土垫层	混凝土基础		
					毛石混凝土	混凝土	模板 10m²
基 价 (元)			**1140.16**	**3061.45**	**2775.27**	**3032.62**	**291.20**
其中	人 工 费 (元)		440.78	893.03	783.00	872.10	136.35
	材 料 费 (元)		699.38	1809.74	1707.32	1820.36	154.85
	机 械 费 (元)		–	358.68	284.95	340.16	–
名 称	单位	单价(元)	数		量		
人工 综合工日	工日	75.00	5.877	11.907	10.440	11.628	1.818
材料 碎石 80mm	m³	55.00	10.200	–	–	–	–
碎石 50mm	m³	55.00	2.516	–	–	–	–
现浇混凝土 C15－40(碎石)	m³	176.48	–	10.150	8.630	10.150	–
块石	m³	64.00	–	–	2.430	–	–

续前

定 额 编 号			7-4-270	7-4-271	7-4-272	7-4-273	7-4-274
项 目			碎石垫层	混凝土垫层	混凝土基础		
					毛石混凝土	混凝土	模板 10m²
材料	草袋	条	1.90	–	–	5.300	5.300	–
	水	t	4.00	–	4.200	3.760	3.760	–
	组合钢模板	kg	5.10	–	–	–	–	5.900
	支撑钢管及扣件	kg	4.90	–	–	–	–	2.320
	零星卡具	kg	4.32	–	–	–	–	12.050
	二等硬木板方材 综合	m³	1900.00	–	–	–	–	0.030
	圆钉 2.1×45	kg	4.32	–	–	–	–	0.240
	脱模剂	kg	3.20	–	–	–	–	1.000
	模板嵌缝料	kg	0.20	–	–	–	–	0.500
	电	kW·h	0.85	–	1.960	4.320	4.680	–
机械	双锥反转出料混凝土搅拌机 350L	台班	182.67	–	0.451	0.383	0.451	–
	机动翻斗车 1t	台班	193.00	–	0.961	0.816	0.961	–
	履带式电动起重机 5t	台班	217.79	–	0.417	0.264	0.332	–

2. 承台

工作内容:混凝土:混凝土配、拌、运输、浇筑、抹平、养生。模板:模板制作、安装、涂脱模剂;模板拆除、修理、整堆。

单位:见表

定 额 编 号				7-4-275	7-4-276	7-4-277
项 目				承台		
				混凝土	模板(无底模)	模板(有底模)
单 位				10m³	10m²	
基 价 (元)				**3072.33**	**306.18**	**678.42**
其中	人 工 费 (元)			961.88	169.43	215.33
	材 料 费 (元)			1740.67	136.75	411.42
	机 械 费 (元)			369.78	–	51.67
名 称		单位	单价(元)	数		量
人工	综合工日	工日	75.00	12.825	2.259	2.871
材料	现浇混凝土 C15-40(砾石)	m³	167.72	10.150	–	–
	草袋	条	1.90	8.280	–	–
	水	t	4.00	4.710	–	–
	二等硬木板方材 综合	m³	1900.00	–	0.036	0.208

单位:见表

定 额 编 号			7-4-275	7-4-276	7-4-277
项 目			承台		
			混凝土	模板(无底模)	模板(有底模)
材 料	圆钉 2.1×45	kg	4.32	–	0.450	0.990
	脱模剂	kg	3.20	–	1.000	1.000
	铁件	kg	5.30	–	–	1.630
	组合钢模板	kg	5.10	–	5.900	–
	支撑钢管及扣件	kg	4.90	–	4.640	–
	零星卡具	kg	4.32	–	2.380	–
	电	kW·h	0.85	4.400	–	–
	模板嵌缝料	kg	0.20	–	0.500	0.500
机 械	双锥反转出料混凝土搅拌机 350L	台班	182.67	0.451	–	–
	机动翻斗车 1t	台班	193.00	0.961	–	–
	履带式电动起重机 5t	台班	217.79	0.468	–	0.221
	木工圆锯机 φ500mm	台班	27.63	–	–	0.128

3. 支撑梁与横梁

工作内容:混凝土:混凝土配、拌、运输、浇筑、抹平、养生。模板:模板制作、安装、涂脱模剂;模板拆除、修理、整堆。　　　　单位:见表

定　额　编　号			7-4-278	7-4-279	7-4-280	7-4-281
项　　　　　　目			支撑梁		横梁	
			混凝土	模板	混凝土	模板
单　　　　　　位			10m³	10m²	10m³	10m²
基　　价　（元）			**3028.11**	**687.76**	**3088.51**	**679.08**
其中	人　工　费　（元）		961.88	243.00	961.88	244.35
	材　料　费　（元）		1798.37	404.20	1756.85	381.10
	机　械　费　（元）		267.86	40.56	369.78	53.63
	名　　　　称	单位	单价（元）	数		量
人工	综合工日	工日	75.00	12.825	3.240	12.825	3.258
材料	现浇混凝土 C15-40(砾石)	m³	167.72	10.150	－	10.150	－
	草袋	条	1.90	21.450	－	10.730	－
	水	t	4.00	12.880	－	7.590	－
	二等硬木板方材 综合	m³	1900.00	－	0.209	－	0.194
	圆钉 2.1×45	kg	4.32	－	0.880	－	2.130
	脱模剂	kg	3.20	－	1.000	－	1.000
	电	kW·h	0.85	4.400	－	4.400	－
	模板嵌缝料	kg	0.20	－	0.500	－	0.500
机械	双锥反转出料混凝土搅拌机 350L	台班	182.67	0.451	－	0.451	－
	机动翻斗车 1t	台班	193.00	0.961	－	0.961	－
	履带式电动起重机 5t	台班	217.79	－	0.170	0.468	0.230
	木工圆锯机 φ500mm	台班	27.63	－	0.128	－	0.128

4. 墩身、台身

工作内容: 混凝土:混凝土配、拌、运输、浇筑、抹平、养生。模板:模板制作、安装、涂脱模剂;模板拆除、修理、整堆。　　　　单位:见表

定　额　编　号			7-4-282	7-4-283	7-4-284	7-4-285
项　　　　目			轻型桥台		实体式桥台	
			混凝土	模板	混凝土	模板
单　　　位			10m³	10m²	10m³	10m²
基　　价　（元）			**3460.17**	**581.35**	**3202.84**	**506.48**
其中	人　工　费　（元）		1263.60	210.60	1073.93	267.98
	材　料　费　（元）		1732.48	317.37	1724.06	171.86
	机　械　费　（元）		464.09	53.38	404.85	66.64
名　　　称	单位	单价(元)	数		量	
人工 综合工日	工日	75.00	16.848	2.808	14.319	3.573
材料 现浇混凝土 C15－40（砾石）	m³	167.72	10.150	－	10.150	－
草袋	条	1.90	1.640	－	1.680	－
水	t	4.00	4.950	－	3.370	－
电	kW·h	0.85	8.480	－	5.920	－
二等硬木板方材 综合	m³	1900.00	－	0.161	－	0.032

续前

定 额 编 号			7-4-282	7-4-283	7-4-284	7-4-285
项 目			轻型桥台		实体式桥台	
			混凝土	模板	混凝土	模板
材	圆钉 2.1×45	kg	4.32	–	0.480	–	0.100
	铁件	kg	5.30	–	1.150	–	7.920
	脱模剂	kg	3.20	–	1.000	–	1.000
	模板嵌缝料	kg	0.20	–	0.500	–	0.500
	组合钢模板	kg	5.10	–	–	–	5.900
	零星卡具	kg	4.32	–	–	–	2.380
料	支撑钢管及扣件	kg	4.90	–	–	–	4.640
	尼龙帽 M10	个	0.64	–	–	–	3.500
机	双锥反转出料混凝土搅拌机 350L	台班	182.67	0.451	–	0.451	–
	机动翻斗车 1t	台班	193.00	0.961	–	0.961	–
	履带式电动起重机 5t	台班	217.79	0.901	0.230	0.629	0.306
械	木工圆锯机 φ500mm	台班	27.63	–	0.119	–	–

工作内容:混凝土:混凝土配、拌、运输、浇筑、抹平、养生。模板:模板制作、安装、涂脱模剂;模板拆除、修理、整堆。　　　　　单位:见表

定　额　编　号			7-4-286	7-4-287	7-4-288	7-4-289
项　　　　目			拱桥墩身		拱桥台身	
			混凝土	模板	混凝土	模板
单　　　　位			10m³	10m²	10m³	10m²
基　　价　（元）			**3116.79**	**690.48**	**3172.78**	**920.22**
其中	人　工　费　（元）		1011.15	238.28	1053.00	231.53
	材　料　费　（元）		1721.05	419.46	1722.34	631.61
	机　械　费　（元）		384.59	32.74	397.44	57.08
名　　称	单位	单价（元）	数		量	
人工 综合工日	工日	75.00	13.482	3.177	14.040	3.087
材料 现浇混凝土 C15－40（砾石）	m³	167.72	10.150	－	10.150	－
草袋	条	1.90	1.310	－	1.800	－
水	t	4.00	2.980	－	2.950	－
电	kW·h	0.85	5.040	－	5.600	－
二等硬木板方材 综合	m³	1900.00	－	0.171	－	0.296
圆钉 2.1×45	kg	4.32	－	0.820	－	1.430
铁件	kg	5.30	－	16.550	－	11.270
脱模剂	kg	3.20	－	1.000	－	1.000
模板嵌缝料	kg	0.20	－	0.500	－	0.500
机械 双锥反转出料混凝土搅拌机 350L	台班	182.67	0.451	－	0.451	－
机动翻斗车 1t	台班	193.00	0.961	－	0.961	－
履带式电动起重机 5t	台班	217.79	0.536	0.119	0.595	0.247
木工圆锯机 φ500mm	台班	27.63	－	0.247	－	0.119

工作内容:混凝土:混凝土配、拌、运输、浇筑、抹平、养生。模板:模板制作、安装、涂脱模剂;模板拆除、修理、整堆。　　　　　　单位:见表

定　额　编　号			7-4-290	7-4-291	7-4-292	7-4-293	7-4-294
项　　　　目			柱式墩台身		墩帽		台帽
			混凝土	模板	混凝土	模板	混凝土
单　　　　位			10m³	10m²	10m³	10m²	10m³
基　　　价　（元）			**3375.36**	**738.99**	**3248.42**	**726.53**	**3227.50**
其中	人　工　费（元）		1200.83	434.70	1090.80	276.08	1073.93
	材　料　费（元）		1730.70	198.66	1749.07	379.80	1748.72
	机　械　费（元）		443.83	105.63	408.55	70.65	404.85
名　　称	单位	单价(元)	数		量		
人工　综合工日	工日	75.00	16.011	5.796	14.544	3.681	14.319
材料　现浇混凝土 C15-40（砾石）	m³	167.72	10.150	—	10.150	—	10.150
二等硬木板方材 综合	m³	1900.00	—	0.038	—	0.195	—
草袋	条	1.90	1.200	—	9.740	—	8.530
水	t	4.00	4.900	—	5.760	—	6.280
料　电	kW·h	0.85	7.600	—	6.080	—	5.920

定 额 编 号			7-4-290	7-4-291	7-4-292	7-4-293	7-4-294
项 目			柱式墩台身		墩帽		台帽
			混凝土	模板	混凝土	模板	混凝土
材 料	圆钉 2.1×45	kg	4.32	–	0.350	–	1.390	–
	铁件	kg	5.30	–	6.870	–	–	–
	脱模剂	kg	3.20	–	1.000	–	1.000	–
	模板嵌缝料	kg	0.20	–	0.500	–	0.500	–
	组合钢模板	kg	5.10	–	5.900	–	–	–
	零星卡具	kg	4.32	–	2.380	–	–	–
	支撑钢管及扣件	kg	4.90	–	8.690	–	–	–
	尼龙帽 M10	个	0.64	–	3.570	–	–	–
机 械	双锥反转出料混凝土搅拌机 350L	台班	182.67	0.451	–	0.451	–	0.451
	机动翻斗车 1t	台班	193.00	0.961	–	0.961	–	0.961
	履带式电动起重机 5t	台班	217.79	0.808	0.485	0.646	0.306	0.629
	木工圆锯机 φ500mm	台班	27.63	–	–	–	0.145	–

工作内容:混凝土:混凝土配、拌、运输、浇筑、抹平、养生。模板:模板制作、安装、涂脱模剂;模板拆除、修理、整堆。　　　　单位:见表

定　额　编　号			7-4-295	7-4-296	7-4-297	7-4-298	7-4-299
项　　　　　目			台帽	墩盖梁		台盖梁	
			模板	混凝土	模板	混凝土	模板
单　　　　　位			10m²	10m³	10m²	10m³	10m²
基　　价　　(元)			**786.29**	**3807.14**	**523.20**	**3777.76**	**639.46**
其中	人　工　费　(元)		267.98	1127.25	337.50	1110.38	371.25
	材　料　费　(元)		451.36	2261.71	72.56	2262.53	143.02
	机　械　费　(元)		66.95	418.18	113.14	404.85	125.19
名　　　　称	单位	单价(元)	数			量	
人工 综合工日	工日	75.00	3.573	15.030	4.500	14.805	4.950
材料 二等硬木板方材 综合	m³	1900.00	0.234	0.003	—	0.040	—
组合钢模板	kg	5.10	—	—	5.900	—	5.900
现浇混凝土 C30-40(碎石)	m³	218.94	—	10.150	—	10.150	—
草袋	条	1.90	—	6.650	—	6.790	—
水	t	4.00	—	5.400	—	5.590	—
电	kW·h	0.85	—	6.160	—	5.920	—
圆钉 2.1×45	kg	4.32	0.800	—	0.310	—	0.200
铁件	kg	5.30	—	—	0.080	—	0.200
脱模剂	kg	3.20	1.000	—	1.000	—	1.000
模板嵌缝料	kg	0.20	0.500	—	0.500	—	0.500
零星卡具	kg	4.32	—	—	4.640	—	4.640
料 支撑钢管及扣件	kg	4.90	—	—	2.380	—	2.380
机 履带式电动起重机 5t	台班	217.79	0.289	0.655	0.485	0.629	0.536
木工圆锯机 φ500mm	台班	27.63	0.145	—	0.272	—	0.306
械 双锥反转出料混凝土搅拌机 350L	台班	182.67	—	0.493	—	0.451	—
机动翻斗车 1t	台班	193.00	—	0.961	—	0.961	—

5. 拱桥

工作内容:混凝土:混凝土配、拌、运输、浇筑、捣固、抹平、养生。模板:模板制作、安装、涂脱模剂、模板拆除、修理、整堆。　　单位:见表

定　额　编　号			7-4-300	7-4-301	7-4-302	7-4-303	7-4-304	7-4-305
项　　　　　目			拱座		拱肋		拱上构件	
			混凝土	模板	混凝土	模板	混凝土	模板
单　　　　　位			10m³	10m²	10m³	10m²	10m³	10m²
基　　　价　　（元）			**4269.74**	**1118.86**	**4720.46**	**779.83**	**4672.73**	**878.09**
其中	人　工　费　（元）		1535.63	726.30	1886.63	444.15	2153.93	499.50
	材　料　费　（元）		2254.95	381.51	2269.51	326.04	2250.94	378.59
	机　械　费　（元）		479.16	11.05	564.32	9.64	267.86	—
	名　　称	单位	单价(元)	数		量		
人工	综合工日	工日	75.00	20.475	9.684	25.155	5.922	28.719	6.660
材料	现浇混凝土 C30 - 40(碎石)	m³	218.94	10.150	—	10.150	—	—	—
	现浇混凝土 C25 - 40(碎石)	m³	205.99	—	—	—	—	10.150	—
	二等硬木板方材 综合	m³	1900.00	—	0.189	—	0.168	—	0.196
	草袋	条	1.90	4.500	—	5.610	—	37.300	—
	水	t	4.00	4.170	—	6.500	—	17.890	—
	铁件	kg	5.30	—	1.380	—	—	—	—
	圆钉 2.1 × 45	kg	4.32	—	2.730	—	0.820	—	0.670
	脱模剂	kg	3.20	—	1.000	—	1.000	—	1.000
	电	kW · h	0.85	8.800	—	12.480	—	20.840	—
	模板嵌缝料	kg	0.20	—	0.500	—	0.500	—	0.500
机械	双锥反转出料混凝土搅拌机 350L	台班	182.67	0.493	—	0.493	—	0.451	—
	机动翻斗车 1t	台班	193.00	0.961	—	0.961	—	0.961	—
	履带式电动起重机 5t	台班	217.79	0.935	—	1.326	—	—	—
	木工圆锯机 φ500mm	台班	27.63	—	0.400	—	0.349	—	—

6. 箱梁

工作内容:混凝土:混凝土配、拌、运输、浇筑、捣固、抹平、养生。模板:模板制作、安装、涂脱模剂、模板拆除、修理、整堆。　　单位:见表

定　额　编　号			7-4-306	7-4-307	7-4-308	7-4-309	7-4-310	7-4-311
项　　　　　目			现浇混凝土0号块件		悬浇混凝土箱梁		支架上现浇箱梁	
			混凝土	模板	混凝土	模板	混凝土	模板
单　　　　　位			10m³	10m²	10m³	10m²	10m³	10m²
基　　价　（元）			**4784.72**	**1555.97**	**4672.16**	**1308.40**	**4728.97**	**1070.05**
其中	人　工　费　（元）		1646.33	840.38	1602.45	672.98	1586.93	505.58
	材　料　费　（元）		2592.73	574.32	2601.80	522.94	2624.04	480.53
	机　械　费　（元）		545.66	141.27	467.91	112.48	518.00	83.94
名　　　称	单位	单价（元）	数			量		
人工	综合工日	工日	75.00	21.951	11.205	21.366	8.973	21.159	6.741
材料	现浇混凝土 C40-40（碎石）	m³	247.35	10.150	–	10.150	–	10.150	–
	钢板综合	kg	3.75	4.000	–	5.000	–	7.000	–
	草袋	条	1.90	8.910	–	10.930	–	11.660	–
	水	t	4.00	6.600	–	7.600	–	7.930	–
	二等硬木板方材 综合	m³	1900.00	–	0.293	–	0.269	–	0.245
	铁件	kg	5.30	–	1.480	–	0.740	–	1.430
	圆钉 2.1×45	kg	4.32	–	1.500	–	1.070	–	0.960
	脱模剂	kg	3.20	–	1.000	–	1.000	–	1.000
	电	kW·h	0.85	28.000	–	25.040	–	39.190	–
	模板嵌缝料	kg	0.20	–	0.500	–	0.500	–	0.500
机械	双锥反转出料混凝土搅拌机 350L	台班	182.67	0.553	–	0.553	–	0.553	–
	机动翻斗车 1t	台班	193.00	0.961	–	0.961	–	0.961	–
	履带式电动起重机 5t	台班	217.79	1.190	0.502	0.833	0.400	1.063	0.298
	木工圆锯机 φ500mm	台班	27.63	–	1.156	–	0.918	–	0.689

7. 板

工作内容:混凝土:混凝土配、拌、运输、浇筑、捣固、抹平、养生。模板:模板制作、安装、涂脱模剂、模板拆除、修理、整堆。　　单位:见表

定　额　编　号			7-4-312	7-4-313	7-4-314	7-4-315
项　　　目			矩形实体连续板		矩形空心连续板	
			混凝土	模板	混凝土	模板
单　　　　　　位			10m³	10m²	10m³	10m²
基　　　价　（元）			**4203.08**	**314.01**	**4264.15**	**608.25**
其中	人　工　费　（元）		1302.75	148.50	1329.08	261.23
	材　料　费　（元）		2426.61	118.40	2452.20	298.06
	机　械　费　（元）		473.72	47.11	482.87	48.96
名　　　称	单位	单价(元)	数		量	
人工 综合工日	工日	75.00	17.370	1.980	17.721	3.483
材料 现浇混凝土 C30－20(碎石)	m³	231.99	10.150	－	10.150	－
草袋	条	1.90	18.400	－	21.430	－
水	t	4.00	6.510	－	11.340	－
二等硬木板方材 综合	m³	1900.00	－	0.027	－	0.147

定 额 编 号			7-4-312	7-4-313	7-4-314	7-4-315
项 目			矩形实体连续板		矩形空心连续板	
			混凝土	模板	混凝土	模板
材料	组合钢模板	kg	5.10	–	5.900	–	–
	支撑钢管及扣件	kg	4.90	–	4.640	–	–
	零星卡具	kg	4.32	–	2.380	–	–
	电	kW·h	0.85	12.840	–	13.440	–
	铁件	kg	5.30	–	–	–	2.600
	圆钉 2.1×45	kg	4.32	–	0.160	–	0.390
	脱模剂	kg	3.20	–	1.000	–	1.000
	模板嵌缝料	kg	0.20	–	0.500	–	0.500
机械	双锥反转出料混凝土搅拌机 350L	台班	182.67	0.493	–	0.493	–
	机动翻斗车 1t	台班	193.00	0.961	–	0.961	–
	履带式电动起重机 5t	台班	217.79	0.910	0.213	0.952	0.187
	木工圆锯机 φ500mm	台班	27.63		0.026		0.298

8. 板梁

工作内容:混凝土:混凝土配、拌、运输、浇筑、捣固、抹平、养生。模板:模板制作、安装、涂脱模剂、模板拆除、修理、整堆。　单位:见表

定　额　编　号			7-4-316	7-4-317	7-4-318	7-4-319
项　　　　目			实心板梁		空心板梁	
			混凝土	模板	混凝土	模板
单　　　　位			10m³	10m²	10m³	10m²
基　　价　（元）			**3991.72**	**950.94**	**4198.76**	**821.05**
其中	人　工　费　（元）		1165.73	276.08	1308.15	424.58
	材　料　费　（元）		2394.96	620.60	2415.15	320.60
	机　械　费　（元）		431.03	54.26	475.46	75.87
名　　　称	单位	单价（元）	数		量	
人工 综合工日	工日	75.00	15.543	3.681	17.442	5.661
材料 现浇混凝土 C30-20（碎石）	m³	231.99	10.150	–	10.150	–
草袋	条	1.90	8.050	–	11.470	–
水	t	4.00	4.100	–	6.910	–
二等硬木板方材 综合	m³	1900.00	–	0.290	–	0.164
组合钢模板	kg	5.10	–	5.900	–	–
支撑钢管及扣件	kg	4.90	–	4.640	–	–
零星卡具	kg	4.32	–	2.380	–	–
电	kW·h	0.85	10.080	–	12.960	–
料 圆钉 2.1×45	kg	4.32	–	0.740	–	1.320
脱模剂	kg	3.20	–	1.000	–	1.000
模板嵌缝料	kg	0.20	–	0.500	–	0.500
机 双锥反转出料混凝土搅拌机 350L	台班	182.67	0.493	–	0.493	–
机动翻斗车 1t	台班	193.00	0.961	–	0.961	–
械 履带式电动起重机 5t	台班	217.79	0.714	0.247	0.918	0.247
木工圆锯机 φ500mm	台班	27.63	–	0.017	–	0.799

9. 板拱

工作内容:混凝土:混凝土配、拌、运输、浇筑、捣固、抹平、养生。模板:模板制作、安装、涂脱模剂、模板拆除、修理、整堆。 单位:见表

定 额 编 号				7-4-320	7-4-321
项 目				板 拱	
				混凝土	模板
单 位				10m³	10m²
基 价 (元)				**4612.04**	**794.42**
其中	人 工 费 (元)			1539.00	407.70
	材 料 费 (元)			2591.92	333.04
	机 械 费 (元)			481.12	53.68
名 称		单位	单价(元)	数	量
人工	综合工日	工日	75.00	20.520	5.436
材料	现浇混凝土 C40-40(碎石)	m³	247.35	10.150	-
	二等硬木板方材 综合	m³	1900.00	-	0.172
	草袋	条	1.90	21.470	-
	水	t	4.00	7.300	-
	圆钉2.1×45	kg	4.32	-	0.680
	脱模剂	kg	3.20	-	1.000
	电	kW·h	0.85	13.320	-
	模板嵌缝料	kg	0.20	-	0.500
机械	双锥反转出料混凝土搅拌机 350L	台班	182.67	0.493	-
	机动翻斗车 1t	台班	193.00	0.961	-
	履带式电动起重机 5t	台班	217.79	0.944	0.213
	木工圆锯机 φ500mm	台班	27.63	-	0.264

10. 挡墙

工作内容:混凝土:混凝土配、拌、运输、浇筑、捣固、抹平、养生。模板:模板制作、安装、涂脱模剂、模板拆除、修理、整堆。　　单位:见表

定　额　编　号				7-4-322	7-4-323
项　　　　　目				挡　　墙	
				混凝土	模板
单　　　　　位				10m³	10m²
基　　　价　（元）				**3105.84**	**414.72**
其中	人　工　费　（元）			1000.35	185.63
	材　料　费　（元）			1724.60	177.26
	机　械　费　（元）			380.89	51.83
名　　　　称		单位	单价(元)	数	量
人工	综合工日	工日	75.00	13.338	2.475
材料	现浇混凝土 C15－40(砾石)	m³	167.72	10.150	－
	二等硬木板方材 综合	m³	1900.00	－	0.026
	组合钢模板	kg	5.10	－	5.900
	支撑钢管及扣件	kg	4.90	－	5.580

定 额 编 号			7-4-322	7-4-323
项 目			挡 墙	
			混凝土	模板
材	草袋、	条	1.90	1.360	–
	水	t	4.00	3.360	–
	零星卡具	kg	4.32	–	2.380
	铁件	kg	5.30	–	10.140
	圆钉 2.1×45	kg	4.32	–	0.190
	脱模剂	kg	3.20	–	1.000
	模板嵌缝料	kg	0.20	–	0.500
料	电	kW·h	0.85	7.320	–
	尼龙帽 M10	个	0.64	–	3.570
机	双锥反转出料混凝土搅拌机 350L	台班	182.67	0.451	–
	机动翻斗车 1t	台班	193.00	0.961	–
械	履带式电动起重机 5t	台班	217.79	0.519	0.238

11. 混凝土接头及灌缝

工作内容:混凝土:混凝土配、拌、运输、浇筑、捣固、抹平、养生。模板:模板制作、安装、涂脱模剂、模板拆除、修理、整堆。　　单位:见表

定　额　编　号			7-4-324	7-4-325	7-4-326	7-4-327	7-4-328
项　　　　目			板梁间灌缝	梁与梁接头		柱与柱接头	
				混凝土	模板	混凝土	模板
单　　　　位			10m³	10m³	10m²	10m³	10m²
基　　价　　(元)			**4807.98**	**4610.83**	**778.02**	**4078.47**	**681.32**
其中	人　工　费　(元)		1283.85	1302.08	361.80	1416.83	228.83
	材　料　费　(元)		3248.60	2675.97	409.17	2386.11	446.38
	机　械　费　(元)		275.53	632.78	7.05	275.53	6.11
名　　称	单位	单价(元)	数		量		
人工 综合工日	工日	75.00	17.118	17.361	4.824	18.891	3.051
材料 现浇混凝土 C30-15(碎石)	m³	231.94	10.150	–	–	10.150	–
现浇混凝土 C40-15(碎石)	m³	259.76	–	10.150	–	–	–
二等硬木板方材 综合	m³	1900.00	0.232	–	0.205	–	0.211
铁丝 10 号	kg	3.50	107.160	–	4.430	–	–
草袋	条	1.90	24.960	3.120	–	–	–
水	t	4.00	7.780	6.780	–	7.980	–
圆钉 2.1×45	kg	4.32	–	–	0.200	–	0.600
脱模剂	kg	3.20	–	–	1.000	–	1.000
模板嵌缝料	kg	0.20	–	–	0.500	–	0.500
电	kW·h	0.85	–	7.480	–	–	–
铁件	kg	5.30	–	–	–	–	7.470
机械 双锥反转出料混凝土搅拌机 350L	台班	182.67	0.493	0.553	–	0.493	–
机动翻斗车 1t	台班	193.00	0.961	0.961	–	0.961	–
履带式电动起重机 5t	台班	217.79	–	1.590	–	–	–
木工圆锯机 φ500mm	台班	27.63	–	–	0.255	–	0.221

工作内容:混凝土:混凝土配、拌、运输、浇筑、捣固、抹平、养生。模板:模板制作、安装、涂脱模剂、模板拆除、修理、整堆。　　单位:见表

定　额　编　号			7-4-329	7-4-330	7-4-331	7-4-332	7-4-333
项　　　　　目			肋与肋接头		拱上构件接头		板梁底砂浆勾缝
			混凝土	模板	混凝土	模板	
单　　　　　位			10m³	10m²	10m³	10m²	10m
基　　价　（元）			**4300.15**	**681.95**	**4633.36**	**1237.33**	**158.42**
其中	人　工　费　（元）		1538.33	279.45	1901.48	724.28	155.25
	材　料　费　（元）		2486.29	394.98	2456.35	485.56	3.17
	机　械　费　（元）		275.53	7.52	275.53	27.49	—
名　　　称	单位	单价(元)	数		量		
人工 综合工日	工日	75.00	20.511	3.726	25.353	9.657	2.070
材料 现浇混凝土 C30-15(碎石)	m³	231.94	10.150	—	10.150	—	—
水泥砂浆 M7.5	m³	150.88	—	—	—	—	0.021
二等硬木板方材 综合	m³	1900.00	—	0.201	—	0.249	—
草袋	条	1.90	31.700	—	21.460	—	—
水	t	4.00	16.020	1.790	12.880	—	—
圆钉 2.1×45	kg	4.32	—	1.000	—	2.120	—
脱模剂	kg	3.20	—	0.500	—	1.000	—
模板嵌缝料	kg	0.20	—	—	—	0.500	—
电	kW·h	0.85	9.160	—	11.600	—	—
机械 双锥反转出料混凝土搅拌机 350L	台班	182.67	0.493	—	0.493	—	—
机动翻斗车 1t	台班	193.00	0.961	—	0.961	—	—
木工圆锯机 φ500mm	台班	27.63	—	0.272	—	0.995	—

12. 小型结构件

工作内容:混凝土:混凝土配、拌、运输、浇筑、捣固、抹平、养生。模板:模板制作、安装、涂脱模剂、模板拆除、修理、整堆。　　单位:见表

定　额　编　号			7-4-334	7-4-335	7-4-336	7-4-337	7-4-338	7-4-339
项　　　　　目			防撞护栏		立柱、端柱、灯柱		地梁、侧石、缘石	
			混凝土	模板	混凝土	模板	混凝土	模板
单　　　　　位			10m³	10m²	10m³	10m²	10m³	10m²
基　　　价（元）			**4764.21**	**269.76**	**6106.35**	**780.89**	**4221.84**	**476.69**
其中	人　工　费（元）		2096.55	148.50	3409.43	448.20	1866.38	202.50
	材　料　费（元）		2392.13	65.72	2421.39	317.88	2079.93	271.12
	机　械　费（元）		275.53	55.54	275.53	14.81	275.53	3.07
名　　　　　称	单位	单价（元）	数			量		
人工 综合工日	工日	75.00	27.954	1.980	45.459	5.976	24.885	2.700
材料 现浇混凝土 C30-15（碎石）	m³	231.94	10.150	–	10.150	–	–	–
现浇混凝土 C20-15（碎石）	m³	195.20	–	–	–	–	10.150	–
草袋	条	1.90	3.060	–	–	–	21.460	–
水	t	4.00	4.920	–	16.800	–	11.010	–
二等硬木板方材 综合	m³	1900.00	–	–	–	0.150	–	0.139
定型钢模板	kg	5.10	–	12.240	–	–	–	–
铁件	kg	5.30	–	–	–	4.790	–	–
圆钉 2.1×45	kg	4.32	–	–	–	0.970	–	0.860
脱模剂	kg	3.20	–	1.000	–	1.000	–	1.000
模板嵌缝料	kg	0.20	–	0.500	–	0.500	–	0.500
电	kW·h	0.85	14.640	–	–	–	16.280	–
机械 双锥反转出料混凝土搅拌机 350L	台班	182.67	0.493	–	0.493	–	0.493	–
机动翻斗车 1t	台班	193.00	0.961	–	0.961	–	0.961	–
履带式电动起重机 5t	台班	217.79	–	0.255	–	–	–	–
木工圆锯机 φ500mm	台班	27.63	–	–	–	0.536	–	0.111

13. 桥面混凝土铺装

工作内容:1. 模板制作、安装、拆除;2. 混凝土配、拌、浇筑、捣固、抹平养生等。

单位:10m³

定 额 编 号				7-4-340	7-4-341
项 目				桥面混凝土铺装	
				车行道	人行道
基 价 (元)				**3847.11**	**4145.72**
其中	人 工 费 (元)			1271.03	1368.23
	材 料 费 (元)			2300.55	2501.96
	机 械 费 (元)			275.53	275.53
名 称		单位	单价(元)	数	量
人工	综合工日	工日	75.00	16.947	18.243
材料	现浇混凝土 C25-40(碎石)	m³	205.99	10.150	10.150
	二等硬木板方材 综合	m³	1900.00	0.007	0.017
	草袋	条	1.90	64.380	128.800
	水	t	4.00	16.800	31.500
	脱模剂	kg	3.20	0.060	0.150
	电	kW·h	0.85	7.920	9.000
	模板嵌缝料	kg	0.20	0.030	0.080
机械	双锥反转出料混凝土搅拌机 350L	台班	182.67	0.493	0.493
	机动翻斗车 1t	台班	193.00	0.961	0.961

注:如采用沥青柏油类铺装时,800m² 以内的按第三章《厂区道路工程》相应定额人工费、机械费乘 1.5 系数。如超过 800m²,按第三章《厂区道路工程》相应定额执行。

14.桥面防水层

工作内容:清理面层、熬、涂沥青。铺设油毡和玻璃布。防水砂浆配、拌、运料、粉面、抹面。涂粘接剂。
橡胶裁剪、铺设橡胶板。

单位:100m²

定　额　编　号			7-4-342	7-4-343	7-4-344	7-4-345
项　　　目			一涂沥青	一层油毡	防水砂浆	橡胶
基　　价　（元）			**810.58**	**341.14**	**1710.54**	**3341.76**
其中	人　工　费　（元）		176.85	20.25	546.75	194.40
	材　料　费　（元）		633.73	320.89	1163.79	3147.36
	机　械　费　（元）		－	－	－	－
名　　　称	单位	单价（元）	数		量	
人工 综合工日	工日	75.00	2.358	0.270	7.290	2.592
材 煤沥青	kg	1.60	367.000	－	－	－
煤	kg	0.85	43.000	－	－	－
木柴	kg	0.95	10.500	－	－	－
油毛毡	m²	2.86	－	112.200	－	－
水泥砂浆 1:2	m³	243.72	－	－	2.050	－
防水剂	kg	16.00	－	－	41.510	－
料 橡胶板 各种规格	kg	9.68	－	－	－	102.000
氯丁橡胶粘接剂	kg	18.00	－	－	－	120.000

注:采用二毡三油或其他结构时,可根据数量分别套用上述定额。

十、预制混凝土工程

1. 立柱

工作内容:混凝土:配、拌运料、浇筑、捣固、抹平、养生。模板:制作、安装、涂脱模剂。模板拆除修理、整堆。

单位:见表

定 额 编 号			7-4-346	7-4-347	7-4-348	7-4-349
项 目			矩形		异形	
			混凝土	模板	混凝土	模板
单 位			10m³	10m²	10m³	10m²
基 价 (元)			**3935.40**	**273.56**	**4088.67**	**668.48**
其中	人 工 费 (元)		1251.45	172.13	1383.75	261.23
	材 料 费 (元)		2269.47	99.69	2262.78	389.10
	机 械 费 (元)		414.48	1.74	442.14	18.15
名 称	单位	单价(元)	数		量	
人工 综合工日	工日	75.00	16.686	2.295	18.450	3.483
材料 现浇混凝土 C30-40(碎石)	m³	218.94	10.150	–	10.150	–
草袋	条	1.90	8.050	–	4.440	–
水	t	4.00	6.070	–	5.730	–
二等硬木板方材 综合	m³	1900.00	–	0.029	–	0.190

定 额 编 号				7-4-346	7-4-347	7-4-348	7-4-349
项 目				矩形		异形	
				混凝土	模板	混凝土	模板
材料	组合钢模板	kg	5.10	–	1.970	–	–
	支撑钢管及扣件	kg	4.90	–	4.640	–	–
	零星卡具	kg	4.32	–	1.180	–	–
	电	kW·h	0.85	9.000	–	10.800	–
	圆钉 2.1×45	kg	4.32	–	0.200	–	1.190
	铁件	kg	5.30	–	0.480	–	3.710
	脱模剂	kg	3.20	–	1.000	–	1.000
	模板嵌缝料	kg	0.20	–	0.500	–	0.500
机械	双锥反转出料混凝土搅拌机 350L	台班	182.67	0.493	–	0.493	–
	机动翻斗车 1t	台班	193.00	0.961	–	0.961	–
	履带式电动起重机 5t	台班	217.79	0.638	–	0.765	–
	木工圆锯机 φ500mm	台班	27.63	–	0.026	–	0.272
	木工平刨床 450mm	台班	39.11	–	0.026	–	0.272

2. 板

工作内容:混凝土:配、拌运料、浇筑、捣固、抹平、养生。模板:制作、安装、涂脱模剂。模板拆除修理、整堆。　　　　　　　　　单位:见表

定　额　编　号			7-4-350	7-4-351	7-4-352	7-4-353	7-4-354	7-4-355
项　　　目			矩形板		空心板		微弯板	
			混凝土	模板	混凝土	模板	混凝土	模板
单　　　位			10m³	10m²	10m³	10m²	10m³	10m²
基　　　价　（元）			**4090.44**	**270.45**	**4137.62**	**441.80**	**4174.01**	**282.64**
其中	人　工　费　（元）		1240.65	149.85	1266.98	230.18	1408.73	239.63
	材　料　费　（元）		2439.01	112.54	2454.42	191.73	2489.75	28.26
	机　械　费　（元）		410.78	8.06	416.22	19.89	275.53	14.75
名　　称	单位	单价(元)	数			量		
人工	综合工日	工日	75.00	16.542	1.998	16.893	3.069	18.783	3.195
材料	现浇混凝土 C30-15（碎石)	m³	231.94	10.150	-	10.150	-	10.150	-
	草袋	条	1.90	22.600	-	20.420	-	36.400	-
	水	t	4.00	8.670	-	13.420	-	15.810	-
	二等硬木板方材 综合	m³	1900.00	-	0.037	-	0.095	-	-
	组合钢模板	kg	5.10	-	0.970	-	-	-	-

定 额 编 号			7-4-350	7-4-351	7-4-352	7-4-353	7-4-354	7-4-355
项 目			矩形板		空心板		微弯板	
			混凝土	模板	混凝土	模板	混凝土	模板
材 料	支撑钢管及扣件	kg	4.90	–	4.640	–	–	–	–
	零星卡具	kg	4.32	–	1.180	–	–	–	–
	电	kW·h	0.85	8.470	–	9.120	–	3.720	–
	圆钉 2.1×45	kg	4.32	–	0.420	–	0.510	–	1.900
	铁件	kg	5.30	–	0.820	–	1.080	–	3.160
	脱模剂	kg	3.20	–	1.000	–	1.000	–	1.000
	模板嵌缝料	kg	0.20	–	0.500	–	0.500	–	0.500
机 械	双锥反转出料混凝土搅拌机 350L	台班	182.67	0.493	–	0.493	–	0.493	–
	机动翻斗车 1t	台班	193.00	0.961	–	0.961	–	0.961	–
	履带式电动起重机 5t	台班	217.79	0.621	–	0.646	–	–	–
	木工圆锯机 φ500mm	台班	27.63	–	0.255	–	0.298	–	0.221
	木工平刨床 450mm	台班	39.11	–	0.026	–	0.298	–	0.221

3. 梁

工作内容:混凝土:配、拌运料、浇筑、捣固、抹平、养生。模板:制作、安装、涂脱模剂。模板拆除修理、整堆。　　　　单位:见表

定　额　编　号			7-4-356	7-4-357	7-4-358	7-4-359	7-4-360	7-4-361
项　　　　　目			T 形梁		I 形梁		实心板梁	
			混凝土	模板	混凝土	模板	混凝土	模板
单　　　　　位			10m³	10m²	10m³	10m²	10m³	10m²
基　　　价　（元）			**4279.45**	**727.42**	**4300.75**	**641.92**	**3895.05**	**309.84**
其中	人　工　费（元）		1246.05	322.65	1295.33	291.60	1103.63	181.58
	材　料　费（元）		2620.88	345.59	2581.79	329.90	2410.26	125.39
	机　械　费（元）		412.52	59.18	423.63	20.42	381.16	2.87
名　　　称	单位	单价(元)	数			量		
人工 综合工日	工日	75.00	16.614	4.302	17.271	3.888	14.715	2.421
材料 现浇混凝土 C40－40(碎石)	m³	247.35	10.150	－	10.150	－	－	－
现浇混凝土 C30－20(碎石)	m³	231.99	－	－	－	－	10.150	－
草袋	条	1.90	19.970	－	11.170	－	12.880	－
水	t	4.00	13.680	－	10.450	－	6.320	－
二等硬木板方材 综合	m³	1900.00	－	0.160	－	0.151	－	0.043

续前

定 额 编 号			7-4-356	7-4-357	7-4-358	7-4-359	7-4-360	7-4-361
项 目			T 形梁		I 形梁		实心板梁	
			混凝土	模板	混凝土	模板	混凝土	模板
材	组合钢模板	kg	5.10	–	–	–	–	–	1.970
	支撑钢管及扣件	kg	4.90	–	–	–	–	–	4.640
	零星卡具	kg	4.32	–	–	–	–	–	1.180
	电	kW·h	0.85	20.720	–	9.600	–	6.840	–
	圆钉 2.1×45	kg	4.32	–	0.190	–	1.080	–	0.580
	铁件	kg	5.30	–	7.070	–	6.610	–	–
料	脱模剂	kg	3.20	–	1.000	–	1.000	–	1.000
	模板嵌缝料	kg	0.20	–	0.500	–	0.500	–	0.500
机	双锥反转出料混凝土搅拌机 350L	台班	182.67	0.493	–	0.493	–	0.493	–
	机动翻斗车 1t	台班	193.00	0.961	–	0.961	–	0.961	–
	履带式电动起重机 5t	台班	217.79	0.629	0.170	0.680	–	0.485	–
械	木工圆锯机 φ500mm	台班	27.63	–	0.332	–	0.306	–	0.043
	木工平刨床 450mm	台班	39.11	–	0.332	–	0.306	–	0.043

工作内容:混凝土:配、拌运料、浇筑、捣固、抹平、养生。模板:制作、安装、涂脱模剂。模板拆除修理、整堆。 单位:见表

定 额 编 号			7-4-362	7-4-363	7-4-364	7-4-365	7-4-366	7-4-367
项 目			空心板梁(非预应力)		空心板梁(预应力)		箱形梁	
			混凝土	模板	混凝土	模板	混凝土	模板
单 位			10m³	10m²	10m³	10m²	10m³	10m²
基 价 (元)			**4130.13**	**761.22**	**4378.51**	**858.52**	**4569.78**	**1212.48**
其中	人 工 费 (元)		1246.05	531.23	1210.28	604.80	1475.55	707.40
	材 料 费 (元)		2471.56	117.33	2763.26	111.39	2631.77	342.24
	机 械 费 (元)		412.52	112.66	404.97	142.33	462.46	162.84
名 称	单位	单价(元)	数			量		
人工 综合工日	工日	75.00	16.614	7.083	16.137	8.064	19.674	9.432
材料 现浇混凝土 C30-20(碎石)	m³	231.99	10.150	—	—	—	—	—
现浇混凝土 C20-20(碎石)	m³	195.25	0.067	—	0.070	—	—	—
现浇混凝土 C40-40(碎石)	m³	247.35	—	—	—	—	10.150	—
现浇混凝土 C40-20(碎石)	m³	260.17	—	—	10.150	—	—	—
草袋	条	1.90	20.800	—	14.980	—	10.090	—
水	t	4.00	13.550	—	17.380	—	9.350	—
二等硬木板方材 综合	m³	1900.00	—	0.038	—	0.035	—	0.168
料 组合钢模板	kg	5.10	—	1.970	—	1.970	—	—

定 额 编 号			7-4-362	7-4-363	7-4-364	7-4-365	7-4-366	7-4-367
项 目			空心板梁(非预应力)		空心板梁(预应力)		箱形梁	
			混凝土	模板	混凝土	模板	混凝土	模板
材料	支撑钢管及扣件	kg	4.90	–	4.640	–	4.640	–
	零星卡具	kg	4.32	–	1.180	–	1.180	–
	电	kW·h	0.85	11.840	–	12.800	–	76.000	–
	橡胶囊 φ36	m	5.40	–	0.140	–	0.120	–	–
	橡胶囊外套 φ60	m	23.00	–	–	–	0.060	–	–
	圆钉 2.1×45	kg	4.32	–	0.740	–	0.390	–	1.760
	铁件	kg	5.30	–	–	–	–	–	2.290
	脱模剂	kg	3.20	–	1.000	–	1.000	–	1.000
	模板嵌缝料	kg	0.20	–	0.500	–	0.500	–	0.500
机械	双锥反转出料混凝土搅拌机 350L	台班	182.67	0.493	–	0.553	–	0.553	–
	机动翻斗车 1t	台班	193.00	0.961	–	0.961	–	0.961	–
	履带式电动起重机 5t	台班	217.79	0.629	–	0.544	–	0.808	0.357
	木工圆锯机 φ500mm	台班	27.63	–	0.043	–	0.043	–	1.275
	木工平刨床 450mm	台班	39.11	–	0.043	–	0.043	–	1.275
	电动卷扬机(单筒快速) 5kN	台班	111.31	–	0.468	–	0.595	–	–
	电动空气压缩机 0.6m³/min	台班	130.54	–	0.442	–	0.561	–	–

工作内容:混凝土:配、拌运料、浇筑、捣固、抹平、养生。模板:制作、安装、涂脱模剂。模板拆除修理、整堆。　　　　　　　　　单位:见表

定　额　编　号			7-4-368	7-4-369	7-4-370	7-4-371
项　　　目			箱形块件		槽形梁	
			混凝土	模板	混凝土	模板
单　　　　位			10m³	10m²	10m³	10m²
基　　价　　(元)			**5004.15**	**1385.15**	**4729.73**	**1440.21**
其中	人　工　费　(元)		1482.98	691.88	1347.30	727.65
	材　料　费　(元)		2630.43	349.74	2592.40	356.44
	机　械　费　(元)		890.74	343.53	790.03	356.12
名　　称	单位	单价(元)	数		量	
人工 综合工日	工日	75.00	19.773	9.225	17.964	9.702
材料 现浇混凝土 C40-40(碎石)	m³	247.35	10.150	—	10.150	—
草袋	条	1.90	14.190	—	8.840	—
水	t	4.00	10.160	—	8.090	—
二等硬木板方材 综合	m³	1900.00	—	0.175	—	0.177
圆钉 2.1×45	kg	4.32	—	1.570	—	1.740
铁件	kg	5.30	—	1.350	—	1.760
脱模剂	kg	3.20	—	1.000	—	1.000
电	kW·h	0.85	61.440	—	38.400	—
模板嵌缝料	kg	0.20	—	0.500	—	0.500
机械 双锥反转出料混凝土搅拌机 350L	台班	182.67	0.553	—	0.553	—
机动翻斗车 1t	台班	193.00	0.961	—	0.961	—
履带式起重机 10t	台班	740.50	0.816	0.349	0.680	0.366
木工圆锯机 φ500mm	台班	27.63	—	1.275	—	1.275
木工平刨床 450mm	台班	39.11	—	1.275	—	1.275

4.双曲拱构件

工作内容:混凝土:配、拌运料、浇筑、捣固、抹平、养生。模板:制作、安装、涂脱模剂。模板拆除修理、整堆。　　　　　单位:见表

定　额　编　号				7-4-372	7-4-373
项　　　目				拱肋	
单　　　位				混凝土	模板
				10m³	10m²
基　　价　(元)				**4098.07**	**593.24**
其中	人　工　费　(元)			1461.38	276.08
	材　料　费　(元)			2361.16	295.00
	机　械　费　(元)			275.53	22.16
名　　　称		单位	单价(元)	数　　量	
人工	综合工日	工日	75.00	19.485	3.681
材料	现浇混凝土 C30-40(碎石)	m³	218.94	10.150	—
	草袋	条	1.90	31.490	—
	水	t	4.00	18.090	—
	二等硬木板方材 综合	m³	1900.00	—	0.150
	圆钉 2.1×45	kg	4.32	—	1.550
	脱模剂	kg	3.20	—	1.000
	电	kW·h	0.85	7.920	—
	模板嵌缝料	kg	0.20	—	0.500
机械	双锥反转出料混凝土搅拌机 350L	台班	182.67	0.493	—
	机动翻斗车 1t	台班	193.00	0.961	—
	木工圆锯机 φ500mm	台班	27.63	—	0.332
	木工平刨床 450mm	台班	39.11	—	0.332

5. 桁架拱构件

工作内容:混凝土:配、拌运料、浇筑、捣固、抹平、养生。模板:制作、安装、涂脱模剂。模板拆除修理、整堆。 单位:见表

定 额 编 号			7-4-374	7-4-375	7-4-376	7-4-377
项 目			桁架梁及桁架拱片		横向联系构件	
			混凝土	模板	混凝土	模板
单 位			10m³	10m²	10m³	10m²
基 价 (元)			**4581.97**	**975.33**	**5132.15**	**735.46**
其中	人 工 费 (元)		1848.15	695.93	2484.68	441.45
	材 料 费 (元)		2458.29	205.05	2371.94	239.55
	机 械 费 (元)		275.53	74.35	275.53	54.46
名 称	单位	单价(元)	数		量	
人工 综合工日	工日	75.00	24.642	9.279	33.129	5.886
材料 现浇混凝土 C30-40(碎石)	m³	218.94	10.150	–	10.150	–
草袋	条	1.90	81.120	–	50.220	–
水	t	4.00	20.480	–	13.570	–
二等硬木板方材 综合	m³	1900.00	–	0.106	–	0.122
圆钉 2.1×45	kg	4.32	0.080	–	1.030	
脱模剂	kg	3.20	–	1.000	–	1.000
模板嵌缝料	kg	0.20	–	0.500	–	0.500
机械 双锥反转出料混凝土搅拌机 350L	台班	182.67	0.493	–	0.493	–
机动翻斗车 1t	台班	193.00	0.961	–	0.961	–
木工圆锯机 φ500mm	台班	27.63	–	1.114	–	0.816
木工平刨床 450mm	台班	39.11	–	1.114	–	0.816

6. 小型拱构件

工作内容:混凝土:配、拌运料、浇筑、捣固、抹平、养生。模板:制作、安装、涂脱模剂。模板拆除修理、整堆。　　　　单位:见表

	定　额　编　号			7-4-378	7-4-379	7-4-380	7-4-381	7-4-382	7-4-383
	项　　　　　目			缘石,人行道,锚锭板		灯柱,端柱,栏杆		拱上构件	
				混凝土	模板	混凝土	模板	混凝土	模板
	单　　　　　位			10m³	10m²	10m³	10m²	10m³	10m²
	基　　价　（元）			**4248.11**	**511.08**	**5375.90**	**956.58**	**5429.94**	**1010.42**
其	人　工　费　（元）			1713.83	324.68	2617.65	638.55	2876.85	743.85
中	材　料　费　（元）			2258.75	158.57	2482.72	257.90	2277.56	164.46
	机　械　费　（元）			275.53	27.83	275.53	60.13	275.53	102.11
	名　　　称	单位	单价（元）		数			量	
人工	综合工日	工日	75.00	22.851	4.329	34.902	8.514	38.358	9.918
材	预制混凝土 C25-15（碎石）	m³	204.69	10.150	–	–	–	10.150	–
	现浇混凝土 C30-15（碎石）	m³	231.94	–	–	10.150	–	–	–
	草袋	条	1.90	50.260	–	38.790	–	53.660	–
	水	t	4.00	19.960	–	12.550	–	24.500	–
	二等硬木板方材 综合	m³	1900.00	–	0.068	–	0.128	–	0.083
	圆钉 2.1×45	kg	4.32	–	0.600	–	2.640	–	0.800
	铁件	kg	5.30	–	4.430	–	–	–	–
	脱模剂	kg	3.20	–	1.000	–	1.000	–	1.000
料	电	kW·h	0.85	6.840	–	5.440	–	–	–
	模板嵌缝料	kg	0.20	–	0.500	–	0.500	–	0.500
机	双锥反转出料混凝土搅拌机 350L	台班	182.67	0.493	–	0.493	–	0.493	–
	机动翻斗车 1t	台班	193.00	0.961	–	0.961	–	0.961	–
械	木工圆锯机 φ500mm	台班	27.63	–	0.417	–	0.901	–	1.530
	木工平刨床 450mm	台班	39.11	–	0.417	–	0.901	–	1.530

7. 拱板

工作内容:混凝土:配、拌运料、浇筑、捣固、抹平、养生。模板:制作、安装、涂脱模剂。模板拆除修理、整堆。　　　　　　单位:见表

定　额　编　号				7-4-384	7-4-385
项　　　目				拱　　板	
				混凝土	模板
单　　位				10m³	10m²
基　　价　（元）				**4940.48**	**711.73**
其中	人　工　费　（元）			1546.43	411.08
	材　料　费　（元）			2432.08	250.73
	机　械　费　（元）			961.97	49.92
名　　　　　称		单位	单价（元）	数　　　量	
人工	综合工日	工日	75.00	20.619	5.481
材料	现浇混凝土 C30-20(碎石)	m³	231.99	10.150	－
	草袋	条	1.90	21.460	－
	水	t	4.00	7.300	－
	二等硬木板方材 综合	m³	1900.00	－	0.129
	圆钉 2.1×45	kg	4.32	－	0.540
	脱模剂	kg	3.20	－	1.000
	电	kW·h	0.85	8.720	－
	模板嵌缝料	kg	0.20	－	0.500
机械	双锥反转出料混凝土搅拌机 350L	台班	182.67	0.493	－
	机动翻斗车 1t	台班	193.00	0.961	－
	履带式起重机 10t	台班	740.50	0.927	－
	木工圆锯机 φ500mm	台班	27.63	－	0.748
	木工平刨床 450mm	台班	39.11	－	0.748

十一、构件运输

1. 构件场内垫滚子绞运

工作内容:构件垂直提升,铺垫,倒换,返回枕木,滚扛。绞运,安装、拆除绞车地锚。

单位:10m³

定 额 编 号				7-4-386	7-4-387	7-4-388	7-4-389
项 目				构件重量(t)			
				10 以内	10 以内	50 以内	
					每增 10m	100m	每增 10m
基 价 (元)				**598.32**	**47.17**	**821.16**	**56.71**
其中	人 工 费 (元)			380.70	24.98	469.80	24.98
	材 料 费 (元)			176.41	17.04	248.48	25.42
	机 械 费 (元)			41.21	5.15	102.88	6.31
名 称		单位	单价(元)	数		量	
人工	综合工日	工日	75.00	5.076	0.333	6.264	0.333
材料	二等圆木 综合	m³	1300.00	0.002	–	0.002	–
	枋木(枕木木道)	m³	1600.00	0.086	0.009	0.128	0.013
	二等硬木板方材 综合	m³	1900.00	0.015	0.001	0.017	0.002
	无缝钢管综合价	kg	5.80	0.912	0.091	0.912	0.091
	圆钉 2.1×45	kg	4.32	0.003	–	0.006	–
	扒钉	kg	6.00	0.401	0.035	0.578	0.048
机械	电动卷扬机(双筒快速)10kN	台班	173.84	0.136	0.017	0.238	0.017
	电动卷扬机(单筒快速)10kN	台班	129.21	0.136	0.017	0.476	0.026

2. 构件场内轨道平车运输

工作内容:安拆枕木,轨道,平车,卷扬机及地锚。提升装车,固定。构件运输,平车回空等。

单位:10m³

定 额 编 号				7-4-390	7-4-391	7-4-392	7-4-393
项 目				构件重量(t)			
				10 以内		50 以内	
				100m	每增 50m	100m	每增 50m
基 价 (元)				**372.27**	**71.69**	**517.08**	**95.25**
其中	人 工 费 (元)			230.18	44.55	341.55	44.55
	材 料 费 (元)			40.36	1.77	63.87	19.78
	机 械 费 (元)			101.73	25.37	111.66	30.92
	名 称	单位	单价(元)	数			量
人工	综合工日	工日	75.00	3.069	0.594	4.554	0.594
材料	二等圆木 综合	m³	1300.00	0.003	–	0.002	–
	枋木(枕木木道)	m³	1600.00	0.021	0.001	0.034	0.011
	二等硬木板方材 综合	m³	1900.00	0.001	–	0.003	0.001
	圆钉 2.1×45	kg	4.32	0.006		0.006	–
	扒钉	kg	6.00	0.156	0.029	0.190	0.046
机械	电动卷扬机(双筒快速)10kN	台班	173.84	0.170	0.034	0.187	0.034
	电动卷扬机(单筒快速)10kN	台班	129.21	0.170	0.034	0.088	0.077
	轨道平车 5t	台班	147.68	0.340	0.102	0.459	0.102

3. 构件场内驳船运输

工作内容: 准备工作,安拆枕木,轨道,平车,卷扬机及地锚。提升装车,固定。拴缆绳,待装,待卸。运输,回空。不包括提升设备的装,拆及压舱等。

单位:10m³

定 额 编 号				7-4-394	7-4-395	7-4-396	7-4-397
项 目				构件重量(t)			
				10 以内		50 以内	
				100m	每增50m	100m	每增50m
基 价 (元)				**6465.28**	**2588.44**	**8975.65**	**4003.83**
其中	人 工 费 (元)			371.25	135.68	238.95	84.38
	材 料 费 (元)			494.22	–	509.65	–
	机 械 费 (元)			5599.81	2452.76	8227.05	3919.45
名 称		单位	单价(元)	数		量	
人工	综合工日	工日	75.00	4.950	1.809	3.186	1.125
材料	枋木(枕木木道)	m³	1600.00	0.225	–	0.227	–
	二等硬木板方材 综合	m³	1900.00	0.001	–	0.007	–
	热轧工字钢 普型 18 以上	kg	4.10	31.937	–	31.937	–
	扒钉	kg	6.00	0.230	–	0.368	–
机械	铁驳船 80t	台班	194.87	–	–	39.831	19.916
	木驳船 50t	台班	150.00	31.875	15.938	–	–
	电动卷扬机(双筒快速)10kN	台班	173.84	1.326	0.357	0.791	0.221
	电动卷扬机(双筒慢速)30kN	台班	146.41	1.250	–	0.697	–
	电动卷扬机(单筒快速)10kN	台班	129.21	1.250	–	0.697	–
	轨道平车 5t	台班	147.68	1.649	–	0.918	–

4. 平板拖车场外运输

工作内容: 设置支架,装车绑扎,固定构件。待装,运行,调头,回空,增运。

单位:10m³

定 额 编 号			7-4-398	7-4-399	7-4-400	7-4-401	7-4-402	7-4-403
项 目			构件重量(t)					
			10 以内		20 以内		20 以上	
			1km	每增 1km	1km	每增 1km	1km	每增 1km
基 价 (元)			**1064.02**	**193.53**	**1123.11**	**193.53**	**853.52**	**172.03**
其中	人 工 费 (元)		124.20	–	93.15	–	62.10	–
	材 料 费 (元)		44.23	–	44.23	–	44.23	–
	机 械 费 (元)		895.59	193.53	985.73	193.53	747.19	172.03
名 称	单位	单价(元)	数			量		
人工 综合工日	工日	75.00	1.656	–	1.242	–	0.828	–
材料 枋木(枕木木道)	m³	1600.00	0.019	–	0.019	–	0.019	–
二等硬木板方材 综合	m³	1900.00	0.006	–	0.006	–	0.006	–
铁钉	kg	4.86	0.500	–	0.500	–	0.500	–
机械 平板拖车组 20t	台班	1264.92	0.425	0.153	–	0.153	–	0.136
平板拖车组 30t	台班	1562.31	–	–	0.281	–	0.213	–
轮胎式起重机 16t	台班	979.28	0.184	–	0.281	–	0.213	–
履带式起重机 15t	台班	966.34	0.184	–	0.281	–	0.213	–

十二、安装工程

1.安装排架立柱

工作内容:安拆地锚,竖、拆及移动扒杆。起吊设备就位。整修构件。吊装,定位,固定。配、拌、运填细石混凝土。　　　　单位:10m³

	定　额　编　号			7-4-404	7-4-405
	项　　　　　目			扒杆安装	起重机安装
	基　　价　（元）			**2229.17**	**1371.14**
其中	人　工　费　（元）			1490.40	715.50
	材　料　费　（元）			70.06	31.23
	机　械　费　（元）			668.71	624.41
	名　　　　　称	单位	单价(元)	数	量
人工	综合工日	工日	75.00	19.872	9.540
材料	二等圆木 综合	m³	1300.00	0.009	—
	枋木(枕木木道)	m³	1600.00	0.003	—
	二等硬木板方材 综合	m³	1900.00	0.002	—
	螺栓	kg	8.90	0.037	—
	扒钉	kg	6.00	0.132	—
	钢丝绳 股丝(6~7)×19 φ=8.1~9	kg	7.30	2.384	—
	现浇混凝土 C20-15(碎石)	m³	195.20	0.160	0.160
机械	汽车式起重机 10t	台班	798.48	—	0.782
	电动卷扬机(双筒快速) 10kN	台班	173.84	1.547	—
	电动卷扬机(单筒快速) 10kN	台班	129.21	3.094	—

2. 安装柱式墩、台管节

工作内容: 安拆地锚,竖、拆及移动扒杆。起吊设备就位。冲洗管节,整修构件。吊装,定位,固定。砂浆配、拌、运。勾缝,座浆等。

单位:10m

定 额 编 号			7-4-406	7-4-407	7-4-408
项 目			扒杆安装		
			$\phi \leqslant 1000$	$\phi \leqslant 1500$	$\phi \leqslant 2000$
基 价 (元)			**3893.06**	**7557.00**	**15414.00**
其中	人 工 费 (元)		429.30	947.03	1215.00
	材 料 费 (元)		3290.99	6323.38	13816.88
	机 械 费 (元)		172.77	286.59	382.12
名 称	单位	单价(元)	数		量
人工 综合工日	工日	75.00	5.724	12.627	16.200
材料 水泥砂浆 1:2	m³	243.72	0.030	0.110	0.190
钢筋混凝土管 $\phi \leqslant 1000$	m	320.00	10.100	—	—
钢筋混凝土管 $\phi \leqslant 1500$	m	620.00	—	10.100	—
钢筋混凝土管 $\phi \leqslant 2000$	m	1360.00	—	—	10.100
二等圆木 综合	m³	1300.00	0.009	0.009	0.009
枋木(枕木木道)	m³	1600.00	0.003	0.003	0.003
二等硬木板方材 综合	m³	1900.00	0.010	0.001	0.001
螺栓	kg	8.90	0.039	0.039	0.039
钢丝绳 股丝(6~7)×19 ϕ=8.1~9	kg	7.30	2.123	2.123	2.123
扒钉	kg	6.00	0.055	0.055	0.055
机械 电动卷扬机(双筒快速)10kN	台班	173.84	0.400	0.663	0.884
电动卷扬机(单筒快速)10kN	台班	129.21	0.799	1.326	1.768

工作内容:安拆地锚,竖、拆及移动扒杆。起吊设备就位。冲洗管节,整修构件。吊装,定位,固定。砂浆配、拌、运。勾缝,座浆等。

单位:10m

定 额 编 号				7-4-409	7-4-410	7-4-411
项 目				起重机安装		
				$\phi \leqslant 1000$	$\phi \leqslant 1500$	$\phi \leqslant 2000$
基 价 (元)				**3674.50**	**7425.17**	**15426.95**
其中	人 工 费 (元)			368.55	758.70	987.53
	材 料 费 (元)			3239.31	6288.81	13782.31
	机 械 费 (元)			66.64	377.66	657.11
名 称		单位	单价(元)	数		量
人工	综合工日	工日	75.00	4.914	10.116	13.167
材料	水泥砂浆 1:2	m³	243.72	0.030	0.110	0.190
	钢筋混凝土管 $\phi \leqslant 1000$	m	320.00	10.100	–	–
	钢筋混凝土管 $\phi \leqslant 1500$	m	620.00	–	10.100	–
	钢筋混凝土管 $\phi \leqslant 2000$	m	1360.00	–	–	10.100
机械	履带式电动起重机 5t	台班	217.79	0.306	–	–
	履带式起重机 10t	台班	740.50	–	0.510	–
	履带式起重机 15t	台班	966.34	–	–	0.680

3.安装矩形板、空心板、微弯板

单位:10m³

工作内容:安拆地锚,竖、拆及移动扒杆。起吊设备就位。冲洗管节,整修构件。吊装,定位,固定。铺浆固定。

定 额 编 号			7-4-412	7-4-413	7-4-414	7-4-415	7-4-416	7-4-417
项 目			矩形板		空心板		微弯板	
			扒杆安装	起重机安装	扒杆安装	起重机安装	人力安装	扒杆安装
基 价 (元)			**848.37**	**610.27**	**618.93**	**436.47**	**3942.43**	**4401.77**
其中	人 工 费 (元)		469.13	328.05	290.93	172.80	3752.33	3105.00
	材 料 费 (元)		168.01	102.36	163.14	97.49	190.10	223.16
	机 械 费 (元)		211.23	179.86	164.86	166.18	—	1073.61
名 称	单位	单价(元)	数 量					
人工 综合工日	工日	75.00	6.255	4.374	3.879	2.304	50.031	41.400
材料 水泥砂浆 1:2	m³	243.72	0.420	0.420	0.400	0.400	0.780	0.780
二等圆木 综合	m³	1300.00	0.006		0.006			0.007
枋木(枕木木道)	m³	1600.00	0.004		0.004			0.002
二等硬木板方材 综合	m³	1900.00	0.003		0.003			0.002
圆钉 2.1×45	kg	4.32	0.011		0.011			—
扒钉	kg	6.00	0.311		0.311			0.080
铁件	kg	5.30	—		—			0.160
钢丝绳 股丝(6~7)×19 φ=8.1~9	kg	7.30	5.587		5.587			1.967
棕绳	kg	9.10	0.335		0.335			0.140
机械 汽车式起重机 8t	台班	728.19	—	0.247	—	—	—	—
汽车式起重机 12t	台班	888.68	—	—	—	0.187	—	—
电动卷扬机(单筒快速)10kN	台班	129.21	0.697	—	0.544	—	—	5.304
电动卷扬机(双筒慢速)30kN	台班	146.41	—	—	—	—	—	2.652
电动卷扬机(双筒快速)10kN	台班	173.84	0.697	—	0.544	—	—	—

4.安装梁

工作内容:安拆地锚,竖、拆及移动扒杆。搭、拆木垛;组装、拆卸船排;打、拔缆风桩;组装、拆卸万能杆件、装、卸、运、移动; 安拆轨道、枕木、平车、卷扬机及索具;安装、就位、固定;调制环氧树脂等。

单位:10m³

定 额 编 号			7-4-418	7-4-419	7-4-420	7-4-421	7-4-422	7-4-423
项 目						陆上安装板梁		
			扒杆 $L \leq 25m$			起重机		
				$L \leq 10m$	$L \leq 13m$	$L \leq 16m$	$L \leq 20m$	$L \leq 25m$
基 价 (元)			**1156.05**	**434.21**	**420.83**	**943.26**	**1069.09**	**868.51**
其中	人 工 费 (元)		620.33	136.35	128.93	123.53	101.93	91.80
	材 料 费 (元)		131.56	—	—	—	—	—
	机 械 费 (元)		404.16	297.86	291.90	819.73	967.16	776.71
名 称	单位	单价(元)			数		量	
人工 综合工日	工日	75.00	8.271	1.818	1.719	1.647	1.359	1.224
材料 二等圆木 综合	m³	1300.00	0.006	—	—	—	—	—
枋木(枕木木道)	m³	1600.00	0.026	—	—	—	—	—
二等硬木板方材 综合	m³	1900.00	0.006	—	—	—	—	—
圆钉 2.1×45	kg	4.32	0.011	—	—	—	—	—
扒钉	kg	6.00	0.382	—	—	—	—	—
钢丝绳 股丝(6~7)×19 ϕ=8.1~9	kg	7.30	7.539	—	—	—	—	—
棕绳	kg	9.10	1.471	—	—	—	—	—
机械 电动卷扬机(双筒快速)10kN	台班	173.84	0.935	—	—	—	—	—
电动卷扬机(单筒快速)10kN	台班	129.21	1.870	—	—	—	—	—
汽车式起重机 20t	台班	1205.93	—	0.247	—	—	—	—
汽车式起重机 25t	台班	1269.11	—	—	0.230	—	—	—
汽车式起重机 50t	台班	3709.18	—	—	—	0.221	—	—
汽车式起重机 75t	台班	5403.15	—	—	—	—	0.179	—
汽车式起重机 80t	台班	5711.11	—	—	—	—	—	0.136

工作内容: 安拆地锚,竖、拆及移动扒杆。搭、拆木垛;组装、拆卸船排;打、拔缆风桩;组装、拆卸万能杆件、装、卸、运、移动;安拆轨道、枕木、平车、卷扬机及索具;安装、就位、固定;调制环氧树脂等。

单位:10m³

定　额　编　号				7-4-424	7-4-425	7-4-426	7-4-427	7-4-428
项　　　　目				水上安装板梁				
				扒杆				
				$L \leq 10\text{m}$	$L \leq 13\text{m}$	$L \leq 16\text{m}$	$L \leq 20\text{m}$	$L \leq 25\text{m}$
基　　价　　（元）				**2050.24**	**1859.23**	**1992.92**	**1873.53**	**1856.21**
其中	人　工　费　（元）			632.48	600.08	587.93	513.00	506.25
	材　料　费　（元）			108.18	108.18	225.97	233.99	278.70
	机　械　费　（元）			1309.58	1150.97	1179.02	1126.54	1071.26
名　　　　称		单位	单价（元）	数		量		
人工	综合工日	工日	75.00	8.433	8.001	7.839	6.840	6.750
材料	二等圆木 综合	m³	1300.00	0.005	0.005	0.002	0.002	0.002
	枋木（枕木木道）	m³	1600.00	0.006	0.006	0.028	0.028	0.041
	二等硬木板方材 综合	m³	1900.00	0.002	0.002	0.005	0.005	0.005
	圆钉 2.1×45	kg	4.32	0.009	0.009	0.009	0.009	0.003
	扒钉	kg	6.00	0.334	0.334	0.621	0.621	0.679
	钢丝绳 股丝（6~7）×19 φ=8.1~9	kg	7.30	11.186	11.186	21.910	21.910	25.141
	棕绳	kg	9.10	0.503	0.503	0.589	1.471	1.471
机械	履带式电动起重机 5t	台班	217.79	0.085	0.187	0.187	0.187	0.221
	电动卷扬机（单筒慢速）30kN	台班	137.62	2.975	—	—	—	—
	电动卷扬机（双筒快速）10kN	台班	173.84	—	2.244	2.244	2.040	1.836
	电动卷扬机（单筒快速）10kN	台班	129.21	5.959	4.488	4.488	4.080	3.672
	木驳船 30t	吨·天	3.00	37.230	—	—	—	—
	木驳船 50t	吨·天	3.00	—	46.750	56.100	—	—
	木驳船 80t	吨·天	3.00	—	—	—	68.000	76.500

工作内容: 安拆地锚,竖、拆及移动扒杆。搭、拆木垛;组装、拆卸船排;打、拔缆风桩;组装、拆卸万能杆件、装、卸、运、移动;
安拆轨道、枕木、平车、卷扬机及索具;安装、就位、固定;调制环氧树脂等。

单位:10m³

定 额 编 号			7-4-429	7-4-430	7-4-431	7-4-432
项 目				陆上安装 T 梁		
			扒杆 $L \leq 50m$	起重机		
				$L \leq 10m$	$L \leq 20m$	$L \leq 30m$
基 价 (元)			**1770.05**	**651.46**	**1528.33**	**2598.40**
其中	人 工 费 (元)		683.10	158.63	150.53	143.78
	材 料 费 (元)		233.37	—	—	—
	机 械 费 (元)		853.58	492.83	1377.80	2454.62
名 称	单位	单价(元)	数		量	
人工 综合工日	工日	75.00	9.108	2.115	2.007	1.917
材料 二等圆木 综合	m³	1300.00	0.002	—	—	—
枋木(枕木木道)	m³	1600.00	0.029	—	—	—
二等硬木板方材 综合	m³	1900.00	0.005	—	—	—
圆钉 2.1×45	kg	4.32	0.345	—	—	—
扒钉	kg	6.00	0.009	—	—	—
钢丝绳 股丝(6~7)×19 ϕ=8.1~9	kg	7.30	21.910	—	—	—
棕绳	kg	9.10	1.471	—	—	—
机械 电动卷扬机(双筒快速)10kN	台班	173.84	1.972	—	—	—
电动卷扬机(单筒快速)10kN	台班	129.21	3.953	—	—	—
汽车式起重机 40t	台班	1811.86	—	0.272	—	—
汽车式起重机 75t	台班	5403.15	—	—	0.255	—
汽车式起重机 125t	台班	9625.95	—	—	—	0.255

工作内容:安拆地锚,竖、拆及移动扒杆。搭、拆木垛;组装、拆卸船排;打、拔缆风桩;组装、拆卸万能杆件、装、卸、运、移动;
安拆轨道、枕木、平车、卷扬机及索具;安装、就位、固定;调制环氧树脂等。

单位:10m³

定　额　编　号				7-4-433	7-4-434	7-4-435
项　　　目				水上安装T梁		
				扒杆		
				$L \leqslant 10\mathrm{m}$	$L \leqslant 20\mathrm{m}$	$L \leqslant 30\mathrm{m}$
基　　价　（元）				**2841.07**	**2916.30**	**2976.71**
其中	人　工　费　（元）			791.78	778.95	776.25
	材　料　费　（元）			255.58	255.58	255.58
	机　械　费　（元）			1793.71	1881.77	1944.88
名　　　称		单位	单价（元）	数		量
人工	综合工日	工日	75.00	10.557	10.386	10.350
材料	二等圆木 综合	m³	1300.00	0.002	0.002	0.002
	枋木(枕木木道)	m³	1600.00	0.029	0.029	0.029
	二等硬木板方材 综合	m³	1900.00	0.006	0.006	0.006
	扒钉	kg	6.00	3.635	3.635	3.635
	圆钉 2.1×45	kg	4.32	0.009	0.009	0.009
	钢丝绳 股丝(6~7)×19 ϕ=8.1~9	kg	7.30	21.910	21.910	21.910
	棕绳	kg	9.10	1.471	1.471	1.471
机械	履带式电动起重机 5t	台班	217.79	0.315	0.340	0.476
	电动卷扬机(双筒快速) 10kN	台班	173.84	3.298	3.137	2.839
	电动卷扬机(单筒快速) 10kN	台班	129.21	6.605	6.265	5.670
	木驳船 50t	吨·天	3.00	99.450	—	—
	木驳船 80t	吨·天	3.00	—	150.960	—
	木驳船 120t	吨·天	3.00	—	—	205.020

工作内容:安拆地锚,竖、拆及移动扒杆。搭、拆木垛;组装、拆卸船排;打、拔缆风桩;组装、拆卸万能杆件、装、卸、运、移动;
安拆轨道、枕木、平车、卷扬机及索具;安装、就位、固定;调制环氧树脂等。

单位:10m³

定 额 编 号			7-4-436	7-4-437	7-4-438	7-4-439
项 目			陆上安装 I 型梁			
			扒杆	起重机		
			L≤30m	L≤10m	L≤20m	L≤30m
基 价 (元)			**1896.98**	**512.36**	**689.68**	**1628.29**
其中	人 工 费 (元)		709.43	174.83	166.05	158.63
	材 料 费 (元)		235.84	–	–	–
	机 械 费 (元)		951.71	337.53	523.63	1469.66
名 称	单位	单价(元)	数		量	
人工 综合工日	工日	75.00	9.459	2.331	2.214	2.115
材料 二等圆木 综合	m³	1300.00	0.002	–	–	–
枋木(枕木木道)	m³	1600.00	0.029	–	–	–
二等硬木板方材 综合	m³	1900.00	0.006	–	–	–
扒钉	kg	6.00	0.345	–	–	–
圆钉 2.1×45	kg	4.32	0.009	–	–	–
钢丝绳 股丝(6~7)×19 φ=8.1~9	kg	7.30	21.910	–	–	–
棕绳	kg	9.10	1.471	–	–	–
机械 电动卷扬机(双筒快速)10kN	台班	173.84	2.202	–	–	–
电动卷扬机(单筒快速)10kN	台班	129.21	4.403	–	–	–
汽车式起重机 16t	台班	1071.52	–	0.315	–	–
汽车式起重机 40t	台班	1811.86	–	–	0.289	–
汽车式起重机 75t	台班	5403.15	–	–	–	0.272

工作内容：安拆地锚,竖、拆及移动扒杆。搭、拆木垛;组装、拆卸船排;打、拔缆风桩;组装、拆卸万能杆件、装、卸、运、移动;
安拆轨道、枕木、平车、卷扬机及索具;安装、就位、固定;调制环氧树脂等。

单位:10m³

定　额　编　号			7-4-440	7-4-441	7-4-442
项　　　目			水上安装 I 型梁		
			扒杆		
			L≤10m	L≤20m	L≤30m
基　　价　（元）			**2584.77**	**2915.19**	**3039.98**
其 中	人　工　费　（元）		718.88	793.80	808.65
	材　料　费　（元）		149.58	251.96	253.68
	机　械　费　（元）		1716.31	1869.43	1977.65
名　　　称	单位	单价（元）	数		量
人工 综合工日	工日	75.00	9.585	10.584	10.782
材 料	二等圆木 综合	m³	1300.00	0.005	0.002	0.002
	枋木（枕木木道）	m³	1600.00	0.027	0.029	0.029
	二等硬木板方材 综合	m³	1900.00	0.002	0.005	0.005
	扒钉	kg	6.00	3.564	3.635	3.635
	圆钉 2.1×45	kg	4.32	0.009	0.009	0.009
	钢丝绳 股丝(6~7)×19 φ=8.1~9	kg	7.30	9.600	21.675	21.910
	棕绳	kg	9.10	0.503	1.471	1.471
机 械	履带式电动起重机 5t	台班	217.79	0.128	0.255	0.340
	电动卷扬机（双筒快速）10kN	台班	173.84	3.468	3.468	3.298
	电动卷扬机（单筒快速）10kN	台班	129.21	6.945	6.945	6.605
	木驳船 30t	吨·天	3.00	62.730	—	—
	木驳船 50t	吨·天	3.00	—	104.550	—
	木驳船 80t	吨·天	3.00	—	—	158.950

工作内容:安拆地锚,竖、拆及移动扒杆。搭、拆木垛;组装、拆卸船排;打、拔缆风桩;组装、拆卸万能杆件、装、卸、运、移动;
安拆轨道、枕木、平车、卷扬机及索具;安装、就位、固定;调制环氧树脂等。

单位:10m³

定　额　编　号			7-4-443	7-4-444	7-4-445	7-4-446	7-4-447
项　　　　目			陆上安装槽型梁			水上安装槽型梁	
			扒杆 $L \leqslant 30m$	起重机 $L \leqslant 30m$	起重机 $L > 30m$	扒杆 $L \leqslant 30m$	扒杆 $L > 30m$
基　　　价　（元）			**1705.31**	**1523.60**	**2721.08**	**2264.66**	**3881.60**
其中	人　工　费　（元）		741.83	145.80	126.23	733.05	1019.25
	材　料　费　（元）		243.33	–	–	253.68	318.63
	机　械　费　（元）		720.15	1377.80	2594.85	1277.93	2543.72
名　　　称	单位	单价(元)	数			量	
人工 综合工日	工日	75.00	9.891	1.944	1.683	9.774	13.590
材料 二等圆木 综合	m³	1300.00	0.008	–	–	0.002	0.008
枋木（枕木木道）	m³	1600.00	0.030	–	–	0.029	0.035
二等硬木板方材 综合	m³	1900.00	0.005	–	–	0.005	0.005
圆钉 2.1×45	kg	4.32	0.008	–	–	0.009	0.008
扒钉	kg	6.00	0.345	–	–	3.635	4.003
钢丝绳 股丝(6~7)×19 ϕ=8.1~9	kg	7.30	21.910	–	–	21.910	29.916
棕绳	kg	9.10	1.471	–	–	1.471	0.032
机械 履带式电动起重机 5t	台班	217.79	–	–	–	0.425	0.604
电动卷扬机（双筒快速）10kN	台班	173.84	1.666	–	–	2.627	3.341
电动卷扬机（单筒快速）10kN	台班	129.21	3.332	–	–	2.703	6.690
汽车式起重机 75t	台班	5403.15	–	0.255	–	–	–
汽车式起重机 150t	台班	11741.41	–	–	0.221	–	–
木驳船 80t	吨·天	3.00	–	–	–	126.480	322.320

工作内容: 安拆地锚、竖、拆及移动扒杆。搭、拆木垛;组装、拆卸船排;打、拔缆风桩;组装、拆卸万能杆件、装、卸、运、移动;
安拆轨道、枕木、平车、卷扬机及索具;安装、就位、固定;调制环氧树脂等。

单位:10m³

定 额 编 号			7-4-448	7-4-449	7-4-450
项 目			安装预应力桁架梁		安装预应力桁杆架梁
			陆上拔杆	陆上起重机	水上拔杆
基 价 (元)			**5865.74**	**6943.57**	**7546.35**
其中	人 工 费 (元)		2350.35	1227.15	2440.80
	材 料 费 (元)		207.84	15.82	283.31
	机 械 费 (元)		3307.55	5700.60	4822.24
名 称	单位	单价(元)	数		量
人工 综合工日	工日	75.00	31.338	16.362	32.544
材料 水泥砂浆 1:2	m³	243.72	0.010	0.010	0.010
二等圆木 综合	m³	1300.00	0.017	–	0.017
枋木(枕木木道)	m³	1600.00	0.005	–	0.029
二等硬木板方材 综合	m³	1900.00	0.003	–	0.003
螺栓	kg	8.90	0.074	–	0.074
扒钉	kg	6.00	0.264	–	3.830
钢丝绳 股丝(6~7)×19 φ=8.1~9	kg	7.30	21.092	–	23.240
棕绳	kg	9.10	1.471	1.471	1.471
机械 电动卷扬机(双筒快速)10kN	台班	173.84	7.667	–	11.509
电动卷扬机(单筒快速)10kN	台班	129.21	15.283	–	15.343
履带式电动起重机 5t	台班	217.79	–	–	0.340
汽车式起重机 32t	台班	1360.20	–	4.191	–
木驳船 30t	吨·天	3.00	–	–	255.000

工作内容: 安拆地锚,竖、拆及移动扒杆。搭、拆木垛;组装、拆卸船排;打、拔缆风桩;组装、拆卸万能杆件、装、卸、运、移动;
安拆轨道、枕木、平车、卷扬机及索具;安装、就位、固定;调制环氧树脂等。

单位:10m³

定　额　编　号			7-4-451	7-4-452	7-4-453
项　　　　目			箱形块	简支梁	环氧树脂接缝
			万能杆件		10m²
基　　　价　（元）			**6996.20**	**6849.67**	**1994.53**
其中	人　工　费　（元）		5524.20	5476.28	573.75
	材　料　费　（元）		919.89	919.89	1094.22
	机　械　费　（元）		552.11	453.50	326.56
名　　　　　　　称	单位	单价(元)	数		量
人工 综合工日	工日	75.00	73.656	73.017	7.650
材料	枋木（枕木木道）	m³	1600.00	0.068	0.068	–
	型钢综合	kg	4.00	189.000	189.000	–
	钢轨 38kg/m	kg	5.30	6.000	6.000	–
	接头夹板 18~43kg/m	kg	7.50	2.670	2.670	–
	铁件	kg	5.30	0.301	0.301	–
	环氧树脂（各种规格）	kg	28.60	–	–	38.250
	安全网	m²	9.00	–	–	0.030
	棕绳	kg	9.10	0.184	0.184	–
机械	电动卷扬机(双筒慢速) 30kN	台班	146.41	1.139	0.867	–
	电动卷扬机(双筒快速) 10kN	台班	173.84	0.570	0.434	0.434
	电动卷扬机(单筒快速) 10kN	台班	129.21	1.139	0.867	0.867
	轨道平车 10t	台班	199.55	0.697	0.697	0.697

5. 安装双曲拱构件

工作内容: 安拆地锚,竖、拆及移动扒杆。起吊设备就位。整修构件。起吊,拼装,定位。座浆,固定。混凝土及砂浆配、拌、运料,填塞,捣固,抹缝,养生等。

单位:10m³

定 额 编 号			7-4-454	7-4-455	7-4-456	7-4-457
项 目			扒杆安装			人力安装拱波
			拱肋	腹拱圈	横隔板系梁	
基 价 (元)			**6212.81**	**3105.11**	**2969.08**	**4103.00**
其中	人 工 费 (元)		3858.98	2332.80	2081.03	3893.40
	材 料 费 (元)		123.51	139.76	69.08	209.60
	机 械 费 (元)		2230.32	632.55	818.97	—
名 称	单位	单价(元)	数		量	
人工 综合工日	工日	75.00	51.453	31.104	27.747	51.912
材料 水泥砂浆 1:2	m³	243.72	0.320	0.480	0.190	0.860
二等圆木 综合	m³	1300.00	0.008	0.004	0.004	—
枋木(枕木木道)	m³	1600.00	0.002	0.001	0.001	—
二等硬木板方材 综合	m³	1900.00	0.002	0.001	0.001	—
铁件	kg	5.30	0.324	0.162	0.162	—
扒钉	kg	6.00	0.161	0.081	0.081	—
钢丝绳 股丝(6~7)×19 φ=8.1~9	kg	7.30	3.067	1.534	1.534	—
棕绳	kg	9.10	0.335	0.168	0.168	—
机械 电动卷扬机(双筒慢速)30kN	台班	146.41	8.092	2.295	2.023	—
电动卷扬机(单筒快速)10kN	台班	129.21	8.092	2.295	4.046	—

6. 安装桁架拱构件

工作内容:安拆地锚,竖、拆及移动扒杆。整修构件。起吊,安装,就位,校正,固定。座浆,填塞等。

单位:10m³

定 额 编 号				7-4-458	7-4-459
项 目				扒杆安装	
				拱片	横向联系构件
基 价 (元)				**3408.72**	**2763.25**
其中	人 工 费 (元)			1992.60	1665.90
	材 料 费 (元)			205.44	46.37
	机 械 费 (元)			1210.68	1050.98
名 称		单位	单价(元)	数 量	
人工	综合工日	工日	75.00	26.568	22.212
材料	二等圆木 综合	m³	1300.00	0.017	0.008
	枋木(枕木木道)	m³	1600.00	0.005	0.002
	二等硬木板方材 综合	m³	1900.00	0.003	0.002
	铁件	kg	5.30	—	0.324
	螺栓	kg	8.90	0.074	—
	扒钉	kg	6.00	0.264	0.162
	钢丝绳 股丝(6~7)×19 φ=8.1~9	kg	7.30	21.097	2.973
	棕绳	kg	9.10	1.471	0.503
机械	电动卷扬机(双筒快速)10kN	台班	173.84	3.995	3.468
	电动卷扬机(单筒快速)10kN	台班	129.21	3.995	3.468

7. 安装板拱

工作内容: 安拆地锚,竖、拆及移动扒杆。整修构件。起吊,安装,就位,校正,固定。座浆,填塞,养生等。

单位:10m³

	定 额 编 号			7-4-460	7-4-461
	项 目			扒杆安装	起重机安装
	基 价 (元)			**3340.67**	**4252.02**
其	人 工 费 (元)			2116.80	1014.53
	材 料 费 (元)			139.25	34.12
中	机 械 费 (元)			1084.62	3203.37
	名 称	单位	单价(元)	数	量
人工	综合工日	工日	75.00	28.224	13.527
材	水泥砂浆 1:2	m³	243.72	0.140	0.140
	二等圆木 综合	m³	1300.00	0.009	-
	枋木(枕木木道)	m³	1600.00	0.003	-
	二等硬木板方材 综合	m³	1900.00	0.002	-
	螺栓	kg	8.90	0.037	-
	扒钉	kg	6.00	0.132	-
料	钢丝绳 股丝(6~7)×19 φ=8.1~9	kg	7.30	10.549	-
	棕绳	kg	9.10	0.736	-
机	电动卷扬机(双筒快速)10kN	台班	173.84	3.579	-
	电动卷扬机(单筒快速)10kN	台班	129.21	3.579	-
械	汽车式起重机40t	台班	1811.86	-	1.768

8. 安装小型构件

工作内容:起重设备就位。整修构件。起吊,安装,就位,校正,固定。砂浆及混凝土配、拌、运、捣固、焊接等。 单位:10m³

定 额 编 号				7-4-462	7-4-463	7-4-464	7-4-465	7-4-466
项 目				端柱、灯柱	人行道板	缘石	锚锭板	栏杆
基 价 (元)				**2725.44**	**1077.30**	**1164.38**	**957.75**	**2372.04**
其中	人 工 费 (元)			1345.28	1077.30	1164.38	837.00	1478.25
	材 料 费 (元)			426.66	–	–	–	281.98
	机 械 费 (元)			953.50	–	–	120.75	611.81
名 称		单位	单价(元)	数		量		
人工	综合工日	工日	75.00	17.937	14.364	15.525	11.160	19.710
材料	二等硬木板方材 综合	m³	1900.00	0.002	–	–	–	0.037
	电焊条 结422 φ2.5	kg	5.04	83.900	–	–	–	42.000
机械	汽车式起重机 5t	台班	546.38	0.136	–	–	0.221	0.315
	交流弧焊机 30kV·A	台班	216.39	4.063	–	–	–	2.032

9. 安装管型构件

工作内容: 钢管栏杆:选料、切口、挖孔、切割;安装、焊接、校正固定等(不包括混凝土捣脚)。钢管扶手:切割钢管、钢板;
钢管挖眼、调直;安装、焊接等。

单位:见表

定 额 编 号					7-4-467	7-4-468
项 目					钢管栏杆	防撞护栏钢管扶手
单 位					100m	t
基 价 (元)					**11180.94**	**6250.73**
其中	人 工 费 (元)				2679.08	1188.00
	材 料 费 (元)				7414.72	4602.90
	机 械 费 (元)				1087.14	459.83
名 称		单位	单价(元)		数 量	
人工	综合工日	工日	75.00		35.721	15.840
材料	焊接钢管综合	t	4420.00		1.536	0.868
	热轧中厚钢板 $\delta = 18 \sim 25$	kg	3.70		58.580	192.000
	光圆钢筋 $\phi 10 \sim 14$	kg	3.90		38.000	–
	氧气	m³	3.60		9.530	–
	乙炔气	m³	25.20		3.180	–
	电焊条 结 422 $\phi 2.5$	kg	5.04		29.010	11.100
机械	交流弧焊机 30kV·A	台班	216.39		5.024	2.125

注: 采用其他型钢时可以换算。

10. 安装支座

工作内容: 安装、定位、固定、焊接等。

单位:t

定 额 编 号				7-4-469	7-4-470	7-4-471
项 目				辊轴钢支座	切线支座	摆式支座
基 价 （元）				**6799.34**	**10363.40**	**9160.22**
其中	人 工 费 （元）			1107.00	2723.63	2271.38
	材 料 费 （元）			5657.28	5528.24	5809.05
	机 械 费 （元）			35.06	2111.53	1079.79
名 称		单位	单价（元）	数		量
人工	综合工日	工日	75.00	14.760	36.315	30.285
材料	辊轴钢支座	t	5200.00	1.000	—	—
	切线支座	t	4540.00	—	1.000	—
	摆式支座	t	5200.00	—	—	1.000
	光圆钢筋 φ10～14	kg	3.90	37.000	207.000	132.000
	型钢综合	kg	4.00	60.000	—	—
	电焊条 结422 φ2.5	kg	5.04	0.600	35.900	18.700
	铁件	kg	5.30	13.200	—	—
机械	交流弧焊机 30kV·A	台班	216.39	0.162	9.758	4.990

工作内容:安装、定位、固定、焊接等。

定 额 编 号			7-4-472	7-4-473	7-4-474
项 目			板式橡胶支座	四氟板式支座	油毛毡支座
单 位			100cm³		10m²
基 价 （元）			**158.65**	**127.75**	**108.29**
其中	人 工 费 （元）		1.35	1.35	49.95
	材 料 费 （元）		157.30	126.40	58.34
	机 械 费 （元）		–	–	–
名 称	单位	单价（元）	数		量
人工 综合工日	工日	75.00	0.018	0.018	0.666
材 料 板式橡胶支座	100cm³	157.30	1.000	–	–
四氟板式橡胶支座	100cm³	120.00	–	1.000	–
油毛毡	m²	2.86	–	–	20.400
热轧中厚钢板 δ = 10 ~ 16	kg	3.70	–	1.100	–
不锈钢板201 各种规格	kg	17.50	–	0.100	–
电焊条 结 422 φ2.5	kg	5.04	–	0.010	–
铁件	kg	5.30	–	0.100	–

工作内容：安装、定位、固定、焊接等。
单位：个

定 额 编 号			7-4-475	7-4-476	7-4-477
项 目			钢盆式橡胶组合支座		
			3000kN 以内	4000kN 以内	5000kN 以内
基 价 （元）			**1318.79**	**1656.69**	**2161.52**
其 中	人 工 费 （元）		352.35	502.88	797.85
	材 料 费 （元）		755.92	927.11	1120.54
	机 械 费 （元）		210.52	226.70	243.13
名 称	单位	单价（元）	数		量
人工 综合工日	工日	75.00	4.698	6.705	10.638
材 料	钢盆式橡胶支座 3000kN 以内	个	180.00	1.000	–	–
	钢盆式橡胶支座 4000kN 以内	个	180.00	–	1.000	–
	钢盆式橡胶支座 5000kN 以内	个	180.00	–	–	1.000
	现浇混凝土 C40-15（碎石）	m³	259.76	0.360	0.490	0.640
	光圆钢筋 φ10~14	kg	3.90	45.000	58.000	73.000
	型钢综合	kg	4.00	1.000	1.000	1.000
	热轧中厚钢板 δ=10~16	kg	3.70	77.000	100.000	124.000
	电焊条 结 422 φ2.5	kg	5.04	1.800	1.900	2.100
	组合钢模板	kg	5.10	1.000	1.000	2.000
	铁件	kg	5.30	0.500	0.600	0.800
	镀锌铁丝 18~22 号	kg	5.90	0.200	0.300	0.300
机 械	双锥反转出料混凝土搅拌机 350L	台班	182.67	0.034	0.043	0.060
	汽车式起重机 20t	台班	1205.93	0.119	0.128	0.136
	交流弧焊机 30kV·A	台班	216.39	0.281	0.298	0.315

工作内容: 安装、定位、固定、焊接等。

单位:个

定　额　编　号				7-4-478	7-4-479	7-4-480
项　　　　　目				钢盆式橡胶组合支座		
				7000kN 以内	10000kN 以内	15000kN 以内
基　　　价　（元）				**2550.85**	**3770.62**	**5656.08**
其 中	人　工　费　（元）			1194.08	1890.00	3111.75
	材　料　费　（元）			1092.81	1428.69	2049.81
	机　械　费　（元）			263.96	451.93	494.52
名　　　　称		单位	单价(元)	数		量
人工	综合工日	工日	75.00	15.921	25.200	41.490
材 料	钢盆式橡胶支座 7000kN 以内	个	180.00	1.000	—	—
	钢盆式橡胶支座 10000kN 以内	个	180.00	—	1.000	—
	钢盆式橡胶支座 15000kN 以内	个	180.00	—	—	1.000
	现浇混凝土 C40 - 15（碎石）	m³	259.76	0.960	1.240	1.760
	光圆钢筋 φ10～14	kg	3.90	0.103	0.131	0.182
	型钢综合	kg	4.00	1.000	1.000	1.000
	热轧中厚钢板 δ=10～16	kg	3.70	170.000	239.000	369.000
	电焊条 结 422 φ2.5	kg	5.04	2.300	2.600	3.000
	组合钢模板	kg	5.10	2.000	3.000	3.000
	铁件	kg	5.30	1.000	1.100	1.300
	镀锌铁丝 18～22 号	kg	5.90	0.500	0.600	0.900
机 械	双锥反转出料混凝土搅拌机 350L	台班	182.67	0.085	0.111	0.162
	汽车式起重机 20t	台班	1205.93	0.145	0.043	0.060
	交流弧焊机 30kV·A	台班	216.39	0.340	0.366	0.425
	汽车式起重机 32t	台班	1360.20	—	0.221	0.221

11. 安装泄水孔

工作内容:清孔、熬涂沥青;绑扎、安装。

单位:10m

定 额 编 号				7-4-481	7-4-482	7-4-483
项 目				钢管	铸铁管	塑料管
基 价 （元）				**886.96**	**211.83**	**261.45**
其 中	人 工 费 （元）			58.73	70.88	47.25
	材 料 费 （元）			828.23	140.95	214.20
	机 械 费 （元）			－	－	－
名 称		单位	单价（元）	数		量
人 工	综合工日	工日	75.00	0.783	0.945	0.630
材 料	焊接钢管 DN150	m	71.33	10.200	－	－
	铸铁管 φ150mm	kg	3.95	－	10.200	－
	塑料管 150	m	21.00	－	－	10.200
	石油沥青 30 号	kg	3.80	26.490	26.490	－

12. 安装伸缩缝

工作内容:焊接、安装;切割临时接头;熬涂沥青及油浸;混凝土配制、拌、运、沥青玛蹄脂嵌缝。铁皮加工,固定等。　　　　　　　　　单位:10m

定　　额　　编　　号			7-4-484	7-4-485	7-4-486	7-4-487	7-4-488	7-4-489
项　　　　　目			梳型钢板	钢板	橡胶板	毛勒	沥青麻丝	镀锌铁皮沥青玛蹄脂
基　　　价　　(元)			**1641.13**	**1177.30**	**1051.01**	**820.79**	**147.31**	**610.46**
其中	人　工　费　(元)		610.20	454.28	647.33	319.28	129.60	149.18
	材　料　费　(元)		392.58	156.51	162.62	42.24	17.71	461.28
	机　械　费　(元)		638.35	566.51	241.06	459.27	—	—
名　　　　称	单位	单价(元)	数			量		
人工	综合工日	工日	75.00	8.136	6.057	8.631	4.257	1.728	1.989
材料	梳型钢板伸缩缝	m	—	(10.000)	—	—	—	—	—
	钢板伸缩缝	m	—	—	(10.000)	—	—	—	—
	橡胶板伸缩缝	m	—	—	—	(10.000)	—	—	—
	毛勒伸缩缝	m	—	—	—	—	(10.000)	—	—
	沥青砂	m³	745.00	0.047	—	—	—	—	—
	石油沥青玛蹄脂	kg	3.80	—	—	—	—	—	92.400
	石油沥青 30 号	kg	3.80	50.000	—	—	—	1.600	—
	结构圆钢 45 号 各种规格	kg	4.80	7.000	6.000	20.000	—	—	—
	环氧树脂(各种规格)	kg	28.60	—	—	0.500	—	—	—
	镀锌铁皮	m²	21.39	—	—	—	—	—	5.150
	麻丝	kg	7.75	—	—	—	—	1.500	—
	电焊条 结 422 φ2.5	kg	5.04	26.580	25.340	10.380	8.380	—	—
机械	交流弧焊机 30kV·A	台班	216.39	2.950	2.618	1.114	0.663	—	—
	汽车式起重机 5t	台班	546.38	—	—	—	0.578	—	—

注:梳型钢板、钢板、橡胶板及毛勒板伸缩缝均按成品安装考虑,成品费另计。

13. 安装沉降缝

工作内容:截铺油毡或甘蔗板。熬涂沥青,安装整修等。

单位:10m²

定　额　编　号			7-4-490	7-4-491	7-4-492	7-4-493
项　　　　目			油毡		沥青甘蔗板	沥青木丝板
			一毡	一油		
基　　　价　　（元）			**31.20**	**92.61**	**485.29**	**587.29**
其 中	人　工　费　（元）		2.03	20.93	29.70	29.70
	材　料　费　（元）		29.17	71.68	455.59	557.59
	机　械　费　（元）		–	–	–	–
名　　　称		单位	单价（元）	数		量
人工	综合工日	工日	75.00	0.027	0.279	0.396	0.396
材 料	油毛毡	m²	2.86	10.200	–	–	–
	石油沥青30号	kg	3.80	–	18.360	96.000	96.000
	煤	kg	0.85	–	2.010	9.600	9.600
	木柴	kg	0.95	–	0.210	1.080	1.080
	甘蔗板	m²	8.00	–	–	10.200	–
	木丝板	m²	18.00	–	–	–	10.200

十三、装饰工程

1. 水泥砂浆抹面

工作内容:清理及修理基层表面,堵墙眼,湿治,砂浆配、拌,抹灰等。

单位:100m²

定　额　编　号			7-4-494	7-4-495	7-4-496	7-4-497	7-4-498
项　　　目			人行道		墙面		栏杆
			分格	压花	有嵌线	无嵌线	
基　　价　（元）			**1296.10**	**1637.65**	**1834.45**	**1658.95**	**2326.53**
其中	人　工　费　（元）		658.13	999.68	1198.80	1023.30	1690.88
	材　料　费　（元）		562.89	562.89	555.15	555.15	555.15
	机　械　费　（元）		75.08	75.08	80.50	80.50	80.50
名　　称	单位	单价（元）	数			量	
人工 综合工日	工日	75.00	8.775	13.329	15.984	13.644	22.545
材料 素水泥浆	m³	497.74	0.103	0.103	0.103	0.103	0.103
水泥砂浆 1:2	m³	243.72	2.050	2.050	1.025	1.025	1.025
水泥砂浆 1:3	m³	205.32	-	-	1.179	1.179	1.179
水	t	4.00	3.000	3.000	3.000	3.000	3.000
机械 灰浆搅拌机 200L	台班	126.18	0.595	0.595	0.638	0.638	0.638

2. 水刷石

工作内容: 清理及修理基层表面;刮底,嵌条;起线;湿治。砂浆配、拌,抹面;刷石,清场等。

单位:100m²

定 额 编 号			7-4-499	7-4-500	7-4-501	7-4-502	7-4-503
项 目			墙面、墙裙	梁、柱	拱圈	挑沿、腰线栏杆、扶手	压顶及其他
基 价 （元）			**3278.59**	**4359.94**	**5076.12**	**6372.12**	**7093.69**
其中	人 工 费 （元）		2200.50	3281.85	3998.03	5294.03	6015.60
	材 料 费 （元）		994.43	994.43	994.43	994.43	994.43
	机 械 费 （元）		83.66	83.66	83.66	83.66	83.66
名 称	单位	单价（元）	数		量		
人工 综合工日	工日	75.00	29.340	43.758	53.307	70.587	80.208
材料 素水泥浆	m³	497.74	0.103	0.103	0.103	0.103	0.103
水泥砂浆 1:2.5	m³	227.55	1.281	1.281	1.281	1.281	1.281
水泥白石子浆 1:2	m³	629.92	1.025	1.025	1.025	1.025	1.025
料 水	t	4.00	1.500	1.500	1.500	1.500	1.500
机械 灰浆搅拌机 200L	台班	126.18	0.663	0.663	0.663	0.663	0.663

3. 剁斧石

工作内容:清理及修理基层表面;刮底;嵌条;起线;湿治;砂浆配、拌、抹面,刷石,清场等。

单位:100m²

定 额 编 号			7-4-504	7-4-505	7-4-506	7-4-507	7-4-508
项 目			墙面、墙裙	梁、柱	拱圈	挑沿、腰线栏杆、扶手	压顶及其他
基 价 (元)			**5623.27**	**6741.07**	**8801.84**	**12062.09**	**15198.14**
其中	人 工 费 (元)		4832.33	5950.13	8010.90	11271.15	14407.20
	材 料 费 (元)		707.28	707.28	707.28	707.28	707.28
	机 械 费 (元)		83.66	83.66	83.66	83.66	83.66
名 称	单位	单价(元)	数				量
人工 综合工日	工日	75.00	64.431	79.335	106.812	150.282	192.096
材料 素水泥浆	m³	497.74	0.103	0.103	0.103	0.103	0.103
水泥砂浆 1:2.5	m³	227.55	1.281	1.281	1.281	1.281	1.281
水泥豆石浆	m³	341.97	1.025	1.025	1.025	1.025	1.025
水	t	4.00	3.500	3.500	3.500	3.500	3.500
机械 灰浆搅拌机 200L	台班	126.18	0.663	0.663	0.663	0.663	0.663

4. 拉毛

工作内容:清理及修理基层表面;砂浆配、拌、抹;打底抹面;分格嵌条;湿治;罩面;拉毛;清场等。

单位:100m²

定　额　编　号			7-4-509	7-4-510	7-4-511	7-4-512	7-4-513
项　　　　　目			墙面、墙裙	梁、柱	拱圈	挑沿、腰线栏杆、扶手	压顶及其他
基　　　价　（元）			**1422.98**	**1904.26**	**2509.73**	**2610.98**	**2711.56**
其中	人　工　费　（元）		943.65	1424.93	2030.40	2131.65	2232.23
	材　料　费　（元）		412.83	412.83	412.83	412.83	412.83
	机　械　费　（元）		66.50	66.50	66.50	66.50	66.50
名　　称	单位	单价(元)	数		量		
人工 综合工日	工日	75.00	12.582	18.999	27.072	28.422	29.763
材料 混合砂浆 1:0.5:1	m³	279.03	0.615	0.615	0.615	0.615	0.615
混合砂浆 1:0.5:4	m³	185.19	1.281	1.281	1.281	1.281	1.281
水	t	4.00	1.000	1.000	1.000	1.000	1.000
机械 灰浆搅拌机 200L	台班	126.18	0.527	0.527	0.527	0.527	0.527

5. 水磨石

工作内容:清理及修理基层表面;刮底;砂浆配、拌、抹面;压光;磨平;清场等。

单位:100m²

定 额 编 号			7-4-514	7-4-515	7-4-516	7-4-517	7-4-518
项 目			墙面、墙裙	梁、柱	拱圈	挑沿、腰线栏杆、扶手	压顶及其他
基 价 （元）			**8000.91**	**8681.98**	**9052.56**	**11276.68**	**11762.68**
其中	人 工 费 （元）		6448.28	7129.35	7499.93	9724.05	10210.05
	材 料 费 （元）		1442.10	1442.10	1442.10	1442.10	1442.10
	机 械 费 （元）		110.53	110.53	110.53	110.53	110.53
名 称	单位	单价（元）	数		量		
人工 综合工日	工日	75.00	85.977	95.058	99.999	129.654	136.134
材料 素水泥浆	m³	497.74	0.103	0.103	0.103	0.103	0.103
水泥砂浆 1:2.5	m³	227.55	1.640	1.640	1.640	1.640	1.640
水泥白石子浆 1:2	m³	629.92	1.435	1.435	1.435	1.435	1.435
金刚石	块	24.00	3.200	3.200	3.200	3.200	3.200
草酸	kg	4.50	1.200	1.200	1.200	1.200	1.200
石蜡	kg	5.80	4.000	4.000	4.000	4.000	4.000
108胶	kg	2.00	0.160	0.160	0.160	0.160	0.160
水	t	4.00	2.000	2.000	2.000	2.000	2.000
机械 灰浆搅拌机 200L	台班	126.18	0.876	0.876	0.876	0.876	0.876

6. 镶贴面层

工作内容: 1.清理及修理基层表面;2.刮底;3.砂浆配、拌、抹平;4.砍打及磨光块料边缘;5.镶贴修嵌缝隙;6.除污;
7.打蜡擦亮;8.材料运输及清场等。

单位:100m²

定 额 编 号			7-4-519	7-4-520	7-4-521	7-4-522	7-4-523	7-4-524
项 目			马赛克	预制水磨石板	瓷砖	大理石	缸砖	锦砖
基 价 (元)			**8927.17**	**9598.73**	**8466.69**	**29422.65**	**8199.68**	**9715.43**
其中	人 工 费 (元)		4351.73	2299.05	3535.65	2664.23	1782.00	4064.18
	材 料 费 (元)		4504.65	7226.75	4853.82	26676.91	6342.60	5574.03
	机 械 费 (元)		70.79	72.93	77.22	81.51	75.08	77.22
名 称	单位	单价(元)	数			量		
人工 综合工日	工日	75.00	58.023	30.654	47.142	35.523	23.760	54.189
材料 马赛克 陶瓷	m²	38.00	102.000	–	–	–	–	–
水磨石板	m²	60.00	–	101.000	–	–	–	–
瓷砖 150×150	千块	888.00	–	–	4.560	–	–	–
大理石 综合	m²	252.00	–	–	–	101.000	–	–
缸砖(各种规格)	m²	55.00	–	–	–	–	101.000	–
陶瓷锦砖 各种规格(彩色)	m²	47.00	–	–	–	–	–	101.000

续前

定　额　编　号			7-4-519	7-4-520	7-4-521	7-4-522	7-4-523	7-4-524
项　　　　目			马赛克	预制水磨石板	瓷砖	大理石	缸砖	锦砖
材	白水泥	kg	0.65	15.300	15.300	15.300	15.300	–
	素水泥浆	m³	497.74	0.103	–	–	–	–	0.103
	水泥砂浆 1:1	m³	306.36	0.584	–	0.892	–	–	–
	水泥砂浆 1:2.5	m³	227.55	1.333	2.120	1.333	2.358	1.456	1.404
	水泥白石子浆 1:2	m³	629.92	–	–	–	–	0.718	0.718
	镀锌铁丝 18~22 号	kg	5.90	–	79.000	–	79.000	–	–
	铁件	kg	5.30	–	34.000	–	34.000	–	–
	草酸	kg	4.50	–	1.200	–	1.200	–	–
	石蜡	kg	5.80	–	2.500	–	2.500	–	–
	煤油	kg	4.20	–	1.000	–	1.000	–	–
	乳胶	kg	5.80	14.000	–	–	–	–	–
	108 胶	kg	2.00	–	–	105.000	–	–	–
料	水	t	4.00	1.000	1.000	2.000	2.000	1.000	1.000
机械	灰浆搅拌机 200L	台班	126.18	0.561	0.578	0.612	0.646	0.595	0.612

7. 水质涂料

工作内容:1.清理基底;2.砂浆配、拌、抹面;3.抹腻子;4.涂刷;5.清场等。

单位:100m²

定 额 编 号				7-4-525	7-4-526	7-4-527	7-4-528	7-4-529
项 目				石灰浆	水泥浆	白水泥浆	106涂料	水柏油
基 价 (元)				**210.08**	**329.61**	**710.94**	**429.14**	**307.22**
其中	人 工 费 (元)			205.88	263.25	652.73	283.50	147.83
	材 料 费 (元)			4.20	66.36	58.21	145.64	159.39
	机 械 费 (元)			—	—	—	—	—
名 称		单位	单价(元)	数		量		
人工	综合工日	工日	75.00	2.745	3.510	8.703	3.780	1.971
材料	石灰浆	kg	0.18	17.850	—	—	—	—
	矿渣硅酸盐水泥32.5袋装	kg	0.39	—	40.000	—	—	—
	白水泥	kg	0.65	—	—	46.900	—	—
	涂料106型	kg	1.50	—	—	—	38.220	—
	冷底子油	kg	6.30	—	—	—	—	25.300
	工业盐	kg	1.80	0.550	—	—	—	—
	血料	kg	6.00	—	8.460	—	—	—
	108胶	kg	2.00	—	—	10.250	—	—
	色粉	kg	4.20	—	—	1.720	0.140	—
	大白粉	kg	0.19	—	—	—	21.710	—
	羧甲基纤维素	kg	20.00	—	—	—	1.380	—
	水	t	4.00	—	—	—	14.000	—

8. 油漆

工作内容:1.除锈,扫清;2.批腻子;3.刷油漆等。

单位:100m²

定 额 编 号			7-4-530	7-4-531	7-4-532
项 目			抹灰面		
			批腻子底油调和漆两遍	批腻子底油无光调和漆各一遍	批腻子乳胶漆三遍
基 价 (元)			**875.40**	**866.93**	**727.64**
其中	人 工 费 (元)		525.83	423.23	345.60
	材 料 费 (元)		349.57	443.70	382.04
	机 械 费 (元)		—	—	—
名 称	单位	单价(元)	数		量
人工 综合工日	工日	75.00	7.011	5.643	4.608
材料 石膏粉	kg	1.02	2.990	2.990	2.050
滑石粉	kg	0.40	13.860	13.860	13.860
羧甲基纤维素	kg	20.00	0.310	0.310	0.340
聚醋酸乙烯乳液	kg	4.10	1.550	1.550	1.700
溶剂油	kg	3.60	7.510	7.510	2.780
熟桐油	kg	20.00	2.180	2.180	—
大白粉	kg	0.19	—	—	1.430
乳胶漆	kg	7.90	—	—	43.260
清油	kg	8.80	1.550	1.550	—
色调和漆	kg	12.30	9.270	9.270	—
无光调和漆	kg	12.00	9.270	17.100	—
工业酒精99.5%	kg	8.20	0.020	0.020	—
砂纸	张	1.00	7.000	7.000	8.000
催干剂	kg	23.00	0.480	0.480	—
白布 0.9m	m²	8.54	0.080	0.100	0.070

工作内容:1.除锈,扫清;2.批腻子;3.刷油漆等。

单位:100m²

定　额　编　号				7-4-533	7-4-534	7-4-535
项　　　　　目				乳胶漆二遍		
				混凝土面	拉毛面	混凝土栏杆
基　　价　（元）				**488.09**	**778.25**	**1216.29**
其中	人　工　费　（元）			202.50	338.85	607.50
	材　料　费　（元）			285.59	439.40	608.79
	机　械　费　（元）			－	－	－
	名　　　称	单位	单价(元)	数		量
人工	综合工日	工日	75.00	2.700	4.518	8.100
材料	乳胶漆	kg	7.90	36.150	55.620	75.920
	砂纸	张	1.00	－	－	8.000
	白布 0.9m	m²	8.54	－	－	0.120

工作内容:1.除锈,扫清;2.批腻子;3.刷油漆等。

单位:t

定　额　编　号				7-4-536	7-4-537	7-4-538	7-4-539
项　　　　　目				金属面防锈漆一遍		金属面调和漆一遍	
				栏杆	其他金属面	栏杆	其他金属面
基　　　　价　(元)				**201.74**	**128.18**	**262.20**	**118.37**
其 中	人　工　费　(元)			63.45	29.03	191.03	67.50
	材　料　费　(元)			138.29	99.15	71.17	50.87
	机　械　费　(元)			–	–	–	–
名　　　称		单位	单价(元)	数		量	
人工	综合工日	工日	75.00	0.846	0.387	2.547	0.900
材 料	防锈漆	kg	13.65	6.500	4.670	–	–
	色调和漆	kg	12.30	–	–	1.900	1.360
	溶剂油	kg	3.60	0.700	0.500	0.210	0.150
	铁砂布0~2号	张	1.68	28.000	20.000	28.000	20.000

十四、筑、拆胎、地模

工作内容:1.平整场地;2.模板制作安装、拆除;3.混凝土配、拌、运;4.筑、浇、砌、堆;5.拆除等。

单位:见表

定 额 编 号			7-4-540	7-4-541	7-4-542	7-4-543
项 目			砖地模	混凝土地模		土胎模
				混凝土	模板	
单 位			100m²		10m²	100m²
基 价 （元）			**3488.65**	**7316.11**	**260.26**	**2386.39**
其中	人 工 费 （元）		1734.75	3231.90	256.50	1206.23
	材 料 费 （元）		1743.17	3259.20	–	1148.98
	机 械 费 （元）		10.73	825.01	3.76	31.18
名 称	单位	单价(元)	数		量	
人工 综合工日	工日	75.00	23.130	43.092	3.420	16.083
材料 水泥砂浆 M5	m³	137.68	1.445	–	–	–
水泥砂浆 1:2	m³	243.72	2.050	–	–	–
红砖 240×115×53	千块	300.00	2.852	–	–	–
草袋	条	1.90	64.000	64.000	–	–
水	t	4.00	16.850	16.800	–	–

定　额　编　号			7-4-540	7-4-541	7-4-542	7-4-543
项　　　　　　目			砖地模	混凝土地模		土胎模
				混凝土	模板	
材料	现浇混凝土 C15 – 40(砾石)	m³	167.72	–	15.230	–	–
	中砂	m³	60.00	–	5.675	–	–
	黄土	m³	10.00	–	–	–	26.810
	块石灰	m³	264.00	–	–	–	3.020
	风镐凿子	根	19.00	–	9.000	–	–
	电	kW·h	0.85	–	5.320	–	–
	塑料薄膜	m²	0.76	–	–	–	110.000
机械	灰浆搅拌机 200L	台班	126.18	0.085	–	–	–
	双锥反转出料混凝土搅拌机 350L	台班	182.67	–	0.672	–	–
	机动翻斗车 1t	台班	193.00	–	1.437	–	–
	电动空气压缩机 1m³/min	台班	146.17	–	2.907	–	–
	木工圆锯机 φ500mm	台班	27.63	–	–	0.136	–
	夯实机(电动) 20 ~ 62N·m	台班	33.64	–	–	–	0.927

十五、脚手架

工作内容: 清理场地、搭脚手架、挂安全网、拆除、堆放、材料场内运输。

单位:100m²

定 额 编 号			7-4-544	7-4-545	7-4-546	7-4-547	7-4-548	7-4-549
项 目			竹脚手架		钢管脚手架			
			双排		单排		双排	
			4m以内	8m以内	4m以内	8m以内	4m以内	8m以内
基 价 (元)			**1460.39**	**2145.16**	**630.43**	**722.95**	**838.24**	**966.94**
其中	人 工 费 (元)		518.40	565.65	415.13	429.30	565.65	570.38
	材 料 费 (元)		941.99	1579.51	215.30	293.65	272.59	396.56
	机 械 费 (元)		－	－	－	－	－	－
名 称	单位	单价(元)	数			量		
人工 综合工日	工日	75.00	6.912	7.542	5.535	5.724	7.542	7.605
材料 毛竹1.7m起围径33cm	根	29.00	15.430	30.380	－	－	－	－
脚手架钢管 φ48mm	t	4900.00	－	－	0.021	0.036	0.027	0.050
毛竹1.7m起围径27cm	根	28.00	7.550	13.880	－	－	－	－
脚手架管(扣)件	个	7.30	－	－	2.190	4.390	3.200	6.480
竹篾	百根	10.00	19.870	23.630	－	－	－	－
底座	个	48.50	－	－	0.240	0.250	0.450	0.430
竹脚手架	m²	11.87	5.080	5.150	5.110	5.110	5.980	5.980
安全网	m²	9.00	2.680	1.380	2.680	1.380	2.680	1.380

第五章　道路排水工程

说　　明

一、本章定额与第一册《土建工程》定额交叉的项目,如在排水构筑物工程中,对地面以上的土建砌筑和构件预制等项目,套用土建定额相应子目。

二、本章定额不包括挖填土方,若需用边坡、排水管或排水井挖填土石方、脚手架、降水、运输、便道、拆除等工程,可参考本册章节定额,不足部分参考第一册《土建工程》定额。

三、本章定额管径指内径尺寸,由于地区生产的管径不同,允许调整。

四、本章定额混凝土按现场拌制考虑,钢筋按普通钢筋考虑,不包括冷拉加工,如设计规定使用特种钢材或要求冷拉处理时,可以调整价格或另计加工费用。

五、本章定额中所使用模板是按钢模、木模综合计算,均不作调整。

六、本章混凝土管的长度:公称直径200～600mm以内和1800mm、2000mm按2m长计算,公称直径700～1650mm按1.48m长计算,管材长度不同时,可按插入法计算增减接口人工、材料。

七、本章管材按钢筋混凝土计算,如用无筋混凝土管时,管材定额量100m为101.5m。

八、公称直径500mm以内管道铺设均按人工下管计算,沟槽深度按3m以内计算,当沟槽深度超过3m时,人工乘以系数1.15。

九、管道铺设均考虑了沟槽边堆土影响因素,使用时不论沟槽边有无堆土,均不作调整。

十、管道接口如需内口抹缝,所需人工、材料可按实计算。

十一、管道的闭水试验用水已综合考虑在定额内,但所用人工、材料未计算,实际发生时,每试验段按基价乘以下系数:公称直径500mm以内1.015,公称直径1000mm以内1.007,公称直径1500mm以内1.006,

公称直径 2000mm 以内 1.005。

十二、本章定额给水管道,管件安装均按沟深 3m 内考虑,超过时另行计算。

十三、本章定额中(FRPP)、(HDPE)排水管每节标准管长分别为 2m、6m,当设计塑料排水管管长与定额不符时,管道铺设子目不调整。

十四、本章各种砖砌检查井、进水井系按无地下水考虑,如有地下水时,井基础增加 10cm 厚的碎石垫层,本章的垫层套用第一册《土建工程》定额相应子目。

十五、检查井内粉刷:矩形有盖板井粉刷到盖板底,雨水检查井粉刷到流槽顶上 0.2m,其余部分用 1:2 水泥砂浆勾缝,雨水口不粉刷,用 1:2 水泥砂浆勾缝。各种井需做内外全部粉刷时可套用第一册《土建工程》定额相应子目。

十六、各种井盖井座、井箅是按铸铁井盖井座、井箅计算,如用钢筋混凝土井盖井座、井箅时,应作调整。

十七、各种井预制混凝土构件系按现场就近预制计算,如为加工厂加工预制,另按实增加运输费,运输费计算办法见本册总说明。

十八、各种检查井深度在 3m 以内、均包括了砌筑简易脚手架费,井深超过 3m 时,可套用本章木制井字脚手架子目。

工程量计算规则

一、检查井深度从井底计算至井盖顶。

二、各种井按不同的井深和不同的井径分别以座计算。

三、检查井基础已包括在检查井定额内，不用单独计算。

四、管道铺设的工程量按井中至井中的中心线长度计算，在计算工程量时均应扣除各类检查井所占长度。每座检查井扣除长度按下表计算：

检查井规格	扣除长度（m）	检查井规格	扣除长度（m）	检查井规格	扣除长度（m）
φ700	0.4	φ1500	1.2	各种矩形井	1
φ1000	0.7	φ2000	1.7	各种矩形井	1.2
φ1250	0.95	φ2500	2.2	各种矩形井	1

五、管道基础垫层铺筑，按扣除检查井后实铺长度计算。

六、塑料排水管均按施工图中心线长度计算（支管长度从主管中心开始计算到支管末端交接处的中心），其管件、阀门所占长度已在管道施工损耗中综合考虑，计算工程量时均不扣除所占长度。

一、浆砌片石

工作内容:1.放样;2.安拆样架或样桩;3.选修、冲洗石料;4.配拌运砂浆;5.砌筑、养生。

单位:10m³

定 额 编 号				7-5-1	7-5-2	7-5-3
项 目				护坡	挡墙	沟槽
基 价 (元)				**2297.69**	**2626.25**	**2176.21**
其中	人 工 费 (元)			837.68	1152.90	777.60
	材 料 费 (元)			1426.70	1362.73	1365.30
	机 械 费 (元)			33.31	110.62	33.31
名 称		单位	单价(元)	数		量
人工	综合工日	工日	75.00	11.169	15.372	10.368
材料	水泥砂浆 M7.5	m³	150.88	3.670	3.670	3.670
	块石（口面石）	m³	69.00	11.530	11.530	11.530
	草袋	条	1.90	26.000	-	-
	水	t	4.00	7.000	2.000	4.000
	其他材料费	元	-	-	5.430	-
机械	灰浆搅拌机 200L	台班	126.18	0.264	0.264	0.264
	电动卷扬机（双筒慢速）30kN	台班	146.41	-	0.528	-

二、勾缝

工作内容:1.清理砌体表面;2.剔缝;3.配拌运砂浆;4.勾缝养生等。

单位:100m²

定 额 编 号				7-5-4	7-5-5	7-5-6
项　　目				浆砌块石		
				平缝	凸缝	凹缝
基　　价（元）				**669.82**	**1206.45**	**951.21**
其中	人　工　费（元）			456.98	909.90	823.50
	材　料　费（元）			207.29	287.72	124.43
	机　械　费（元）			5.55	8.83	3.28
名　　称		单位	单价（元）	数		量
人工	综合工日	工日	75.00	6.093	12.132	10.980
材料	水泥砂浆 1:2	m³	243.72	0.670	1.000	0.330
	水	t	4.00	11.000	11.000	11.000
机械	灰浆搅拌机 200L	台班	126.18	0.044	0.070	0.026

三、砖砌雨水进水井

工作内容:模板制安、拆除、混凝土搅拌、捣固、养生、调制砂浆、砌砖、抹面、勾缝,材料水平及垂直运输。 单位:座

定　额　编　号				7-5-7	7-5-8	7-5-9	7-5-10
项　　　　目				单算		双算	
				规格 680×420		规格 1440×425	
				井深(m)			
				1.5 以内	增减 0.2 以内	1.5 以内	增减 0.2 以内
基　　　价　　（元）				**694.65**	**58.09**	**1151.70**	**81.58**
其中	人　工　费　（元）			266.63	27.68	413.78	42.53
	材　料　费　（元）			420.58	30.41	725.19	39.05
	机　械　费　（元）			7.44	–	12.73	–
名　　称		单位	单价(元)	数		量	
人工	综合工日	工日	75.00	3.555	0.369	5.517	0.567
材料	现浇混凝土 C10-30(碎石)	m³	157.84	0.140	–	0.220	–
	预制混凝土 C25-30(碎石)	m³	201.25	–	–	0.020	–
	水泥砂浆 M7.5	m³	150.88	0.290	0.040	0.420	0.060
	水泥砂浆 1:2	m³	243.72	0.020	–	0.030	0.120

定 额 编 号				7-5-7	7-5-8	7-5-9	7-5-10
项 目				单算		双算	
				规格 680×420		规格 1440×425	
				井深(m)			
				1.5 以内	增减 0.2 以内	1.5 以内	增减 0.2 以内
材 料	红砖 240×115×53	千块	300.00	0.600	0.080	0.890	–
	铸铁井算	套	160.00	1.000	–	2.000	–
	光圆钢筋 φ6~9	kg	3.70	–	–	3.000	–
	木模板	m³	1389.00	0.003	–	0.005	–
	圆钉 2.1×45	kg	4.32	0.160	–	0.300	–
	铁丝 12 号	kg	3.80	0.180	–	0.310	–
	水	t	4.00	0.450	0.040	0.800	0.100
	其他材料费	元	–	2.510	0.210	5.040	0.350
机 械	滚筒式混凝土搅拌机(电动) 400L	台班	187.85	0.012	–	0.021	–
	混凝土振捣器 平板式 BL11	台班	13.76	0.012	–	0.021	–
	机动翻斗车 1t	台班	193.00	0.026	–	0.044	–

四、砖砌圆形雨水检查井

工作内容:模板制安、拆除、混凝土搅拌、捣固、养生、调制砂浆、砌砖、抹面、勾缝,材料水平及垂直运输。　　　　　　单位:座

定　额　编　号			7-5-11	7-5-12	7-5-13	7-5-14	7-5-15	7-5-16
项　　　　目			井径(井深)(m)					
			0.7(2.0)	1.0(2.5)	1.25(3.0)	1.5(3.5)	2.0(3.5)	2.5(4.0)
			适用管径(mm)					
			$D \leqslant 400$	200~600	600~800	800~1000	1000~1200	1100~1500
基　　　　价　(元)			**1219.39**	**1587.36**	**2058.31**	**2989.91**	**4560.09**	**7556.14**
其中	人　工　费　(元)		384.08	506.25	715.50	1135.35	1941.98	3283.20
	材　料　费　(元)		824.40	1062.36	1313.48	1800.37	2519.87	4086.01
	机　械　费　(元)		10.91	18.75	29.33	54.19	98.24	186.93
名　　　称	单位	单价(元)	数		量			
人工 综合工日	工日	75.00	5.121	6.750	9.540	15.138	25.893	43.776
材料 现浇混凝土 C10-30(碎石)	m³	157.84	0.140	0.260	0.470	0.710	1.320	2.650
预制混凝土 C20-20(碎石)	m³	185.45	–	–	–	0.400	0.930	1.670
水泥砂浆 M7.5	m³	150.88	0.470	0.710	0.980	1.240	1.690	3.280
水泥砂浆 1:2	m³	243.72	0.034	0.080	0.100	0.120	0.240	0.440
红砖 240×115×53	千块	300.00	0.760	1.120	1.580	1.990	2.700	5.260
铸铁井盖座	套	395.00	1.000	1.000	1.000	1.000	1.000	1.000

续前

定 额 编 号			7-5-11	7-5-12	7-5-13	7-5-14	7-5-15	7-5-16
项 目			井径(井深)(m)					
			0.7(2.0)	1.0(2.5)	1.25(3.0)	1.5(3.5)	2.0(3.5)	2.5(4.0)
			适用管径(mm)					
			$D \leq 400$	200~600	600~800	800~1000	1000~1200	1100~1500
材料	铁梯	kg	6.90	11.210	19.130	22.420	30.300	30.300	34.000
	光圆钢筋 $\phi 6 \sim 9$	kg	3.70	–	–	–	3.000	4.000	4.000
	光圆钢筋 $\phi 10 \sim 14$	kg	3.90	–	–	–	28.000	69.000	94.000
	木模板	m³	1389.00	0.008	0.011	0.016	0.030	0.050	0.063
	圆钉 2.1×45	kg	4.32	0.140	0.220	0.340	0.900	1.440	1.860
	水	t	4.00	0.630	0.990	1.460	2.650	6.540	8.310
	石油沥青 10 号	kg	3.80	0.680	1.130	1.160	1.820	1.820	2.040
	铁丝 12 号	kg	3.80	0.160	0.230	0.350	0.450	0.680	1.050
	其他材料费	元	–	5.320	6.340	8.090	11.630	16.270	26.390
机械	滚筒式混凝土搅拌机(电动) 400L	台班	187.85	0.012	0.026	0.044	0.097	0.202	0.387
	混凝土振捣器 平板式 BL11	台班	13.76	0.012	0.026	0.044	0.097	0.202	0.387
	机动翻斗车 1t	台班	193.00	0.044	0.070	0.106	0.176	0.290	0.554
	其他机械费	元	–	–	–	–	0.669	1.549	1.989

五、砖砌矩形直线雨水检查井

工作内容：模板制安、拆除、混凝土搅拌、捣固、养生、调制砂浆、砌砖、抹面、勾缝，材料水平及垂直运输。

单位：座

定 额 编 号				7-5-17	7-5-18	7-5-19	7-5-20	7-5-21
项 目				规格（mm）				
				1100×1100	1100×1200	1100×1600	1100×1700	1100×1800
				适用管径（800）	适用管径（900）	适用管径（1000）	适用管径（1100）	适用管径（1200）
				井深（3.0m以内）		井深（3.5m以内）		
基 价 （元）				**2596.09**	**2688.19**	**3308.41**	**3426.63**	**3667.15**
其中	人 工 费 （元）			964.58	1017.90	1275.08	1345.95	1462.73
	材 料 费 （元）			1586.12	1621.34	1972.16	2014.14	2129.44
	机 械 费 （元）			45.39	48.95	61.17	66.54	74.98
名 称		单位	单价（元）	数		量		
人工	综合工日	工日	75.00	12.861	13.572	17.001	17.946	19.503
材料	现浇混凝土 C10-30（碎石）	m³	157.84	0.520	0.620	0.820	0.960	1.080
	预制混凝土 C20-20（碎石）	m³	185.45	0.520	0.520	0.600	0.600	0.670
	水泥砂浆 M7.5	m³	150.88	0.850	0.870	1.160	1.080	1.230
	水泥砂浆 1:2	m³	243.72	0.120	0.130	0.140	0.160	0.180
	红砖 240×115×53	千块	300.00	1.750	1.790	2.350	2.430	2.520
	铸铁井盖座	套	395.00	1.000	1.000	1.000	1.000	1.000

续前

单位:座

定 额 编 号			7-5-17	7-5-18	7-5-19	7-5-20	7-5-21
项 目			规格(mm)				
			1100×1100	1100×1200	1100×1600	1100×1700	1100×1800
			适用管径 (800)	适用管径 (900)	适用管径 (1000)	适用管径 (1100)	适用管径 (1200)
			井深(3.0m以内)		井深(3.5m以内)		
材 料	铁梯	kg	6.90	22.420	22.420	29.900	29.900	29.900
	光圆钢筋 $\phi6 \sim 9$	kg	3.70	4.000	4.000	5.000	5.000	6.000
	光圆钢筋 $\phi10 \sim 14$	kg	3.90	21.000	21.000	27.000	27.000	30.000
	木模板	m^3	1389.00	0.034	0.035	0.037	0.037	0.045
	圆钉 2.1×45	kg	4.32	1.530	1.580	1.950	2.030	2.360
	石油沥青 10 号	kg	3.80	1.360	1.360	1.820	1.820	1.820
	水	t	4.00	2.370	2.350	3.110	3.660	3.660
	铁丝 12 号	kg	3.80	0.410	0.480	0.590	0.670	0.750
	其他材料费	元	–	8.680	8.870	10.790	11.020	11.650
机 械	滚筒式混凝土搅拌机(电动) 400L	台班	187.85	0.088	0.097	0.123	0.141	0.158
	混凝土振捣器 平板式 BL11	台班	13.76	0.088	0.097	0.123	0.141	0.158
	机动翻斗车 1t	台班	193.00	0.141	0.150	0.185	0.194	0.220
	其他机械费	元	–	0.440	0.440	0.669	0.669	0.669

工作内容:模板制安、拆除、混凝土搅拌、捣固、养生、调制砂浆、砌砖、抹面、勾缝,材料水平及垂直运输。

单位:座

定 额 编 号				7-5-22	7-5-23	7-5-24	7-5-25	7-5-26
项　　　　　　目				规格(mm)				
				1100×1950	1100×2100	1100×2252	1100×2400	1100×2600
				适用管径(1350)	适用管径(1500)	适用管径(1650)	适用管径(1800)	适用管径(2000)
				井深(3.5m以内)	井深(4.0m以内)			井深(4.5m以内)
基　　　价　　(元)				**3951.97**	**4448.65**	**4792.40**	**4955.05**	**5697.90**
其中	人　工　费　(元)			1645.65	1876.50	2077.65	2152.58	2473.88
	材　料　费　(元)			2224.23	2474.30	2606.44	2688.92	3098.05
	机　械　费　(元)			82.09	97.85	108.31	113.55	125.97
名　　　称		单位	单价(元)	数		量		
人工	综合工日	工日	75.00	21.942	25.020	27.702	28.701	32.985
材料	现浇混凝土 C10-30(碎石)	m³	157.84	1.270	1.640	1.870	2.150	2.670
	预制混凝土 C20-20(碎石)	m³	185.45	0.670	0.760	0.850	0.830	0.910
	水泥砂浆 M7.5	m³	150.88	1.280	1.430	1.500	1.550	1.840
	水泥砂浆 1:2	m³	243.72	0.270	0.270	0.320	0.290	0.300
	红砖 240×115×53	千块	300.00	2.630	2.940	3.050	3.170	3.740
	铸铁井盖座	套	395.00	1.000	1.000	1.000	1.000	1.000

定 额 编 号			7-5-22	7-5-23	7-5-24	7-5-25	7-5-26
项 目			规格(mm)				
			1100×1950	1100×2100	1100×2252	1100×2400	1100×2600
			适用管径 (1350)	适用管径 (1500)	适用管径 (1650)	适用管径 (1800)	适用管径 (2000)
			井深(3.5m 以内)	井深(4.0m 以内)			井深(4.5m 以内)
材 料	铁梯	kg	6.90	29.900	33.630	33.630	33.630	41.110
	光圆钢筋 φ6～9	kg	3.70	6.000	6.000	6.000	7.000	9.000
	光圆钢筋 φ10～14	kg	3.90	30.000	33.000	36.000	36.000	39.000
	木模板	m³	1389.00	0.045	0.055	0.060	0.060	0.070
	圆钉 2.1×45	kg	4.32	2.450	2.890	3.300	3.430	3.920
	石油沥青 10 号	kg	3.80	1.820	2.040	2.040	2.040	2.500
	水	t	4.00	3.920	4.720	5.140	5.270	6.120
	铁丝 12 号	kg	3.80	0.850	1.040	1.190	1.330	1.570
	其他材料费	元	－	12.170	13.530	14.260	14.710	16.950
机 械	滚筒式混凝土搅拌机(电动)400L	台班	187.85	0.176	0.211	0.238	0.264	0.317
	混凝土振捣器 平板式 BL11	台班	13.76	0.176	0.211	0.238	0.264	0.317
	机动翻斗车 1t	台班	193.00	0.238	0.282	0.308	0.308	0.317
	其他机械费	元	－	0.669	0.880	0.880	0.880	0.880

六、砖砌矩形一侧交汇雨水检查井

工作内容:模板制安、拆除、混凝土搅拌、捣固、养生、调制砂浆、砌砖、抹面、勾缝,材料水平及垂直运输。　　　　　　单位:座

定　额　编　号			7-5-27	7-5-28	7-5-29	7-5-30	7-5-31	7-5-32
项　　　　目			规格(mm)					
			1650×1650	2200×2200	2630×2630	3150×3150	1650×1650	2200×2200
			适用管径 (900~1000)	适用管径 (1100~1350)	适用管径 (1500~1650)	适用管径 (1000~2000)	适用管径 (900~1000)	适用管径 (1100~1350)
			井深 (3.5m以内)		井深 (4.0m以内)	井深 (4.5m以内)	井深 (3.5m以内)	
基　　　　价　　(元)			**4060.40**	**5856.17**	**9226.48**	**14342.02**	**5671.61**	**8186.56**
其中	人　工　费　(元)		1643.63	2424.60	4126.95	6227.55	2299.05	3384.45
	材　料　费　(元)		2335.83	3301.44	4857.13	7704.47	3267.65	4630.88
	机　械　费　(元)		80.94	130.13	242.40	410.00	104.91	171.23
名　　　　称	单位	单价(元)	数			量		
人工 综合工日	工日	75.00	21.915	32.328	55.026	83.034	30.654	45.126
材料 现浇混凝土 C10-30(碎石)	m³	157.84	1.180	2.180	4.280	7.880	1.430	2.590
预制混凝土 C20-20(碎石)	m³	185.45	0.730	1.120	2.000	2.590	0.730	1.180
水泥砂浆 M7.5	m³	150.88	1.320	1.910	2.740	4.940	2.360	3.450
水泥砂浆 1:2	m³	243.72	0.240	0.350	0.590	0.740	0.390	0.560
红砖 240×115×53	千块	300.00	2.690	4.070	5.680	10.330	4.970	7.290
铸铁井盖座	套	395.00	1.000	1.000	1.000	1.000	1.000	1.000

续前

定 额 编 号			7-5-27	7-5-28	7-5-29	7-5-30	7-5-31	7-5-32
项　　　　　　目			规格(mm)					
			1650×1650	2200×2200	2630×2630	3150×3150	1650×1650	2200×2200
			适用管径 (900~1000)	适用管径 (1100~1350)	适用管径 (1500~1650)	适用管径 (1000~2000)	适用管径 (900~1000)	适用管径 (1100~1350)
			井深 (3.5m以内)		井深 (4.0m以内)	井深 (4.5m以内)	井深 (3.5m以内)	
材 料	铁梯	kg	6.90	29.900	29.900	33.670	41.110	29.900	29.900
	光圆钢筋 φ6~9	kg	3.70	23.000	19.000	44.000	39.000	23.000	19.000
	光圆钢筋 φ10~14	kg	3.90	40.000	81.000	119.000	189.000	40.000	81.000
	木模板	m³	1389.00	0.042	0.069	0.131	0.160	0.042	0.060
	圆钉 2.1×45	kg	4.32	2.230	3.750	7.050	8.900	2.280	3.230
	石油沥青 10 号	kg	3.80	1.810	1.810	2.040	2.500	2.610	2.610
	水	t	4.00	4.230	6.690	10.530	18.410	5.790	8.730
	铁丝 12 号	kg	3.80	0.680	1.030	1.680	2.540	0.760	1.120
	其他材料费	元	—	12.780	18.060	26.570	42.140	17.870	25.330
机 械	滚筒式混凝土搅拌机(电动) 400L	台班	187.85	0.167	0.290	0.554	0.950	0.194	0.334
	混凝土振捣器 平板式 BL11	台班	13.76	0.167	0.290	0.554	0.933	0.194	0.334
	机动翻斗车 1t	台班	193.00	0.238	0.361	0.660	1.109	0.334	0.528
	其他机械费	元	—	1.338	1.989	3.326	4.664	1.338	1.989

七、砖砌矩形二侧交汇雨水检查井

工作内容:模板制安、拆除、混凝土搅拌、捣固、养生、调制砂浆、砌砖、抹面、勾缝,材料水平及垂直运输。 单位:座

定 额 编 号			7-5-33	7-5-34	7-5-35	7-5-36	7-5-37
项 目			规格(mm)				
			2000×1500	2200×1700	2700×2050	3300×2480	4000×2900
			适用管径(900)	适用管径(1000~1100)	适用管径(1200~1350)	适用管径(1500~1650)	适用管径(1800~2000)
			井深(3.0m以内)	井深(3.5m以内)		井深(4.0m以内)	井深(4.5m以内)
基 价 （元）			**3975.03**	**5159.31**	**7215.98**	**10126.61**	**17460.13**
其中	人 工 费 （元）		1572.08	2273.40	3188.70	4531.28	7576.20
	材 料 费 （元）		2318.65	2778.75	3842.43	5315.72	9472.52
	机 械 费 （元）		84.30	107.16	184.85	279.61	411.41
名 称	单位	单价（元）	数		量		
人工 综合工日	工日	75.00	20.961	30.312	42.516	60.417	101.016
材料 现浇混凝土 C10-30（碎石）	m³	157.84	1.140	1.670	2.720	5.000	9.310
预制混凝土 C20-20（碎石）	m³	185.45	0.820	0.930	2.000	2.350	3.250
水泥砂浆 M7.5	m³	150.88	1.310	1.590	2.070	2.900	6.260
水泥砂浆 1:2	m³	243.72	0.280	0.330	0.460	0.590	0.810
红砖 240×115×53	千块	300.00	2.730	3.240	4.310	6.030	13.130
铸铁井盖座	套	395.00	1.000	1.000	1.000	1.000	1.000

单位:座

定 额 编 号			7-5-33	7-5-34	7-5-35	7-5-36	7-5-37
项 目			规格(mm)				
			2000×1500	2200×1700	2700×2050	3300×2480	4000×2900
			适用管径 (900)	适用管径 (1000~1100)	适用管径 (1200~1350)	适用管径 (1500~1650)	适用管径 (1800~2000)
			井深(3.0m以内)	井深(3.5m以内)		井深(4.0m以内)	井深(4.5m以内)
材 料	铁梯	kg	6.90	22.420	29.900	29.900	33.630	41.110
	光圆钢筋 φ6~9	kg	3.70	15.000	16.000	39.000	34.000	54.000
	光圆钢筋 φ10~14	kg	3.90	53.000	66.000	90.000	164.000	241.000
	木模板	m³	1389.00	0.043	0.053	0.100	0.138	0.217
	圆钉 2.1×45	kg	4.32	1.890	2.770	5.370	7.400	9.570
	石油沥青 10号	kg	3.80	1.360	1.820	1.810	2.040	2.500
	水	t	4.00	0.410	5.370	8.410	10.140	21.610
	铁丝 12号	kg	3.80	0.650	0.860	1.190	1.810	2.770
	其他材料费	元	–	12.680	15.200	21.020	29.080	51.810
机 械	滚筒式混凝土搅拌机(电动)400L	台班	187.85	0.176	0.229	0.422	0.651	1.135
	混凝土振捣器 平板式 BL11	台班	13.76	0.176	0.229	0.422	0.651	1.135
	机动翻斗车 1t	台班	193.00	0.246	0.308	0.502	0.748	0.915
	其他机械费	元	–	1.338	1.549	2.886	3.995	5.984

八、砖砌60°扇形雨水检查井

工作内容:模板制安、拆除、混凝土搅拌、捣固、养生、调制砂浆、砌砖、抹面、勾缝,材料水平及垂直运输。

单位:座

定 额 编 号				7-5-38	7-5-39	7-5-40	7-5-41	7-5-42	7-5-43
项 目				适用管径(mm)					
				800~900	1000~1100	1200~1350	1500~1650	1800	2000
				井深(m)					
				3.0以内	3.5以内		4.0以内		4.5以内
基 价 (元)				**2923.45**	**3496.73**	**4125.61**	**5482.14**	**6216.81**	**8529.99**
其中	人 工 费 (元)			1130.63	1401.30	1714.50	2384.10	2740.50	3748.95
	材 料 费 (元)			1741.89	2030.54	2324.99	2966.45	3314.65	4549.25
	机 械 费 (元)			50.93	64.89	86.12	131.59	161.66	231.79
名 称		单位	单价(元)	数			量		
人工	综合工日	工日	75.00	15.075	18.684	22.860	31.788	36.540	49.986
材料	现浇混凝土 C10-30(碎石)	m³	157.84	0.640	0.940	1.390	2.430	3.010	4.440
	预制混凝土 C20-20(碎石)	m³	185.45	0.420	0.480	0.600	0.780	1.010	1.330
	水泥砂浆 M7.5	m³	150.88	1.040	1.260	1.430	1.830	1.960	2.780
	水泥砂浆 1:2	m³	243.72	0.190	0.210	0.270	0.360	0.400	0.470
	红砖 240×115×53	千块	300.00	1.810	2.190	2.460	3.130	3.340	5.000
	铸铁井盖座	套	395.00	1.000	1.000	1.000	1.000	1.000	1.000

单位:座

定 额 编 号			7-5-38	7-5-39	7-5-40	7-5-41	7-5-42	7-5-43
项 目			适用管径(mm)					
			800~900	1000~1100	1200~1350	1500~1650	1800	2000
			井深(m)					
			3.0 以内	3.5 以内		4.0 以内		4.5 以内
材 料	铁梯	kg	6.90	22.400	29.900	29.900	33.630	33.630	41.100
	光圆钢筋 φ6~9	kg	3.70	14.000	16.000	16.000	21.000	25.000	32.000
	光圆钢筋 φ10~14	kg	3.90	30.000	31.000	45.000	64.000	80.000	126.000
	木模板	m³	1389.00	0.047	0.051	0.062	0.080	0.103	0.123
	圆钉 2.1×45	kg	4.32	1.920	2.220	2.710	3.600	4.490	5.270
	石油沥青 10 号	kg	3.80	1.360	1.810	1.810	2.040	2.040	2.500
	水	t	4.00	2.490	3.110	3.980	5.690	6.700	9.410
	铁丝 12 号	kg	3.80	–	0.630	0.820	1.240	1.430	1.850
	其他材料费	元	–	9.700	11.310	15.010	19.160	23.040	31.620
机 械	滚筒式混凝土搅拌机(电动) 400L	台班	187.85	0.097	0.123	0.176	0.282	0.361	0.510
	混凝土振捣器 平板式 BL11	台班	13.76	0.097	0.123	0.176	0.282	0.361	0.510
	机动翻斗车 1t	台班	193.00	0.158	0.202	0.255	0.378	0.449	0.651
	其他机械费	元	–	0.880	1.109	1.426	1.778	2.218	3.326

九、砖砌90°扇形雨水检查井

工作内容: 模板制安、拆除、混凝土搅拌、捣固、养生、调制砂浆、砌砖、抹面、勾缝,材料水平及垂直运输。

单位:座

定 额 编 号				7-5-44	7-5-45	7-5-46	7-5-47	7-5-48	7-5-49
项 目				适用管径(mm)					
				800~900	1000~1100	1200~1350	1500~1650	1800	2000
				井深(m)					
				3.0 以内	3.5 以内		4.0 以内		4.5 以内
基 价 (元)				3499.55	4269.42	5164.68	7113.83	8364.73	11158.80
其中	人 工 费 (元)			1402.65	1763.10	2203.88	3145.50	3717.90	4921.43
	材 料 费 (元)			2032.24	2420.36	2843.23	3780.51	4414.46	5918.05
	机 械 费 (元)			64.66	85.96	117.57	187.82	232.37	319.32
名 称	单位	单价(元)		数			量		
人工	综合工日	工日	75.00	18.702	23.508	29.385	41.940	49.572	65.619
材料	现浇混凝土 C10-30(碎石)	m³	157.84	0.830	1.210	1.910	3.380	4.220	6.160
	预制混凝土 C30-20(碎石)	m³	214.75	–	–	–	–	–	1.910
	预制混凝土 C20-20(碎石)	m³	185.45	0.540	0.650	0.840	1.250	1.690	–
	水泥砂浆 M7.5	m³	150.88	1.290	1.570	1.810	2.370	2.620	4.000
	水泥砂浆 1:2	m³	243.72	0.250	0.310	0.360	0.470	0.530	0.640
	红砖 240×115×53	千块	300.00	2.220	2.680	3.070	3.990	4.380	6.630

定 额 编 号			7-5-44	7-5-45	7-5-46	7-5-47	7-5-48	7-5-49
项 目			适用管径(mm)					
			800~900	1000~1100	1200~1350	1500~1650	1800	2000
			井深(m)					
			3.0 以内	3.5 以内		4.0 以内		4.5 以内
材 料	铸铁井盖座	套	395.00	1.000	1.000	1.000	1.000	1.000	1.000
	铁梯	kg	6.90	22.400	29.900	29.900	33.630	33.630	41.100
	光圆钢筋 φ6~9	kg	3.70	14.000	16.000	21.000	27.000	34.000	37.000
	光圆钢筋 φ10~14	kg	3.90	39.000	49.000	65.000	94.000	142.000	160.000
	木模板	m³	1389.00	0.059	0.062	0.076	0.115	0.131	0.151
	圆钉 2.1×45	kg	4.32	2.270	2.730	3.320	5.000	5.680	6.420
	石油沥青 10 号	kg	3.80	1.360	1.800	1.800	2.040	2.040	2.500
	水	t	4.00	3.240	4.110	5.360	7.900	9.610	12.790
	铁丝 12 号	kg	3.80	0.540	0.730	0.970	1.460	1.700	2.190
	其他材料费	元	—	14.130	16.820	19.760	26.280	30.690	41.140
机 械	滚筒式混凝土搅拌机(电动) 400L	台班	187.85	0.123	0.167	0.246	0.414	0.528	0.713
	混凝土振捣器 平板式 BL11	台班	13.76	0.123	0.167	0.246	0.414	0.528	0.713
	机动翻斗车 1t	台班	193.00	0.202	0.264	0.343	0.528	0.634	0.889
	其他机械费	元	—	0.880	1.338	1.778	2.446	3.555	3.995

十、砖砌各种检查井井筒增减项目

工作内容：调制砂浆、砌砖、抹面、勾缝，材料水平及垂直运输。

单位：座

定　　额　　编　　号				7-5-50
项　　　　　　　　目				井径（mm）
				700
				井深（m）
				0.2
基　　　　　价　（元）				**69.00**
其 中	人　　工　　费　（元）			25.65
	材　　料　　费　（元）			43.35
	机　　械　　费　（元）			－
名　　　　　　　　称	单位	单价（元）	数　　　　　量	
人工　综合工日	工日	75.00	0.342	
材 料　水泥砂浆 M7.5	m³	150.88	0.040	
水泥砂浆 1：2	m³	243.72	0.001	
红砖 240×115×53	千块	300.00	0.070	
铁梯	kg	6.90	2.240	
石油沥青 10 号	kg	3.80	0.130	
水	t	4.00	0.030	

十一、定型混凝土管道基础

1. 平接式管道基础(90°)

工作内容:摊铺基础垫层、模板制、安、拆、搅拌混凝土、捣固、养生、材料运输。

单位:100m

定 额 编 号				7-5-51	7-5-52	7-5-53	7-5-54	7-5-55
项 目				平接式混凝土管道基础(90°)				
				管径(mm)				
				200	250	300	350	400
基 价 (元)				**2631.16**	**3096.22**	**3412.83**	**3868.26**	**4348.90**
其中	人 工 费 (元)			1360.80	1601.78	1755.68	1987.88	2230.20
	材 料 费 (元)			1157.70	1354.63	1496.20	1689.14	1900.04
	机 械 费 (元)			112.66	139.81	160.95	191.24	218.66
名 称		单位	单价(元)	数		量		
人工	综合工日	工日	75.00	18.144	21.357	23.409	26.505	29.736
材料	现浇混凝土 C10－30(碎石)	m³	157.84	3.060	3.880	4.490	5.300	6.120
	砂砾石	m³	60.00	2.650	3.260	3.770	4.280	4.900
	组合钢模板	kg	5.10	20.280	21.730	21.730	23.180	24.620

定 额 编 号			7-5-51	7-5-52	7-5-53	7-5-54	7-5-55
项 目			平接式混凝土管道基础(90°)				
			管径(mm)				
			200	250	300	350	400
材料	木模板	m³	1389.00	0.250	0.260	0.260	0.280	0.300
	圆钉 2.1×45	kg	4.32	2.780	3.000	3.000	3.180	3.300
	水	t	4.00	6.860	8.530	9.840	11.350	13.020
	组合钢支撑	kg	4.89	1.770	1.910	1.910	2.030	2.160
	零星卡具	kg	4.32	3.730	4.000	4.000	4.260	4.530
	其他材料费	元	—	0.810	0.950	10.400	1.180	1.330
机械	滚筒式混凝土搅拌机(电动)400L	台班	187.85	0.273	0.343	0.396	0.475	0.546
	混凝土振捣器 插入式	台班	12.14	0.273	0.343	0.396	0.475	0.546
	机动翻斗车 1t	台班	193.00	0.220	0.273	0.317	0.378	0.431
	夯实机(电动) 20~62N·m	台班	33.64	0.334	0.414	0.475	0.546	0.625
	其他机械费	元	—	4.365	4.594	4.594	4.928	5.262

工作内容:摊铺基础垫层、模板制、安、拆、搅拌混凝土、捣固、养生、材料运输。

单位:100m

定 额 编 号			7-5-56	7-5-57	7-5-58	7-5-59	7-5-60
项 目			平接式混凝土管道基础(90°)				
			管径(mm)				
			450	500	600	700	800
基 价 (元)			**4817.87**	**5365.84**	**6229.30**	**7965.25**	**9849.75**
其中	人 工 费 (元)		2466.45	2751.30	3119.18	3906.23	4961.25
	材 料 费 (元)		2104.40	2333.49	2741.07	3586.49	4303.99
	机 械 费 (元)		247.02	281.05	369.05	472.53	584.51
名 称	单位	单价(元)	数		量		
人工 综合工日	工日	75.00	32.886	36.684	41.589	52.083	66.150
材料 现浇混凝土 C10-30(碎石)	m³	157.84	6.940	7.960	9.790	13.670	17.030
砂砾石	m³	60.00	5.410	6.020	7.140	8.360	9.490
组合钢模板	kg	5.10	26.080	27.520	28.970	34.760	39.110
木模板	m³	1389.00	0.320	0.330	0.350	0.420	0.470
圆钉 2.1×45	kg	4.32	3.580	3.780	3.980	4.770	5.380
水	t	4.00	14.530	16.390	19.750	25.220	30.050
组合钢支撑	kg	4.89	2.280	2.410	2.540	3.050	3.430
零星卡具	kg	4.32	4.790	5.060	5.320	6.400	7.190
其他材料费	元	–	1.470	1.630	1.920	2.510	3.010
机械 滚筒式混凝土搅拌机(电动)400L	台班	187.85	0.616	0.704	0.871	1.214	1.514
混凝土振捣器 插入式	台班	12.14	0.616	0.704	0.695	1.214	1.514
机动翻斗车 1t	台班	193.00	0.493	0.563	0.906	0.968	1.206
夯实机(电动)20~62N·m	台班	33.64	0.686	0.766	0.475	1.056	1.206
其他机械费	元	–	5.597	5.826	6.160	7.392	8.395

工作内容:摊铺基础垫层、模板制、安、拆、搅拌混凝土、捣固、养生、材料运输。

单位:100m

定　额　编　号			7-5-61	7-5-62	7-5-63	7-5-64	7-5-65
项　　　　　目			平接式混凝土管道基础(90°)				
			管径(mm)				
			900	1000	1100	1200	1350
基　　价　(元)			**12232.69**	**14322.60**	**16585.48**	**19297.20**	**22705.85**
其中	人　工　费　(元)		6158.70	7213.73	8117.55	9375.75	11024.78
	材　料　费　(元)		5322.70	6212.75	7381.98	8623.92	10130.34
	机　械　费　(元)		751.29	896.12	1085.95	1297.53	1550.73
名　　称	单位	单价(元)	数			量	
人工 综合工日	工日	75.00	82.116	96.183	108.234	125.010	146.997
材料	现浇混凝土 C10-30(碎石)	m³	157.84	22.130	26.520	32.440	38.960	46.720
	砂砾石	m³	60.00	10.710	11.930	13.060	14.180	15.910
	组合钢模板	kg	5.10	43.460	47.800	53.600	57.940	63.730
	木模板	m³	1389.00	0.530	0.580	0.650	0.710	0.780
	圆钉 2.1×45	kg	4.32	5.970	6.570	7.360	7.960	8.750
	水	t	4.00	36.670	42.610	49.850	57.680	67.540
	组合钢支撑	kg	4.89	3.800	4.190	4.690	5.080	5.590
	零星卡具	kg	4.32	7.990	8.790	9.850	10.650	11.720
	其他材料费	元	—	3.720	4.350	5.160	6.030	7.090
机械	滚筒式混凝土搅拌机(电动)400L	台班	187.85	1.971	2.358	2.878	3.458	4.154
	混凝土振捣器 插入式	台班	12.14	1.971	2.358	2.878	3.458	4.154
	机动翻斗车 1t	台班	193.00	1.566	1.883	2.297	2.763	3.309
	夯实机(电动)20~62N·m	台班	33.64	1.355	1.514	1.654	1.795	2.015
	其他机械费	元	—	9.293	10.190	11.422	12.320	13.552

工作内容:摊铺基础垫层、模板制、安、拆、搅拌混凝土、捣固、养生、材料运输。

单位:100m

定 额 编 号			7-5-66	7-5-67	7-5-68	7-5-69
项 目			平接式混凝土管道基础(90°)			
			管径(mm)			
			1500	1650	1800	2000
基 价 (元)			**28953.12**	**32809.01**	**38956.77**	**48050.45**
其中	人 工 费 (元)		14063.63	15410.93	18278.33	22525.43
	材 料 费 (元)		12869.58	15001.85	17789.13	21907.37
	机 械 费 (元)		2019.91	2396.23	2889.31	3617.65
名 称	单位	单价(元)	数		量	
人工 综合工日	工日	75.00	187.515	205.479	243.711	300.339
材料	现浇混凝土 C10-30(碎石)	m³	157.84	61.400	73.030	88.430	111.180
	砂砾石	m³	60.00	17.850	19.580	21.420	23.870
	组合钢模板	kg	5.10	73.870	79.650	86.910	98.510
	木模板	m³	1389.00	0.900	0.970	1.060	1.200
	圆钉2.1×45	kg	4.32	10.150	10.940	11.930	13.790
	水	t	4.00	84.280	97.820	115.070	140.180
	组合钢支撑	kg	4.89	6.480	6.980	7.620	8.880
	零星卡具	kg	4.32	13.590	14.650	15.980	18.120
	其他材料费	元	—	9.000	10.490	12.440	15.320
机械	滚筒式混凝土搅拌机(电动) 400L	台班	187.85	5.456	6.486	7.850	9.874
	混凝土振捣器 插入式	台班	12.14	5.456	6.486	7.850	9.874
	机动翻斗车 1t	台班	193.00	4.347	5.174	6.266	7.876
	夯实机(电动) 20~62N·m	台班	33.64	2.200	2.482	2.719	3.027
	其他机械费	元	—	15.787	17.019	18.586	21.050

2. 平接式管道基础(135°)

工作内容:摊铺基础垫层、模板制、安、拆、搅拌混凝土、捣固、养生、材料运输。

单位:100m

定 额 编 号			7-5-70	7-5-71	7-5-72	7-5-73	7-5-74
项 目			平接式混凝土管道基础(135°)				
			管径(mm)				
			200	250	300	350	400
基 价 (元)			**3514.20**	**4135.04**	**4847.30**	**5486.96**	**6297.52**
其中	人 工 费 (元)		1755.00	2092.50	2430.00	2767.50	3172.50
	材 料 费 (元)		1583.25	1826.58	2160.69	2423.42	2777.02
	机 械 费 (元)		175.95	215.96	256.61	296.04	348.00
名 称	单位	单价(元)	数			量	
人工	综合工日	工日	75.00	23.400	27.900	32.400	36.900	42.300
材料	现浇混凝土 C10-30(碎石)	m³	157.84	4.900	6.020	7.340	8.470	10.000
	砂砾石	m³	60.00	3.570	4.180	4.790	5.410	6.020
	组合钢模板	kg	5.10	23.180	24.620	27.520	28.970	31.870
	木模板	m³	1389.00	0.284	0.305	0.336	0.357	0.390
	圆钉 2.1×45	kg	4.32	3.180	3.390	3.780	3.980	4.380
	水	t	4.00	9.940	11.900	14.050	16.000	18.350
	组合钢支撑	kg	4.89	2.030	2.160	2.410	2.540	2.790
	零星卡具	kg	4.32	4.260	0.530	5.060	5.320	5.850
	其他材料费	元	–	1.110	1.280	1.510	1.700	1.940
机械	滚筒式混凝土搅拌机(电动)400L	台班	187.85	0.440	0.537	0.651	0.757	0.889
	混凝土振捣器 插入式	台班	12.14	0.440	0.537	0.651	0.757	0.889
	机动翻斗车 1t	台班	193.00	0.352	0.431	0.519	0.598	0.713
	夯实机(电动)20~62N·m	台班	33.64	0.449	0.598	0.607	0.686	0.766
	其他机械费	元	–	4.910	5.262	5.826	6.160	6.829

工作内容:摊铺基础垫层、模板制、安、拆、搅拌混凝土、捣固、养生、材料运输。

单位:100m

定 额 编 号			7-5-75	7-5-76	7-5-77	7-5-78	7-5-79
项 目			平接式混凝土管道基础(135°)				
			管径(mm)				
			450	500	600	700	800
基 价 (元)			**7079.93**	**8337.36**	**10072.01**	**13037.71**	**16469.04**
其中	人 工 费 (元)		3572.78	4214.70	4920.75	6395.63	8031.83
	材 料 费 (元)		3109.19	3643.18	4531.77	5806.87	7357.08
	机 械 费 (元)		397.96	479.48	619.49	835.21	1080.13
名 称	单位	单价(元)	数			量	
人工 综合工日	工日	75.00	47.637	56.196	65.610	85.275	107.091
材料 现浇混凝土 C10-30(碎石)	m³	157.84	11.530	13.970	18.260	24.890	32.440
砂砾石	m³	60.00	6.730	7.340	8.670	10.100	11.530
组合钢模板	kg	5.10	33.320	37.560	42.010	49.250	56.490
木模板	m³	1389.00	0.410	0.460	0.515	0.599	0.690
圆钉 2.1×45	kg	4.32	4.580	5.170	5.770	6.760	7.760
水	t	4.00	20.840	24.060	30.160	23.880	47.680
组合钢支撑	kg	4.89	2.920	3.304	3.680	4.320	4.950
零星卡具	kg	4.32	6.130	6.940	7.660	9.060	10.380
其他材料费	元	—	2.170	2.550	3.170	4.060	5.150
机械 滚筒式混凝土搅拌机(电动)400L	台班	187.85	1.021	1.241	1.619	2.209	2.878
混凝土振捣器 插入式	台班	12.14	1.021	1.241	1.619	2.209	2.878
机动翻斗车 1t	台班	193.00	0.818	0.994	1.294	1.760	2.297
夯实机(电动)20~62N·m	台班	33.64	0.854	0.933	1.100	1.285	1.461
其他机械费	元	—	7.163	8.061	8.958	10.525	12.091

工作内容: 摊铺基础垫层、模板制、安、拆、搅拌混凝土、捣固、养生、材料运输。

单位:100m

定 额 编 号				7-5-80	7-5-81	7-5-82	7-5-83	7-5-84
项 目				平接式混凝土管道基础(135°)				
				管径(mm)				
				900	1000	1100	1200	1350
基 价 (元)				**20391.74**	**24383.17**	**28196.93**	**32729.88**	**39514.72**
其 中	人 工 费 (元)			9975.15	11879.33	13292.78	15421.05	18492.98
	材 料 费 (元)			9036.58	10833.40	12882.79	14930.41	18118.25
	机 械 费 (元)			1380.01	1670.44	2021.36	2378.42	2903.49
名 称		单位	单价(元)	数		量		
人工	综合工日	工日	75.00	133.002	158.391	177.237	205.614	246.573
材 料	现浇混凝土 C10－30(碎石)	m³	157.84	41.620	50.690	61.610	72.730	89.050
	砂砾石	m³	60.00	13.060	14.380	15.810	17.140	19.180
	组合钢模板	kg	5.10	63.730	71.000	78.220	85.470	94.150
	木模板	m³	1389.00	0.777	0.860	0.960	1.040	1.140
	圆钉 2.1×45	kg	4.32	8.750	9.750	10.740	11.740	155.200
	水	t	4.00	39.330	69.140	81.570	94.040	12.480
	组合钢支撑	kg	4.89	5.590	6.220	6.850	7.490	8.250
	零星卡具	kg	4.32	11.720	13.050	14.380	15.720	17.310
	其他材料费	元	－	6.320	7.580	9.010	10.440	12.670
机 械	滚筒式混凝土搅拌机(电动)400L	台班	187.85	3.696	4.506	5.474	6.459	7.920
	混凝土振捣器 插入式	台班	12.14	3.696	4.506	5.474	6.459	7.920
	机动翻斗车 1t	台班	193.00	2.948	3.590	4.365	5.157	6.310
	夯实机(电动) 20～62N·m	台班	33.64	1.734	1.822	2.006	2.174	2.429
	其他机械费	元	－	13.552	15.118	16.685	18.251	20.029

工作内容:摊铺基础垫层、模板制、安、拆、搅拌混凝土、捣固、养生、材料运输。

单位:100m

定 额 编 号			7-5-85	7-5-86	7-5-87	7-5-88
项 目			平接式混凝土管道基础(135°)			
			管径(mm)			
			1500	1650	1800	2000
基 价 (元)			**50883.64**	**58288.97**	**68627.65**	**85195.63**
其中	人 工 费 (元)		23919.30	26480.25	31227.53	38555.33
	材 料 费 (元)		23128.72	27241.34	31978.98	39663.72
	机 械 费 (元)		3835.62	4567.38	5421.14	6976.58
名 称	单位	单价(元)	数		量	
人工	综合工日	工日	75.00	318.924	353.070	416.367	514.071
材料	现浇混凝土 C10-30(碎石)	m³	157.84	118.320	141.270	168.100	212.160
	砂砾石	m³	60.00	21.730	23.770	26.010	29.070
	组合钢模板	kg	5.10	108.650	118.780	128.970	144.850
	木模板	m³	1389.00	1.320	1.449	1.580	1.760
	圆钉 2.1×45	kg	4.32	14.920	16.310	17.710	19.890
	水	t	4.00	137.060	165.990	194.160	239.510
	组合钢支撑	kg	4.89	9.520	10.400	11.290	12.690
	零星卡具	kg	4.32	19.970	21.830	23.700	26.630
	其他材料费	元	—	16.180	19.060	22.370	27.750
机械	滚筒式混凝土搅拌机(电动)400L	台班	187.85	10.507	12.549	14.925	18.841
	混凝土振捣器 插入式	台班	12.14	10.507	12.549	14.925	18.841
	机动翻斗车 1t	台班	193.00	8.386	10.006	11.906	15.822
	夯实机(电动) 20~62N·m	台班	33.64	2.754	3.010	3.300	3.687
	其他机械费	元	—	23.179	25.291	27.421	30.888

3. 平接式管道基础(180°)

工作内容:摊铺基础垫层、模板制、安、拆、搅拌混凝土、捣固、养生、材料运输。 单位:100m

定 额 编 号			7-5-89	7-5-90	7-5-91	7-5-92	7-5-93
项 目			平接式混凝土管道基础(180°)				
			管径(mm)				
			200	250	300	350	400
基 价 (元)			4577.22	5385.18	6359.44	7261.55	8199.35
其中	人 工 费 (元)		2295.00	2700.00	3172.50	3645.00	4117.50
	材 料 费 (元)		2062.83	2420.48	2855.06	3235.61	3645.32
	机 械 费 (元)		219.39	264.70	331.88	380.94	436.53
名 称	单位	单价(元)	数			量	
人工 综合工日	工日	75.00	30.600	36.000	42.300	48.600	54.900
材料 现浇混凝土 C10-30(碎石)	m³	157.84	6.220	7.550	9.590	11.020	12.650
砂砾石	m³	60.00	3.880	4.490	5.100	5.810	6.430
组合钢模板	kg	5.10	33.320	37.660	40.562	44.905	49.250
木模板	m³	1389.00	0.410	0.462	0.494	0.546	0.600
圆钉 2.1×45	kg	4.32	4.590	5.170	5.539	6.161	6.763
水	t	4.00	11.708	13.871	16.706	19.110	21.567
组合钢支撑	kg	4.89	2.917	3.305	3.550	3.937	4.315
零星卡具	kg	4.32	6.130	6.930	7.460	8.250	9.060
其他材料费	元		1.440	1.690	2.000	2.260	2.550
机械 滚筒式混凝土搅拌机(电动)400L	台班	187.85	0.554	0.669	0.854	0.977	1.126
混凝土振捣器 插入式	台班	12.14	0.554	0.669	0.854	0.977	1.126
机动翻斗车 1t	台班	193.00	0.440	0.537	0.678	0.783	0.898
夯实机(电动) 20~62N·m	台班	33.64	0.493	0.572	0.642	0.739	0.818
其他机械费	元	—	7.093	8.026	8.642	9.574	10.507

工作内容:摊铺基础垫层、模板制、安、拆、搅拌混凝土、捣固、养生、材料运输。

单位:100m

定 额 编 号			7-5-94	7-5-95	7-5-96	7-5-97	7-5-98
项 目			平接式混凝土管道基础(180°)				
			管径(mm)				
			450	500	600	700	800
基 价 (元)			**9288.12**	**10899.77**	**13339.19**	**17347.85**	**21719.90**
其中	人 工 费 (元)		4667.63	5422.28	6443.55	8360.55	10445.63
	材 料 费 (元)		4117.87	4861.41	6076.52	7897.36	9865.28
	机 械 费 (元)		502.62	616.08	819.12	1089.94	1408.99
名 称		单位	单价(元)	数		量	
人工	综合工日	工日	75.00	62.235	72.297	85.914	111.474	139.275
材料	现浇混凝土 C10-30(碎石)	m³	157.84	14.690	18.110	24.031	32.671	42.550
	砂砾石	m³	60.00	7.140	7.850	9.180	10.710	12.240
	组合钢模板	kg	5.10	52.601	59.388	66.630	79.669	91.254
	木模板	m³	1389.00	0.651	0.725	0.809	0.966	1.113
	圆钉 2.1×45	kg	4.32	7.364	8.150	9.149	10.914	12.505
	水	t	4.00	24.560	27.700	35.984	46.284	57.729
	组合钢支撑	kg	4.89	4.692	5.202	5.834	9.977	7.997
	零星卡具	kg	4.32	9.820	10.920	12.250	14.650	16.780
	其他材料费	元	—	2.880	3.400	4.250	5.520	6.900
机械	滚筒式混凝土搅拌机(电动) 400L	台班	187.85	1.302	1.610	2.182	2.904	3.775
	混凝土振捣器 插入式	台班	12.14	1.302	1.610	2.182	2.904	3.775
	机动翻斗车 1t	台班	193.00	1.038	1.285	1.707	2.314	3.018
	夯实机(电动) 20~62N·m	台班	33.64	0.906	0.994	1.162	1.355	1.549
	其他机械费	元	—	11.422	12.654	14.203	16.984	19.448

工作内容:摊铺基础垫层、模板制、安、拆、搅拌混凝土、捣固、养生、材料运输。

单位:100m

定 额 编 号				7-5-99	7-5-100	7-5-101	7-5-102	7-5-103
项 目				平接式混凝土管道基础(180°)				
				管径(mm)				
				900	1000	1100	1200	1350
基 价 (元)				**26623.31**	**31984.89**	**36659.85**	**44345.25**	**50791.89**
其中	人 工 费 (元)			12777.08	15313.73	17065.35	20598.30	23543.33
	材 料 费 (元)			12071.30	14485.50	16986.07	20506.71	23516.05
	机 械 费 (元)			1774.93	2185.66	2608.43	3240.24	3732.51
名 称		单位	单价(元)	数		量		
人工	综合工日	工日	75.00	170.361	204.183	227.538	274.644	313.911
材料	现浇混凝土 C10-30(碎石)	m³	157.84	53.897	66.688	79.907	99.674	114.964
	砂砾石	m³	60.00	13.770	15.300	16.730	18.050	20.200
	组合钢模板	kg	5.10	102.838	112.989	124.573	136.158	150.652
	木模板	m³	1389.00	1.250	1.376	1.512	1.659	1.838
	圆钉 2.1×45	kg	4.32	14.127	15.514	17.105	18.700	20.686
	水	t	4.00	70.518	84.651	99.036	107.688	136.700
	组合钢支撑	kg	4.89	9.007	9.904	10.914	11.934	13.200
	零星卡具	kg	4.32	18.910	20.780	22.910	25.040	27.700
	其他材料费	元	—	8.440	10.130	11.880	14.340	16.450
机械	滚筒式混凝土搅拌机(电动)400L	台班	187.85	4.787	5.922	7.093	8.853	10.208
	混凝土振捣器 插入式	台班	12.14	4.787	5.922	7.093	8.853	10.208
	机动翻斗车 1t	台班	193.00	3.819	4.726	5.658	7.066	8.149
	夯实机(电动) 20~62N·m	台班	33.64	1.742	1.936	2.121	2.288	2.561
	其他机械费	元	—	21.912	24.077	26.558	29.022	32.102

工作内容:摊铺基础垫层、模板制、安、拆、搅拌混凝土、捣固、养生、材料运输。

单位:100m

定 额 编 号				7-5-104	7-5-105	7-5-106	7-5-107
项 目				平接式混凝土管道基础(180°)			
				管径(mm)			
				1500	1650	1800	2000
基 价 (元)				**65395.12**	**75177.55**	**88276.41**	**109108.91**
其中	人 工 费 (元)			30223.80	33735.15	39872.25	49170.38
	材 料 费 (元)			30249.25	35572.47	41487.34	51257.76
	机 械 费 (元)			4922.07	5869.93	6916.82	8680.77
名 称		单位	单价(元)	数			量
人工	综合工日	工日	75.00	402.984	449.802	531.630	655.605
材料	现浇混凝土 C10–30(碎石)	m³	157.84	152.317	182.070	214.900	270.400
	砂砾石	m³	60.00	22.950	25.090	27.540	30.800
	组合钢模板	kg	5.10	172.377	188.315	205.697	230.320
	木模板	m³	1389.00	2.099	2.289	2.510	2.804
	圆钉 2.1×45	kg	4.32	23.674	25.867	28.254	31.620
	水	t	4.00	175.424	206.210	244.272	301.592
	组合钢支撑	kg	4.89	15.106	16.504	18.023	20.176
	零星卡具	kg	4.32	31.690	34.060	37.820	42.350
	其他材料费	元	–	21.160	24.880	29.020	35.860
机械	滚筒式混凝土搅拌机(电动) 400L	台班	187.85	13.526	16.166	19.087	24.015
	混凝土振捣器 插入式	台班	12.14	13.526	16.166	19.087	24.015
	机动翻斗车 1t	台班	193.00	10.789	12.901	15.224	19.158
	夯实机(电动) 20~62N·m	台班	33.64	2.913	3.177	3.494	3.907
	其他机械费	元	–	36.731	40.128	43.842	49.086

十二、混凝土管道铺设

1. 水泥砂浆接口(90°)

工作内容:下管,接管,调直,调制接口材料,管口打磨面,接口,养生,材料运输。

单位:100m

定 额 编 号			7-5-108	7-5-109	7-5-110	7-5-111	7-5-112	7-5-113
项 目			水泥砂浆接口(用于基础90°)					
			管径(mm)					
			200	250	300	350	400	450
基 价 (元)			**5154.25**	**5745.97**	**6425.17**	**6816.81**	**7240.31**	**8529.45**
其中	人 工 费 (元)		959.18	1134.00	1297.35	1466.10	1466.78	1825.88
	材 料 费 (元)		4195.07	4611.97	5127.82	5350.71	5773.53	6703.57
	机 械 费 (元)		—	—	—	—	—	—
名 称	单位	单价(元)	数			量		
人工 综合工日	工日	75.00	12.789	15.120	17.298	19.548	19.557	24.345
材料 水泥砂浆 1:2.5	m³	227.55	0.130	0.160	0.180	0.210	0.230	0.260
钢筋混凝土管(平口) 200×30×2000	m	41.00	101.000	—	—	—	—	—
钢筋混凝土管(平口) 250×30×2000	m	45.00	—	101.000	—	—	—	—
钢筋混凝土管(平口) 300×30×2000	m	50.00	—	—	101.000	—	—	—
钢筋混凝土管(平口) 350×30×2000	m	52.00	—	—	—	101.000	—	—
钢筋混凝土管(平口) 400×40×2000	m	56.00	—	—	—	—	101.000	—
钢筋混凝土管(平口) 450×40×2000	m	65.00	—	—	—	—	—	101.000
水	t	4.00	6.050	7.560	9.060	12.570	16.080	19.600
其他材料费	元	—	0.290	0.320	0.620	0.640	0.870	1.010

工作内容: 下管,接管,调直,调制接口材料,管口打磨面,接口,养生,材料运输。

单位:100m

定 额 编 号			7-5-114	7-5-115	7-5-116	7-5-117	7-5-118	7-5-119
项 目			水泥砂浆接口(用于基础90°)					
			管径(mm)					
			500	600	700	800	900	1000
基 价 (元)			**10773.36**	**12298.53**	**17132.05**	**22374.94**	**25178.03**	**30615.45**
其中	人 工 费 (元)		1826.55	1680.08	1939.95	2184.30	2633.85	3131.33
	材 料 费 (元)		8946.81	10103.76	14610.21	19507.66	21716.96	26445.45
	机 械 费 (元)		–	514.69	581.89	682.98	827.22	1038.67
名 称	单位	单价(元)	数			量		
人工 综合工日	工日	75.00	24.354	22.401	25.866	29.124	35.118	41.751
材料 水泥砂浆1:2.5	m³	227.55	0.290	0.350	0.410	0.430	0.570	0.630
钢筋混凝土管(平口)500×42×2000	m	87.00	101.000	–	–	–	–	–
钢筋混凝土管(平口)600×50×2000	m	98.00	–	101.000	–	–	–	–
钢筋混凝土管(平口)700×55×2000	m	142.00	–	–	101.000	–	–	–
钢筋混凝土管(平口)800×65×2000	m	190.00	–	–	–	101.000	–	–
钢筋混凝土管(平口)900×70×2000	m	211.00	–	–	–	–	101.000	–
钢筋混凝土管(平口)1000×75×2000	m	257.00	–	–	–	–	–	101.000
水	t	4.00	23.120	31.150	43.180	54.220	68.250	85.280
其他材料费	元	–	1.340	1.520	2.190	2.930	3.260	3.970
机械 汽车式起重机5t	台班	546.38	–	0.942	1.065	1.250	1.514	1.901

工作内容: 下管,接管,调直,调制接口材料,管口打磨面,接口,养生,材料运输。

单位:100m

定　额　编　号				7-5-120	7-5-121	7-5-122	7-5-123
项　　　目				水泥砂浆接口(用于基础90°)			
				管径(mm)			
				1100	1200	1350	1550
基　　价　　(元)				**43500.60**	**53627.38**	**80889.75**	**121231.95**
其中	人　工　费　(元)			3925.13	3925.80	4608.90	6648.75
	材　料　费　(元)			38479.43	48170.20	74614.75	112641.85
	机　械　费　(元)			1096.04	1531.38	1666.10	1941.35
名　　称		单位	单价(元)	数		量	
人工	综合工日	工日	75.00	52.335	52.344	61.452	88.650
材料	水泥砂浆 1:2.5	m³	227.55	0.850	0.930	1.160	1.240
	钢筋混凝土管(企口)Ⅰ级 1100×92×3020	m	375.00	101.000	–	–	–
	钢筋混凝土管(企口)Ⅰ级 1200×100×3016	m	470.00	–	101.000	–	–
	钢筋混凝土管(企口)Ⅰ级 1350×142×3010	m	730.00	–	–	101.000	–
	钢筋混凝土管(企口)Ⅰ级 1550×160×3090	m	1105.00	–	–	–	101.000
	水	t	4.00	101.310	120.340	152.400	184.450
	其他材料费	元	–	5.770	7.220	11.190	16.890
机械	汽车式起重机 5t	台班	546.38	2.006	–	–	–
	汽车式起重机 8t	台班	728.19	–	2.103	2.288	2.666

工作内容: 下管,接管,调直,调制接口材料,管口打磨面,接口,养生,材料运输。

单位:100m

定 额 编 号					7-5-124	7-5-125	7-5-126
项 目					水泥砂浆接口(用于基础90°)		
					管径(mm)		
					1600	1800	2000
基 价 (元)					**110815.52**	**138723.82**	**163762.82**
其中	人 工 费 (元)				7368.30	7393.95	7997.40
	材 料 费 (元)				101210.95	127650.67	151718.69
	机 械 费 (元)				2236.27	3679.20	4046.73
名 称		单位	单价(元)		数		量
人工	综合工日	工日	75.00		98.244	98.586	106.632
材料	水泥砂浆 1:2.5	m³	227.55		1.400	1.580	1.820
	钢筋混凝土管(企口)Ⅰ级 1600×135×3090	m	990.00		101.000	-	-
	钢筋混凝土管(企口)Ⅰ级 1800×150×3090	m	1250.00		-	101.000	-
	钢筋混凝土管(企口)Ⅰ级 2000×165×3085	m	1485.00		-	-	101.000
	水	t	4.00		221.800	255.500	324.200
	其他材料费	元	-		15.180	19.140	22.750
机械	汽车式起重机 8t	台班	728.19		3.071	-	-
	汽车式起重机 16t	台班	1071.52		-	3.203	3.546
	叉式起重机 6t	台班	561.63		-	0.440	0.440

2. 水泥砂浆接口(135°)

工作内容:下管,接管,调直,调制接口材料,管口打磨面,接口,养生,材料运输。

单位:100m

定　额　编　号				7-5-127	7-5-128	7-5-129	7-5-130	7-5-131	7-5-132
项　　　　目				水泥砂浆接口(用于基础135°)					
				管径(mm)					
				200	250	300	350	400	450
基　　　价　　　(元)				**4889.15**	**5572.67**	**6351.76**	**6735.73**	**7158.54**	**8439.34**
其中	人　工　费　(元)			698.63	965.25	1228.50	1391.85	1391.85	1744.88
	材　料　费　(元)			4190.52	4607.42	5123.26	5343.88	5766.69	6694.46
	机　械　费　(元)			－	－	－	－	－	－
	名　　　称	单位	单价(元)	数					量
人工	综合工日	工日	75.00	9.315	12.870	16.380	18.558	18.558	23.265
材料	水泥砂浆 1:2.5	m³	227.55	0.110	0.140	0.160	0.180	0.200	0.220
	钢筋混凝土管(平口) 200×30×2000	m	41.00	101.000	－	－	－	－	－
	钢筋混凝土管(平口) 250×30×2000	m	45.00	－	101.000	－	－	－	－
	钢筋混凝土管(平口) 300×30×2000	m	50.00	－	－	101.000	－	－	－
	钢筋混凝土管(平口) 350×30×2000	m	52.00	－	－	－	101.000	－	－
	钢筋混凝土管(平口) 400×40×2000	m	56.00	－	－	－	－	101.000	－
	钢筋混凝土管(平口) 450×40×2000	m	65.00	－	－	－	－	－	101.000
	水	t	4.00	6.050	7.560	9.060	12.570	16.080	19.600
	其他材料费	元	－	0.290	0.320	0.610	0.640	0.860	1.000

工作内容: 下管,接管,调直,调制接口材料,管口打磨面,接口,养生,材料运输。 单位:100m

定　额　编　号				7-5-133	7-5-134	7-5-135	7-5-136	7-5-137	7-5-138
项　　　　　目				水泥砂浆接口(用于基础135°)					
				管径(mm)					
				500	600	700	800	900	1000
基　　　价　　(元)				**10682.59**	**12197.37**	**17018.75**	**22259.94**	**25030.90**	**30448.73**
其中	人　　工　　费　　(元)			1744.88	1590.30	1838.03	2071.58	2504.93	2982.83
	材　　料　　费　　(元)			8937.71	10092.38	14598.83	19505.38	21698.75	26427.23
	机　　械　　费　　(元)			–	514.69	581.89	682.98	827.22	1038.67
名　　　　称		单位	单价(元)	数			量		
人工	综合工日	工日	75.00	23.265	21.204	24.507	27.621	33.399	39.771
材料	水泥砂浆 1:2.5	m³	227.55	0.250	0.300	0.360	0.420	0.490	0.550
	钢筋混凝土管(平口) 500×42×2000	m	87.00	101.000	–	–	–	–	–
	钢筋混凝土管(平口) 600×50×2000	m	98.00	–	101.000	–	–	–	–
	钢筋混凝土管(平口) 700×55×2000	m	142.00	–	–	101.000	–	–	–
	钢筋混凝土管(平口) 800×65×2000	m	190.00	–	–	–	101.000	–	–
	钢筋混凝土管(平口) 900×70×2000	m	211.00	–	–	–	–	101.000	–
	钢筋混凝土管(平口) 1000×75×2000	m	257.00	–	–	–	–	–	101.000
	水	t	4.00	23.120	31.150	43.180	54.220	68.250	85.280
	其他材料费	元	–	1.340	1.510	2.190	2.930	3.250	3.960
机械	汽车式起重机 5t	台班	546.38	–	0.942	1.065	1.250	1.514	1.901

工作内容:下管,接管,调直,调制接口材料,管口打磨面,接口,养生,材料运输。

单位:100m

定 额 编 号			7-5-139	7-5-140	7-5-141	7-5-142
项 目			水泥砂浆接口(用于基础135°)			
			管径(mm)			
			1100	1200	1350	1500
基 价 (元)			**43260.92**	**53385.43**	**80570.78**	**120868.68**
其中	人 工 费 (元)		3710.48	3711.15	4342.28	6317.33
	材 料 费 (元)		38454.40	48142.90	74562.40	112610.00
	机 械 费 (元)		1096.04	1531.38	1666.10	1941.35
名 称	单位	单价(元)	数		量	
人工 综合工日	工日	75.00	49.473	49.482	57.897	84.231
材料 水泥砂浆 1:2.5	m³	227.55	0.740	0.810	0.930	1.100
钢筋混凝土管(企口)Ⅰ级 1100×92×3020	m	375.00	101.000	–	–	–
钢筋混凝土管(企口)Ⅰ级 1200×100×3016	m	470.00	–	101.000	–	–
钢筋混凝土管(企口)Ⅰ级 1350×142×3010	m	730.00	–	–	101.000	–
钢筋混凝土管(企口)Ⅰ级 1550×160×3090	m	1105.00	–	–	–	101.000
水	t	4.00	101.310	120.340	152.400	184.450
其他材料费	元	–	5.770	7.220	11.180	16.890
机械 汽车式起重机 5t	台班	546.38	2.006	–	–	–
汽车式起重机 8t	台班	728.19	–	2.103	2.288	2.666

工作内容:下管,接管,调直,调制接口材料,管口打磨面,接口,养生,材料运输。

单位:100m

定 额 编 号				7-5-143	7-5-144	7-5-145
项 目				水泥砂浆接口(用于基础135°)		
				管径(mm)		
				1600	1800	2000
基 价 (元)				**110375.21**	**137358.93**	**163230.64**
其 中	人 工 费 (元)			6966.68	6072.30	7510.73
	材 料 费 (元)			101172.26	127607.43	151673.18
	机 械 费 (元)			2236.27	3679.20	4046.73
名 称		单位	单价(元)	数		量
人工	综合工日	工日	75.00	92.889	80.964	100.143
材 料	水泥砂浆 1:2.5	m³	227.55	1.230	1.390	1.620
	钢筋混凝土管(企口)Ⅰ级 1600×135×3090	m	990.00	101.000	—	—
	钢筋混凝土管(企口)Ⅰ级 1800×150×3090	m	1250.00	—	101.000	—
	钢筋混凝土管(企口)Ⅰ级 2000×165×3085	m	1485.00	—	—	101.000
	水	t	4.00	221.800	255.500	324.200
	其他材料费	元	—	15.170	19.140	22.750
机 械	汽车式起重机 8t	台班	728.19	3.071	—	—
	汽车式起重机 16t	台班	1071.52	—	3.203	3.546
	叉式起重机 6t	台班	561.63	—	0.440	0.440

3.水泥砂浆接口(180°)

工作内容:下管,接管,调直,调制接口材料,管口打磨面,接口,养生,材料运输。

单位:100m

定 额 编 号				7-5-146	7-5-147	7-5-148	7-5-149	7-5-150	7-5-151
项 目				水泥砂浆接口(用于基础180°)					
				管径(mm)					
				200	250	300	350	400	450
基 价 (元)				**5059.42**	**5641.44**	**6313.21**	**6689.75**	**7112.56**	**8200.31**
其中	人 工 费 (元)			873.45	1040.85	1196.78	1352.70	1352.70	1512.68
	材 料 费 (元)			4185.97	4600.59	5116.43	5337.05	5759.86	6687.63
	机 械 费 (元)			—	—	—	—	—	—
名 称		单位	单价(元)	数			量		
人工	综合工日	工日	75.00	11.646	13.878	15.957	18.036	18.036	20.169
材料	水泥砂浆1:2.5	m³	227.55	0.090	0.110	0.130	0.150	0.170	0.190
	钢筋混凝土管(平口)200×30×2000	m	41.00	101.000	—	—	—	—	—
	钢筋混凝土管(平口)250×30×2000	m	45.00	—	101.000	—	—	—	—
	钢筋混凝土管(平口)300×30×2000	m	50.00	—	—	101.000	—	—	—
	钢筋混凝土管(平口)350×30×2000	m	52.00	—	—	—	101.000	—	—
	钢筋混凝土管(平口)400×40×2000	m	56.00	—	—	—	—	101.000	—
	钢筋混凝土管(平口)450×40×2000	m	65.00	—	—	—	—	—	101.000
	水	t	4.00	6.050	7.560	9.060	12.570	16.080	19.600
	其他材料费	元	—	0.290	0.320	0.610	0.640	0.860	1.000

工作内容:下管,接管,调直,调制接口材料,管口打磨面,接口,养生,材料运输。

单位:100m

定 额 编 号				7-5-152	7-5-153	7-5-154	7-5-155	7-5-156	7-5-157
项 目				水泥砂浆接口(用于基础180°)					
				管径(mm)					
				500	600	700	800	900	1000
基 价 (元)				**10441.29**	**12141.44**	**16903.85**	**22194.98**	**24968.39**	**30363.70**
其中	人 工 费 (元)			1512.68	1545.75	1736.78	2020.28	2458.35	2916.00
	材 料 费 (元)			8928.61	10081.00	14585.18	19491.72	21682.82	26409.03
	机 械 费 (元)			–	514.69	581.89	682.98	827.22	1038.67
	名 称	单位	单价(元)	数			量		
人工	综合工日	工日	75.00	20.169	20.610	23.157	26.937	32.778	38.880
材料	水泥砂浆 1:2.5	m³	227.55	0.210	0.250	0.300	0.360	0.420	0.470
	钢筋混凝土管(平口) 500×42×2000	m	87.00	101.000	–	–	–	–	–
	钢筋混凝土管(平口) 600×50×2000	m	98.00	–	101.000	–	–	–	–
	钢筋混凝土管(平口) 700×55×2000	m	142.00	–	–	101.000	–	–	–
	钢筋混凝土管(平口) 800×65×2000	m	190.00	–	–	–	101.000	–	–
	钢筋混凝土管(平口) 900×70×2000	m	211.00	–	–	–	–	101.000	–
	钢筋混凝土管(平口) 1000×75×2000	m	257.00	–	–	–	–	–	101.000
	水	t	4.00	23.120	31.150	43.180	54.220	68.250	85.280
	其他材料费	元	–	1.340	1.510	2.190	2.920	3.250	3.960
机械	汽车式起重机 5t	台班	546.38	–	0.942	1.065	1.250	1.514	1.901

工作内容:下管,接管,调直,调制接口材料,管口打磨面,接口,养生,材料运输。

单位:100m

定　额　编　号				7-5-158	7-5-159	7-5-160	7-5-161
项　　　　　目				水泥砂浆接口(用于基础180°)			
				管径(mm)			
				1100	1200	1350	1500
基　　价　　(元)				**43137.33**	**51909.57**	**80415.65**	**120674.98**
其中	人　　工　　费　(元)			3611.93	2262.60	4216.73	6160.05
	材　　料　　费　(元)			38429.36	48115.59	74532.82	112573.58
	机　　械　　费　(元)			1096.04	1531.38	1666.10	1941.35
名　　　　称		单位	单价(元)	数			量
人工	综合工日	工日	75.00	48.159	30.168	56.223	82.134
材料	水泥砂浆 1:2.5	m³	227.55	0.630	0.690	0.800	0.940
	钢筋混凝土管(企口)Ⅰ级 1100×92×3020	m	375.00	101.000	–	–	–
	钢筋混凝土管(企口)Ⅰ级 1200×100×3016	m	470.00	–	101.000	–	–
	钢筋混凝土管(企口)Ⅰ级 1350×142×3010	m	730.00	–	–	101.000	–
	钢筋混凝土管(企口)Ⅰ级 1550×160×3090	m	1105.00	–	–	–	101.000
	水	t	4.00	101.310	120.340	152.400	184.450
	其他材料费	元	–	5.760	7.220	11.180	16.880
机械	汽车式起重机 5t	台班	546.38	2.006	–	–	–
	汽车式起重机 8t	台班	728.19	–	2.103	2.288	2.666

工作内容:下管,接管,调直,调制接口材料,管口打磨面,接口,养生,材料运输。 单位:100m

定　额　编　号			7-5-162	7-5-163	7-5-164
项　　　　　目			水泥砂浆接口(用于基础180°)		
			管径(mm)		
			1600	1800	2000
基　价　(元)			**110174.10**	**137106.02**	**162949.54**
其 中	人　工　费　(元)		6801.98	5860.35	7275.15
	材　料　费　(元)		101135.85	127566.47	151627.66
	机　械　费　(元)		2236.27	3679.20	4046.73
名　　　　称	单位	单价(元)	数		量
人工 综合工日	工日	75.00	90.693	78.138	97.002
材 料	水泥砂浆 1:2.5	m³	227.55	1.070	1.210	1.420
	钢筋混凝土管(企口)Ⅰ级 1600×135×3090	m	990.00	101.000	–	–
	钢筋混凝土管(企口)Ⅰ级 1800×150×3090	m	1250.00	–	101.000	–
	钢筋混凝土管(企口)Ⅰ级 2000×165×3085	m	1485.00	–	–	101.000
	水	t	4.00	221.800	255.500	324.200
	其他材料费	元	–	15.170	19.130	22.740
机 械	汽车式起重机 8t	台班	728.19	3.071	–	–
	汽车式起重机 16t	台班	1071.52	–	3.203	3.546
	叉式起重机 6t	台班	561.63	–	0.440	0.440

4. 钢丝网水泥砂浆接口(90°)

工作内容: 下管,接管,调直,调制接口材料,管口打磨面,接口,养生,材料运输。

单位:100m

定　额　编　号			7-5-165	7-5-166	7-5-167	7-5-168	7-5-169	7-5-170
项　　　目			钢丝网水泥砂浆接口(用于基础90°)					
			管径(mm)					
			200	250	300	350	400	450
基　　价　(元)			**5293.59**	**5919.58**	**6627.46**	**7249.95**	**7687.72**	**9142.89**
其中	人　工　费　(元)		1026.68	1223.10	1406.03	1796.85	1796.85	2312.55
	材　料　费　(元)		4266.91	4696.48	5221.43	5453.10	5890.87	6830.34
	机　械　费　(元)		－	－	－	－	－	－
名　　　　称	单位	单价(元)	数			量		
人工 综合工日	工日	75.00	13.689	16.308	18.747	23.958	23.958	30.834
材料 水泥砂浆 1:2.5	m³	227.55	0.190	0.230	0.260	0.300	0.340	0.380
钢筋混凝土管(平口) 200×30×2000	m	41.00	101.000	－	－	－	－	－
钢筋混凝土管(平口) 250×30×2000	m	45.00	－	101.000	－	－	－	－
钢筋混凝土管(平口) 300×30×2000	m	50.00	－	－	101.000	－	－	－
钢筋混凝土管(平口) 350×30×2000	m	52.00	－	－	－	101.000	－	－
钢筋混凝土管(平口) 400×40×2000	m	56.00	－	－	－	－	101.000	－
钢筋混凝土管(平口) 450×40×2000	m	65.00	－	－	－	－	－	101.000
钢丝网	m²	6.50	8.950	10.550	11.600	12.600	14.200	15.300
料 水	t	4.00	6.050	7.560	9.060	12.570	16.080	19.600
其他材料费	元	－		0.300	0.330	0.630	0.650	0.880	1.020

工作内容:下管,接管,调直,调制接口材料,管口打磨面,接口,养生,材料运输。

单位:100m

定 额 编 号				7-5-171	7-5-172	7-5-173	7-5-174	7-5-175	7-5-176
项 目				钢丝网水泥砂浆接口(用于基础90°)					
				管径(mm)					
				500	600	700	800	900	1000
基 价 (元)				**11394.91**	**13134.81**	**18209.16**	**23656.98**	**26619.07**	**32172.26**
其中	人 工 费 (元)			2312.55	2356.43	2826.90	3242.70	3843.45	4430.70
	材 料 费 (元)			9082.36	10263.69	14800.37	19731.30	21948.40	26702.89
	机 械 费 (元)			–	514.69	581.89	682.98	827.22	1038.67
名 称		单位	单价(元)	数			量		
人工	综合工日	工日	75.00	30.834	31.419	37.692	43.236	51.246	59.076
材料	水泥砂浆1:2.5	m³	227.55	0.420	0.510	0.600	0.690	0.790	0.890
	钢筋混凝土管(平口)500×42×2000	m	87.00	101.000	–	–	–	–	–
	钢筋混凝土管(平口)600×50×2000	m	98.00	–	101.000	–	–	–	–
	钢筋混凝土管(平口)700×55×2000	m	142.00	–	–	101.000	–	–	–
	钢筋混凝土管(平口)800×65×2000	m	190.00	–	–	–	101.000	–	–
	钢筋混凝土管(平口)900×70×2000	m	211.00	–	–	–	–	101.000	–
	钢筋混凝土管(平口)1000×75×2000	m	257.00	–	–	–	–	–	101.000
	钢丝网	m²	6.50	16.300	19.000	22.600	25.300	27.900	30.500
	水	t	4.00	23.120	31.150	43.180	54.220	68.250	85.280
	其他材料费	元	–	1.360	1.540	2.220	2.960	3.290	4.000
机械	汽车式起重机5t	台班	546.38	–	0.942	1.065	1.250	1.514	1.901

工作内容:下管,接管,调直,调制接口材料,管口打磨面,接口,养生,材料运输。

单位:100m

定 额 编 号				7-5-177	7-5-178	7-5-179	7-5-180
项 目				钢丝网水泥砂浆接口(用于基础90°)			
				管径(mm)			
				1100	1200	1350	1550
基 价 (元)				**44657.79**	**55068.88**	**82384.47**	**122856.21**
其中	人 工 费 (元)			4835.03	5103.68	5828.63	7943.40
	材 料 费 (元)			38726.72	48433.82	74889.74	112971.46
	机 械 费 (元)			1096.04	1531.38	1666.10	1941.35
名 称		单位	单价(元)	数		量	
人工	综合工日	工日	75.00	64.467	68.049	77.715	105.912
材料	水泥砂浆 1:2.5	m^3	227.55	0.990	1.080	1.240	1.440
	钢筋混凝土管(企口)Ⅰ级 1100×92×3020	m	375.00	101.000	–	–	–
	钢筋混凝土管(企口)Ⅰ级 1200×100×3016	m	470.00	–	101.000	–	–
	钢筋混凝土管(企口)Ⅰ级 1350×142×3010	m	730.00	–	–	101.000	–
	钢筋混凝土管(企口)Ⅰ级 1550×160×3090	m	1105.00	–	–	–	101.000
	钢丝网	m^2	6.50	33.200	35.300	39.500	43.700
	水	t	4.00	101.210	120.340	152.400	184.450
	其他材料费	元	–	5.810	7.260	11.230	16.940
机械	汽车式起重机 5t	台班	546.38	2.006	–	–	–
	汽车式起重机 8t	台班	728.19	–	2.103	2.288	2.666

工作内容:下管,接管,调直,调制接口材料,管口打磨面,接口,养生,材料运输。

单位:100m

定 额 编 号			7-5-181	7-5-182	7-5-183
项　　　　　目			钢丝网水泥砂浆接口(用于基础90°)		
			管径(mm)		
			1600	1800	2000
基　　　价　(元)			**112446.54**	**139706.04**	**166170.33**
其中	人　工　费　(元)		8643.38	7990.65	9975.83
	材　料　费　(元)		101566.89	128036.19	152147.77
	机　械　费　(元)		2236.27	3679.20	4046.73
名　　　　　称	单位	单价(元)	数		量
人工 综合工日	工日	75.00	115.245	106.542	133.011
材料 水泥砂浆 1:2.5	m³	227.55	1.610	1.800	2.080
钢筋混凝土管(企口)Ⅰ级 1600×135×3090	m	990.00	101.000	–	–
钢筋混凝土管(企口)Ⅰ级 1800×150×3090	m	1250.00	–	101.000	–
钢筋混凝土管(企口)Ⅰ级 2000×165×3085	m	1485.00	–	–	101.000
钢丝网	m²	6.50	47.400	51.600	56.900
水	t	4.00	221.800	255.500	324.200
其他材料费	元	–	15.230	19.200	22.820
机械 汽车式起重机 8t	台班	728.19	3.071	–	–
汽车式起重机 16t	台班	1071.52	–	3.203	3.546
叉式起重机 6t	台班	561.63	–	0.440	0.440

5. 钢丝网水泥砂浆接口(135°)

工作内容: 下管,接管,调直,调制接口材料,管口打磨面,接口,养生,材料运输。

单位:100m

定 额 编 号			7-5-184	7-5-185	7-5-186	7-5-187	7-5-188	7-5-189
项 目			钢丝网水泥砂浆接口(用于基础135°)					
			管径(mm)					
			200	250	300	350	400	450
基 价 (元)			**5173.96**	**5801.96**	**6517.50**	**7096.52**	**7530.45**	**8951.98**
其中	人 工 费 (元)		920.70	1118.48	1315.58	1664.55	1664.55	2149.20
	材 料 费 (元)		4253.26	4683.48	5201.92	5431.97	5865.90	6802.78
	机 械 费 (元)		—	—	—	—	—	—
名 称	单位	单价(元)	数			量		
人工 综合工日	工日	75.00	12.276	14.913	17.541	22.194	22.194	28.656
材料 水泥砂浆 1:2.5	m³	227.55	0.160	0.190	0.220	0.250	0.290	0.320
钢筋混凝土管(平口) 200×30×2000	m	41.00	101.000	—	—	—	—	—
钢筋混凝土管(平口) 250×30×2000	m	45.00	—	101.000	—	—	—	—
钢筋混凝土管(平口) 300×30×2000	m	50.00	—	—	101.000	—	—	—
钢筋混凝土管(平口) 350×30×2000	m	52.00	—	—	—	101.000	—	—
钢筋混凝土管(平口) 400×40×2000	m	56.00	—	—	—	—	101.000	—
钢筋混凝土管(平口) 450×40×2000	m	65.00	—	—	—	—	—	101.000
钢丝网	m²	6.50	7.900	9.950	10.000	11.100	12.110	13.160
水	t	4.00	6.050	7.560	9.060	12.570	16.080	19.600
其他材料费	元	—	0.300	0.330	0.620	0.650	0.880	1.020

工作内容：下管,接管,调直,调制接口材料,管口打磨面,接口,养生,材料运输。

单位:100m

定 额 编 号				7-5-190	7-5-191	7-5-192	7-5-193	7-5-194	7-5-195
项 目				钢丝网水泥砂浆接口(用于基础135°)					
				管径(mm)					
				500	600	700	800	900	1000
基 价 (元)				**11204.39**	**12892.63**	**17913.92**	**23318.56**	**26235.31**	**31748.55**
其中	人 工 费 (元)			2149.20	2149.88	2572.43	2951.10	3512.03	4064.85
	材 料 费 (元)			9055.19	10228.06	14759.60	19684.48	21896.06	26645.03
	机 械 费 (元)			–	514.69	581.89	682.98	827.22	1038.67
名 称		单位	单价(元)	数				量	
人工	综合工日	工日	75.00	28.656	28.665	34.299	39.348	46.827	54.198
材料	水泥砂浆 1:2.5	m³	227.55	0.360	0.430	0.510	0.590	0.680	0.770
	钢筋混凝土管(平口) 500×42×2000	m	87.00	101.000	–	–	–	–	–
	钢筋混凝土管(平口) 600×50×2000	m	98.00	–	101.000	–	–	–	–
	钢筋混凝土管(平口) 700×55×2000	m	142.00	–	–	101.000	–	–	–
	钢筋混凝土管(平口) 800×65×2000	m	190.00	–	–	–	101.000	–	–
	钢筋混凝土管(平口) 900×70×2000	m	211.00	–	–	–	–	101.000	–
	钢筋混凝土管(平口) 1000×75×2000	m	257.00	–	–	–	–	–	101.000
	钢丝网	m²	6.50	14.220	16.320	19.480	21.600	23.700	25.800
	水	t	4.00	23.120	31.150	43.180	54.220	68.250	85.280
	其他材料费	元	–	–	1.360	1.530	2.210	2.950	3.280	4.000
机械	汽车式起重机 5t	台班	546.38	–	0.942	1.065	1.250	1.514	1.901

工作内容:下管,接管,调直,调制接口材料,管口打磨面,接口,养生,材料运输。

单位:100m

定 额 编 号				7-5-196	7-5-197	7-5-198	7-5-199
项 目				钢丝网水泥砂浆接口(用于基础135°)			
				管径(mm)			
				1100	1200	1350	1550
基 价 (元)				**44225.35**	**54589.47**	**81835.08**	**122204.04**
其中	人 工 费 (元)			4468.50	4690.58	5356.80	7376.40
	材 料 费 (元)			38660.81	48367.51	74812.18	112886.29
	机 械 费 (元)			1096.04	1531.38	1666.10	1941.35
名 称		单位	单价(元)	数			量
人工	综合工日	工日	75.00	59.580	62.541	71.424	98.352
材料	水泥砂浆1:2.5	m³	227.55	0.850	0.940	1.080	1.260
	钢筋混凝土管(企口)Ⅰ级1100×92×3020	m	375.00	101.000	–	–	–
	钢筋混凝土管(企口)Ⅰ级1200×100×3016	m	470.00	–	101.000	–	–
	钢筋混凝土管(企口)Ⅰ级1350×142×3010	m	730.00	–	–	101.000	–
	钢筋混凝土管(企口)Ⅰ级1550×160×3090	m	1105.00	–	–	–	101.000
	钢丝网	m²	6.50	27.900	30.000	33.170	36.900
	水	t	4.00	101.310	120.340	152.400	184.450
	其他材料费	元	–		5.800	7.250	11.220	16.930
机械	汽车式起重机5t	台班	546.38	2.006	–	–	–
	汽车式起重机8t	台班	728.19	–	2.103	2.288	2.666

工作内容: 下管,接管,调直,调制接口材料,管口打磨面,接口,养生,材料运输。

单位:100m

定　额　编　号			7-5-200	7-5-201	7-5-202
项　　　目			钢丝网水泥砂浆接口(用于基础135°)		
			管径(mm)		
			1600	1800	2000
基　　价　(元)			**111753.52**	**138909.74**	**165231.74**
其中	人　工　费　(元)		8043.98	7296.75	9150.30
	材　料　费　(元)		101473.27	127933.79	152034.71
	机　械　费　(元)		2236.27	3679.20	4046.73
名　　　　　称	单位	单价(元)	数		量
人工 综合工日	工日	75.00	107.253	97.290	122.004
材料 水泥砂浆 1:2.5	m³	227.55	1.410	1.590	1.840
钢筋混凝土管(企口)Ⅰ级 1600×135×3090	m	990.00	101.000	–	–
钢筋混凝土管(企口)Ⅰ级 1800×150×3090	m	1250.00	–	101.000	–
钢筋混凝土管(企口)Ⅰ级 2000×165×3085	m	1485.00	–	–	101.000
钢丝网	m²	6.50	40.000	43.200	47.910
水	t	4.00	221.800	255.500	324.200
其他材料费	元	–	15.220	19.190	22.800
机械 汽车式起重机 8t	台班	728.19	3.071	–	–
汽车式起重机 16t	台班	1071.52	–	3.203	3.546
叉式起重机 6t	台班	561.63	–	0.440	0.440

6. 钢丝网水泥砂浆接口(180°)

工作内容:下管,接管,调直,调制接口材料,管口打磨面,接口,养生,材料运输。

单位:100m

定 额 编 号				7-5-203	7-5-204	7-5-205	7-5-206	7-5-207	7-5-208
项 目				钢丝网水泥砂浆接口(用于基础180°)					
				管径(mm)					
				200	250	300	350	400	450
基 价 (元)				**5134.23**	**5746.03**	**6457.82**	**7014.92**	**7443.26**	**8844.61**
其中	人 工 费 (元)			892.35	1082.70	1275.08	1602.45	1602.45	2068.88
	材 料 费 (元)			4241.88	4663.33	5182.74	5412.47	5840.81	6775.73
	机 械 费 (元)			–	–	–	–	–	–
名 称		单位	单价(元)	数		量			
人工	综合工日	工日	75.00	11.898	14.436	17.001	21.366	21.366	27.585
材料	水泥砂浆1:2.5	m³	227.55	0.140	0.160	0.180	0.210	0.240	0.260
	钢筋混凝土管(平口)200×30×2000	m	41.00	101.000	–	–	–	–	–
	钢筋混凝土管(平口)250×30×2000	m	45.00	–	101.000	–	–	–	–
	钢筋混凝土管(平口)300×30×2000	m	50.00	–	–	101.000	–	–	–
	钢筋混凝土管(平口)350×30×2000	m	52.00	–	–	–	101.000	–	–
	钢筋混凝土管(平口)400×40×2000	m	56.00	–	–	–	–	101.000	–
	钢筋混凝土管(平口)450×40×2000	m	65.00	–	–	–	–	–	101.000
	钢丝网	m²	6.50	6.850	7.900	8.450	9.500	10.000	11.100
	水	t	4.00	6.050	7.560	9.060	12.570	16.080	19.600
	其他材料费	元	–	0.300	0.330	0.620	0.650	0.880	1.020

工作内容: 下管,接管,调直,调制接口材料,管口打磨面,接口,养生,材料运输。

单位:100m

定 额 编 号			7-5-209	7-5-210	7-5-211	7-5-212	7-5-213	7-5-214
项 目			钢丝网水泥砂浆接口(用于基础180°)					
			管径(mm)					
			500	600	700	800	900	1000
基 价 (元)			**11096.69**	**12763.14**	**17775.70**	**23130.69**	**26023.00**	**31515.49**
其 中	人 工 费 (元)		2068.88	2053.35	2475.23	2810.03	3352.05	3888.68
	材 料 费 (元)		9027.81	10195.10	14718.58	19637.68	21843.73	26588.14
	机 械 费 (元)		–	514.69	581.89	682.98	827.22	1038.67
名 称	单位	单价(元)	数			量		
人工 综合工日	工日	75.00	27.585	27.378	33.003	37.467	44.694	51.849
材 料	水泥砂浆1:2.5	m³	227.55	0.300	0.360	0.420	0.490	0.570	0.640
	钢筋混凝土管(平口)500×42×2000	m	87.00	101.000	–	–	–	–	–
	钢筋混凝土管(平口)600×50×2000	m	98.00	–	101.000	–	–	–	–
	钢筋混凝土管(平口)700×55×2000	m	142.00	–	–	101.000	–	–	–
	钢筋混凝土管(平口)800×65×2000	m	190.00	–	–	–	101.000	–	–
	钢筋混凝土管(平口)900×70×2000	m	211.00	–	–	–	–	101.000	–
	钢筋混凝土管(平口)1000×75×2000	m	257.00	–	–	–	–	–	101.000
	钢丝网	m²	6.50	12.110	13.700	16.320	17.900	19.500	21.600
	水	t	4.00	23.120	31.150	43.180	54.220	68.250	85.280
	其他材料费	元	–	1.350	1.530	2.210	2.950	3.280	3.990
机 械	汽车式起重机5t	台班	546.38	–	0.942	1.065	1.250	1.514	1.901

工作内容:下管,接管,调直,调制接口材料,管口打磨面,接口,养生,材料运输。

单位:100m

定　额　编　号				7-5-215	7-5-216	7-5-217	7-5-218
项　　　　　目				钢丝网水泥砂浆接口(用于基础180°)			
				管径(mm)			
				1100	1200	1350	1550
基　　价　(元)				**43919.51**	**54325.09**	**81534.78**	**121217.53**
其中	人　工　费　(元)			4222.80	4494.15	5132.70	6477.98
	材　料　费　(元)			38600.67	48299.56	74735.98	112798.20
	机　械　费　(元)			1096.04	1531.38	1666.10	1941.35
名　　　　　称		单位	单价(元)	数			量
人工	综合工日	工日	75.00	56.304	59.922	68.436	86.373
材料	水泥砂浆1:2.5	m³	227.55	0.720	0.790	0.910	1.070
	钢筋混凝土管(企口)Ⅰ级1100×92×3020	m	375.00	101.000	–	–	–
	钢筋混凝土管(企口)Ⅰ级1200×100×3016	m	470.00	–	101.000	–	–
	钢筋混凝土管(企口)Ⅰ级1350×142×3010	m	730.00	–	–	101.000	–
	钢筋混凝土管(企口)Ⅰ级1550×160×3090	m	1105.00	–	–	–	101.000
	钢丝网	m²	6.50	23.200	24.800	27.400	30.000
	水	t	4.00	101.310	120.340	152.400	184.450
	其他材料费	元	–	5.790	7.240	11.210	16.920
机械	汽车式起重机5t	台班	546.38	2.006	–	–	–
	汽车式起重机8t	台班	728.19	–	2.103	2.288	2.666

工作内容:下管,接管,调直,调制接口材料,管口打磨面,接口,养生,材料运输。　　　　　　　　　　　单位:100m

定　额　编　号				7-5-219	7-5-220	7-5-221
项　　　　　目				钢丝网水泥砂浆接口(用于基础180°)		
				管径(mm)		
				1600	1800	2000
基　　价　　(元)				**111375.01**	**138475.97**	**164724.74**
其中	人　工　费　(元)			7758.45	6966.68	8758.13
	材　料　费　(元)			101380.29	127830.09	151919.88
	机　械　费　(元)			2236.27	3679.20	4046.73
名　　　　　称		单位	单价(元)	数		量
人工	综合工日	工日	75.00	103.446	92.889	116.775
材料	水泥砂浆 1:2.5	m³	227.55	1.210	1.360	1.590
	钢筋混凝土管(企口)Ⅰ级 1600×135×3090	m	990.00	101.000	–	–
	钢筋混凝土管(企口)Ⅰ级 1800×150×3090	m	1250.00	–	101.000	–
	钢筋混凝土管(企口)Ⅰ级 2000×165×3085	m	1485.00	–	–	101.000
	钢丝网	m²	6.50	32.700	35.300	39.000
	水	t	4.00	221.800	255.500	324.200
	其他材料费	元	–	15.200	19.170	22.780
机械	汽车式起重机 8t	台班	728.19	3.071	–	–
	汽车式起重机 16t	台班	1071.52	–	3.203	3.546
	叉式起重机 6t	台班	561.63	–	0.440	0.440

十三、塑料管道铺设

1.排水塑料管安装(粘接)

工作内容:检查及清扫、挂线、下管安装、调直、粘接、找平、材料运输等。

单位:10m

定 额 编 号				7-5-222	7-5-223	7-5-224	7-5-225	7-5-226	7-5-227	7-5-228	7-5-229
项 目				管外径(mm)							
				25 以内	32 以内	50 以内	75 以内	110 以内	125 以内	140 以内	160 以内
基 价 (元)				**77.38**	**79.52**	**91.95**	**104.41**	**121.85**	**132.29**	**139.97**	**153.65**
其中	人 工 费 (元)			27.00	29.03	39.83	53.33	70.20	80.33	87.75	101.25
	材 料 费 (元)			50.38	50.49	52.12	51.00	51.57	51.88	52.14	52.29
	机 械 费 (元)			–	–	–	0.08	0.08	0.08	0.08	0.11
名 称	单位	单价(元)		数				量			
人工	综合工日	工日	75.00	0.360	0.387	0.531	0.711	0.936	1.071	1.170	1.350
材料	塑料管	m	5.00	10.020	10.020	10.020	10.020	10.020	10.020	10.020	10.020
	丙酮 0.95	kg	10.80	0.008	0.010	0.150	0.023	0.047	0.054	0.065	0.070
	BX – 12 黏结剂	kg	18.98	0.005	0.007	0.010	0.016	0.032	0.036	0.043	0.048
	其他材料费	元	–	–	0.100	0.150	0.210	0.350	0.360	0.510	0.520
机械	木工圆锯机 φ500mm	台班	27.63	–	–	–	0.003	0.003	0.003	0.003	0.004

2. 排水塑料管安装（胶圈接口）

工作内容：检查及清扫管材、管道安装、上胶圈、对口、调直、材料运输等。

单位：10m

定　额　编　号				7-5-230	7-5-231	7-5-232	7-5-233	7-5-234	7-5-235	7-5-236	7-5-237
项　　　　　目				管外径（mm）							
				100 以内	150 以内	200 以内	250 以内	300 以内	350 以内	400 以内	500 以内
基　　　价　（元）				**134.81**	**161.48**	**181.40**	**211.30**	**257.63**	**305.06**	**351.80**	**441.45**
其中	人　工　费　（元）			63.45	83.70	91.13	111.38	145.13	178.88	212.63	246.38
	材　料　费　（元）			71.28	77.70	90.16	99.81	112.36	126.04	139.00	194.82
	机　械　费　（元）			0.08	0.08	0.11	0.11	0.14	0.14	0.17	0.25
名　　　称		单位	单价（元）	数				量			
人工	综合工日	工日	75.00	0.846	1.116	1.215	1.485	1.935	2.385	2.835	3.285
材料	塑料管	m	5.00	10.020	10.020	10.020	10.020	10.020	10.020	10.020	10.020
	橡胶圈（给水）DN100	个	9.84	2.060	–	–	–	–	–	–	–
	橡胶圈（给水）DN150	个	12.88	–	2.060	–	–	–	–	–	–
	橡胶圈（给水）DN200	个	18.80	–	–	2.060	–	–	–	–	–
	橡胶圈（给水）DN250	个	23.37	–	–	–	2.060	–	–	–	–
	橡胶圈（给水）DN300	个	29.31	–	–	–	–	2.060	–	–	–
	橡胶圈（给水）DN350	个	35.78	–	–	–	–	–	2.060	–	–
	橡胶圈（给水）DN400	个	41.90	–	–	–	–	–	–	2.060	–
	橡胶圈（给水）DN500	个	68.40	–	–	–	–	–	–	–	2.060
	其他材料费	元	–	0.910	1.070	1.330	1.570	1.880	2.230	2.590	3.820
机械	木工圆锯机 $\phi500mm$	台班	27.63	0.003	0.003	0.004	0.004	0.005	0.005	0.006	0.009

3. 塑料管安装(对接熔接)

工作内容:管口切削、对口、升温、熔接等操作过程。

定　额　编　号			7-5-238	7-5-239	7-5-240	7-5-241	7-5-242	7-5-243	7-5-244	7-5-245
项　　　　　目			管外径(mm)							
			50 以内	63 以内	75 以内	90 以内	110 以内	125 以内	200 以内	
基　　　价　(元)			**46.87**	**58.03**	**75.91**	**189.72**	**254.70**	**309.24**	**485.83**	**–**
其 中	人　工　费　(元)		42.98	53.93	70.50	181.58	240.68	293.48	461.25	–
	材　料　费　(元)		0.62	0.83	1.21	3.94	5.62	7.36	12.45	–
	机　械　费　(元)		3.27	3.27	4.20	4.20	8.40	8.40	12.13	–
名　　称	单位	单价(元)	数				量			
人工	综合工日	工日	75.00	0.573	0.719	0.940	2.421	3.209	3.913	6.150	–
材 料	中密度聚乙烯管	m	–	(102.000)	(102.000)	(102.000)	(102.000)	(102.000)	(102.000)	(102.000)	–
	破布	kg	4.50	0.077	0.112	0.119	0.142	0.166	0.202	0.468	–
	三氯乙烯	kg	9.00	0.010	0.010	0.010	0.020	0.020	0.020	0.020	–
	电	kW·h	0.85	0.217	0.280	0.688	3.666	5.525	7.383	11.961	–
机械	载货汽车 4t	台班	466.52	0.007	0.007	0.009	0.009	0.018	0.018	0.026	–

4. 塑料管安装(电熔管件熔接)

工作内容: 管口切削、上电熔管件、升温、熔接等操作过程。

单位:100m

定 额 编 号				7-5-246	7-5-247	7-5-248	7-5-249	7-5-250	7-5-251	7-5-252	7-5-253
项 目				管外径(mm)							
				50 以内	63 以内	75 以内	90 以内	110 以内	125 以内	200 以内	
基 价 (元)				**52.36**	**57.90**	**146.79**	**184.48**	**253.09**	**311.08**	**489.60**	**–**
其中	人 工 费 (元)			46.58	51.45	121.05	148.88	197.48	240.00	375.53	–
	材 料 费 (元)			0.62	0.83	0.86	3.94	5.62	7.36	12.45	–
	机 械 费 (元)			5.16	5.62	24.88	31.66	49.99	63.72	101.62	–
名 称		单位	单价(元)	数			量				
人工	综合工日	工日	75.00	0.621	0.686	1.614	1.985	2.633	3.200	5.007	–
材料	中密度聚乙烯管	m	–	(102.000)	(102.000)	(102.000)	(102.000)	(102.000)	(102.000)	(102.000)	–
	中密度聚乙烯管件电熔熔接	个	–	(1.250)	(3.000)	(10.000)	(10.000)	(10.000)	(10.000)	(10.000)	–
	破布	kg	4.50	0.077	0.112	0.119	0.142	0.166	0.202	0.468	–
	三氯乙烯	kg	9.00	0.010	0.010	0.010	0.020	0.020	0.020	0.020	–
	电	kW·h	0.85	0.217	0.280	0.275	3.666	5.525	7.383	11.961	–
机械	对接熔接机 DRH–160A	台班	32.76	0.049	0.063	0.620	0.827	1.247	1.666	2.699	–
	载货汽车 5t	台班	507.79	0.007	0.007	0.009	0.009	0.018	0.018	0.026	–

5. 塑料排水管道铺设

工作内容：清底、检查标高、管材切割、场内运输、下管、铺设。

单位：100m

定 额 编 号				7-5-254	7-5-255	7-5-256	7-5-257	7-5-258	7-5-259	7-5-260	7-5-261
项 目				增强聚丙烯(FRPP)管							
				公称直径(mm)							
				200 以内	300 以内	400 以内	500 以内	600 以内	800 以内	1000 以内	1200 以内
基 价 (元)				**11157.93**	**13244.84**	**21128.94**	**27806.34**	**45216.40**	**73823.98**	**115931.34**	**170792.03**
其中	人 工 费 (元)			445.50	591.98	619.65	662.18	724.95	872.10	1055.03	1238.85
	材 料 费 (元)			10710.00	12648.00	20502.00	27132.00	44472.00	72930.00	114852.00	169524.00
	机 械 费 (元)			2.43	4.86	7.29	12.16	19.45	21.88	24.31	29.18
名 称	单位	单价(元)		数				量			
人工 综合工日	工日	75.00		5.940	7.893	8.262	8.829	9.666	11.628	14.067	16.518
材料 FRPP 管 DN200 8kN/m²	m	105.00		102.000	–	–	–	–	–	–	–
FRPP 管 DN300 8kN/m²	m	124.00		–	102.000	–	–	–	–	–	–
FRPP 管 DN400 8kN/m²	m	201.00		–	–	102.000	–	–	–	–	–
FRPP 管 DN500 8kN/m²	m	266.00		–	–	–	102.000	–	–	–	–
FRPP 管 DN600 8kN/m²	m	436.00		–	–	–	–	102.000	–	–	–
FRPP 管 DN800 8kN/m²	m	715.00		–	–	–	–	–	102.000	–	–
料 FRPP 管 DN1000 8kN/m²	m	1126.00		–	–	–	–	–	–	102.000	–
FRPP 管 DN1200 8kN/m²	m	1662.00		–	–	–	–	–	–	–	102.000
机械 木工圆锯机 φ500mm	台班	27.63		0.088	0.176	0.264	0.440	0.704	0.792	0.880	1.056

注：稳管发生的费用按实计算。

工作内容： 清底、检查标高、管材切割、场内运输、下管、铺设。

单位：100m

定　额　编　号				7-5-262	7-5-263	7-5-264	7-5-265	7-5-266	7-5-267	7-5-268
项　　　　目				聚乙烯双壁波纹（HDPE）管						
				公称直径（mm）						
				200 以内	300 以内	400 以内	500 以内	600 以内	800 以内	1000 以内
基　　价　（元）				**13090.79**	**24707.06**	**42213.59**	**62743.67**	**86596.93**	**108232.92**	**171015.50**
其中	人　工　费　（元）			339.08	428.63	490.73	516.38	616.28	733.73	803.93
	材　料　费　（元）			12750.00	24276.00	41718.00	62220.00	85680.00	107100.00	169728.00
	机　械　费　（元）			1.71	2.43	4.86	7.29	300.65	399.19	483.57
名　　　称		单位	单价（元）	数			量			
人工	综合工日	工日	75.00	4.521	5.715	6.543	6.885	8.217	9.783	10.719
材料	HDPE 排水双壁波纹管 φ200 环刚度 8kN/m²	m	125.00	102.000	—	—	—	—	—	—
	HDPE 排水双壁波纹管 φ300 环刚度 8kN/m²	m	238.00	—	102.000	—	—	—	—	—
	HDPE 排水双壁波纹管 φ400 环刚度 8kN/m²	m	409.00	—	—	102.000	—	—	—	—
	HDPE 排水双壁波纹管 φ500 环刚度 8kN/m²	m	610.00	—	—	—	102.000	—	—	—
	HDPE 排水双壁波纹管 φ600 环刚度 8kN/m²	m	840.00	—	—	—	—	102.000	—	—
	HDPE 排水双壁波纹管 φ800 环刚度 8kN/m²	m	1050.00	—	—	—	—	—	102.000	—
	HDPE 排水双壁波纹管 φ1000 环刚度 8kN/m²	m	1664.00	—	—	—	—	—	—	102.000
机械	木工圆锯机 φ500mm	台班	27.63	0.062	0.088	0.176	0.264	0.440	0.704	0.792
	汽车式起重机 5t	台班	546.38					0.528	0.695	0.845

注： 稳管发生的费用按实计算。

工作内容：清底、检查标高、管材切割、场内运输、下管、铺设。

单位：100m

定　额　编　号				7-5-269	7-5-270	7-5-271	7-5-272
项　　　目				聚乙烯双壁波纹(HDPE)管			
				公称直径(mm)			
				1200 以内	1600 以内	1800 以内	2000 以内
基　　价（元）				257462.75	386363.66	463963.68	556988.18
其中	人　工　费（元）			1005.75	1486.35	2028.38	2385.45
	材　料　费（元）			255918.00	383826.00	460632.00	552738.00
	机　械　费（元）			539.00	1051.31	1303.30	1864.73
名　　　称		单位	单价(元)	数		量	
人工	综合工日	工日	75.00	13.410	19.818	27.045	31.806
材料	HDPE 排水双壁波纹管 φ1200 环刚度 8kN/m²	m	2509.00	102.000	—	—	—
	HDPE 排水双壁波纹管 φ1600 环刚度 8kN/m²	m	3763.00	—	102.000	—	—
	HDPE 排水双壁波纹管 φ1800 环刚度 8kN/m²	m	4516.00	—	—	102.000	—
	HDPE 排水双壁波纹管 φ2000 环刚度 8kN/m²	m	5419.00	—	—	—	102.000
机械	木工圆锯机 φ500mm	台班	27.63	0.880	1.179	1.470	1.628
	汽车式起重机 5t	台班	546.38	0.942	—	—	—
	汽车式起重机 8t	台班	728.19	—	1.399	1.734	2.499

注：稳管发生的费用按实计算。

6. 塑料排水管接口(承插式橡胶圈接口)

工作内容:清理接口、管道连接。

单位:10 个

定 额 编 号				7-5-273	7-5-274	7-5-275	7-5-276	7-5-277	7-5-278	7-5-279
项 目				塑料排水管						
				公称直径(mm)						
				300 以内	400 以内	500 以内	600 以内	800 以内	1000 以内	1200 以内
基 价 (元)				**286.93**	**317.45**	**413.84**	**436.22**	**613.66**	**1213.37**	**1325.15**
其中	人 工 费 (元)			91.80	107.33	130.28	138.38	167.40	193.05	233.55
	材 料 费 (元)			195.13	210.12	283.56	297.84	441.86	1015.92	1086.10
	机 械 费 (元)			—	—	—	—	4.40	4.40	5.50
名 称	单位	单价(元)		数			量			
人工 综合工日	工日	75.00		1.224	1.431	1.737	1.845	2.232	2.574	3.114
材料 橡胶圈 DN300	个	19.13		10.200	—	—	—	—	—	—
橡胶圈 DN400	个	20.60		—	10.200	—	—	—	—	—
橡胶圈 DN500	个	27.80		—	—	10.200	—	—	—	—
橡胶圈 DN600	个	29.20		—	—	—	10.200	—	—	—
橡胶圈 DN800	个	43.32		—	—	—	—	10.200	—	—
橡胶圈 DN1000	个	99.60		—	—	—	—	—	10.200	—
橡胶圈 DN1200	个	106.48		—	—	—	—	—	—	10.200
机械 接口专用工具 φ300~600	台班	12.50		—	—	—	—	0.352	0.352	0.440

注:稳管发生的费用按实计算。

7. 塑料排水管接口(套筒短管接口)

工作内容:清理接口、管道连接。

定 额 编 号				7-5-280	7-5-281	7-5-282	7-5-283	7-5-284	7-5-285	7-5-286
项 目				聚乙烯双壁波纹(HDPE)管						
				公称直径(mm)						
				300 以内	400 以内	500 以内	600 以内	800 以内	1000 以内	1200 以内
基 价 (元)				**2353.21**	**2763.17**	**3247.51**	**5462.23**	**6894.70**	**10654.60**	**13445.35**
其中	人 工 费 (元)			183.60	214.65	248.40	276.75	334.80	386.10	467.10
	材 料 费 (元)			2160.81	2539.72	2990.31	5176.68	6547.58	10256.18	12965.93
	机 械 费 (元)			8.80	8.80	8.80	8.80	12.32	12.32	12.32
名 称	单位	单价(元)		数				量		
人工 综合工日	工日	75.00		2.448	2.862	3.312	3.690	4.464	5.148	6.228
材料 套筒短管 DN300	个	195.00		10.200	—	—	—	—	—	—
套筒短管 DN400	个	220.00		—	10.200	—	—	—	—	—
套筒短管 DN500	个	242.00		—	—	10.200	—	—	—	—
套筒短管 DN600	个	450.00		—	—	—	10.200	—	—	—
套筒短管 DN800	个	568.00		—	—	—	—	10.200	—	—

定 额 编 号			7-5-280	7-5-281	7-5-282	7-5-283	7-5-284	7-5-285	7-5-286
项 目			聚乙烯双壁波纹(HDPE)管						
			公称直径(mm)						
			300 以内	400 以内	500 以内	600 以内	800 以内	1000 以内	1200 以内
材	套筒短管 DN1000	个	893.00	–	–	–	–	–	10.200	–
	套筒短管 DN1200	个	1132.00	–	–	–	–	–	–	10.200
	套筒短管橡胶圈 DN300	个	8.00	20.400	–	–	–	–	–	–
	套筒短管橡胶圈 DN400	个	14.00	–	20.400	–	–	–	–	–
	套筒短管橡胶圈 DN500	个	25.00	–	–	20.400	–	–	–	–
	套筒短管橡胶圈 DN600	个	28.00	–	–	–	20.400	–	–	–
	套筒短管橡胶圈 DN800	个	36.00	–	–	–	–	20.400	–	–
	套筒短管橡胶圈 DN1000	个	55.00	–	–	–	–	–	20.400	–
料	套筒短管橡胶圈 DN1200	个	68.00	–	–	–	–	–	–	20.400
	其他材料费	元	–	8.610	10.120	11.910	15.480	19.580	25.580	32.330
机	接口专用工具 ϕ300～600	台班	12.50	0.704	0.704	0.704	0.704	–	–	–
械	接口专用工具 ϕ800～1200	台班	17.50	–	–	–	–	0.704	0.704	0.704

8.塑料排水管接口(HDPE 管电热熔带接口)

工作内容:检查管道与电热熔带、水平对齐管道和清理杂物、紧固焊接片、连接、焊接、冷却、扣带安拆。

单位:10 个

定 额 编 号			7-5-287	7-5-288	7-5-289	7-5-290	7-5-291	7-5-292	7-5-293
项 目			HDPE 管电热熔带接口						
			公称直径(mm)						
			200 以内	300 以内	400 以内	500 以内	600 以内	800 以内	1000 以内
基 价 (元)			**863.40**	**1097.01**	**1380.68**	**3678.84**	**4093.76**	**5191.67**	**7915.04**
其中	人 工 费 (元)		59.40	63.45	66.15	69.53	72.90	76.95	93.83
	材 料 费 (元)		791.32	1020.00	1300.41	3594.60	4005.30	5098.27	7801.03
	机 械 费 (元)		12.68	13.56	14.12	14.71	15.56	16.45	20.18
名 称	单位	单价(元)	数			量			
人工 综合工日	工日	75.00	0.792	0.846	0.882	0.927	0.972	1.026	1.251
材料 电热熔带 200×200×7	根	76.00	10.200	–	–	–	–	–	–
电热熔带 300×200×7	根	98.00	–	10.200	–	–	–	–	–
电热熔带 400×200×7	根	125.00	–	–	10.200	–	–	–	–
电热熔带 500×350×9	根	350.00	–	–	–	10.200	–	–	–
电热熔带 600×350×9	根	385.00	–	–	–	–	10.200	–	–
电热熔带 800×350×9	根	490.00	–	–	–	–	–	10.200	–
电热熔带 1000×450×9	根	750.00	–	–	–	–	–	–	10.200
电	kW·h	0.85	4.300	5.100	5.800	7.900	8.800	11.900	15.400
其他材料费	元	–	12.460	16.060	20.480	17.880	70.820	90.150	137.940
机械 对接熔接机 DRH-160A	台班	32.76	0.387	0.414	0.431	0.449	0.475	0.502	0.616

工作内容:检查管道与电热熔带、水平对齐管道和清理杂物、紧固焊接片、连接、焊接、冷却、扣带安拆。 单位:10个

定 额 编 号			7-5-294	7-5-295	7-5-296	7-5-297	7-5-298
项 目			HDPE 管电热熔带接口				
			公称直径(mm)				
			1200 以内	1500 以内	1600 以内	1800 以内	2000 以内
基 价 (元)			**9495.08**	**12666.03**	**13203.72**	**15314.54**	**16916.65**
其 中	人 工 费 (元)		109.35	145.13	158.63	184.28	218.70
	材 料 费 (元)		9362.37	12489.91	13011.09	15090.75	16651.23
	机 械 费 (元)		23.36	30.99	34.00	39.51	46.72
名 称	单位	单价(元)	数		量		
人工 综合工日	工日	75.00	1.458	1.935	2.115	2.457	2.916
材 料	电热熔带 1200×450×9	根	900.00	10.200	–	–	–	–
	电热熔带 1500×450×9	根	1200.00	–	10.200	–	–	–
	电热熔带 1600×450×9	根	1250.00	–	–	10.200	–	–
	电热熔带 1800×450×9	根	1450.00	–	–	–	10.200	–
	电热熔带 2000×450×9	根	1600.00	–	–	–	–	10.200
	电	kW·h	0.85	19.800	34.200	36.500	39.900	43.300
	其他材料费	元	–	165.540	220.840	230.060	266.830	294.420
机械	对接熔接机 DRH-160A	台班	32.76	0.713	0.946	1.038	1.206	1.426

十四、非定型管道基础
1. 垫层

工作内容:清底、挂线、拌料、消解石灰、摊铺、找平、夯实、检查标高、材料运输等。

单位:10m³

定 额 编 号			7-5-299	7-5-300	7-5-301	7-5-302	7-5-303
项 目			碎石	碎(砾)石	砂	煤渣	片石垫层
基 价 (元)			**1153.25**	**1082.92**	**1142.27**	**986.65**	**1395.82**
其 中	人 工 费 (元)		542.70	475.88	360.45	366.53	597.38
	材 料 费 (元)		567.93	564.42	739.20	577.50	755.82
	机 械 费 (元)		42.62	42.62	42.62	42.62	42.62
名 称	单位	单价(元)	数			量	
人工 综合工日	工日	75.00	7.236	6.345	4.806	4.887	7.965
材 料 碎石 15mm	m³	55.00	10.326	6.673	–	–	–
砂	t	42.00	–	4.700	17.600	–	–
炉渣	m³	35.00	–	–	–	16.500	–
片石	m³	57.00	–	–	–	–	13.260
机械 夯实机(电动)20~62N·m	台班	33.64	1.267	1.267	1.267	1.267	1.267

工作内容:清底、挂线、拌料、消解石灰、摊铺、找平、夯实、检查标高、材料运输等。 单位:10m³

定 额 编 号				7-5-304	7-5-305	7-5-306	7-5-307
项 目				碎砖	砾石	3:7 灰土	2:8 灰土
基 价 (元)				**1230.96**	**1516.04**	**1721.66**	**1600.28**
其中	人 工 费 (元)			523.13	499.50	1181.93	1181.93
	材 料 费 (元)			665.21	973.92	456.54	335.16
	机 械 费 (元)			42.62	42.62	83.19	83.19
名 称		单位	单价(元)	数			量
人工	综合工日	工日	75.00	6.975	6.660	15.759	15.759
材料	碎砖	m³	43.00	15.470	–	–	–
	砾石	t	48.00	–	20.290	–	–
	水	t	4.00	–	–	2.110	2.000
	生石灰	t	150.00	–	–	2.670	1.820
	黄土	t	4.00	–	–	11.900	13.540
机械	夯实机(电动) 20~62N·m	台班	33.64	1.267	1.267	2.473	2.473

2. 基座

工作内容:1.清底挂线调制灰浆选砌砖石找平夯实;2.模板制作安装拆除,混凝土搅拌的固养护及材料厂内运输。　　　单位:10m³

定　额　编　号			7-5-308	7-5-309	7-5-310	7-5-311	7-5-312	7-5-313
项　　　　　目			平基					混凝土围管座
			素土	浆砌块石	浆砌砖基	毛石混凝土	混凝土基础	
基　　价　（元）			**114.17**	**2869.65**	**3440.50**	**5224.77**	**7191.49**	**6895.49**
其中	人　工　费　（元）		71.55	837.68	908.55	1236.60	2473.20	1879.20
	材　料　费　（元）		–	1949.83	2473.15	3719.75	4517.98	4811.06
	机　械　费　（元）		42.62	82.14	58.80	268.42	200.31	205.23
名　　　称	单位	单价（元）	数			量		
人工 综合工日	工日	75.00	0.954	11.169	12.114	16.488	32.976	25.056
材料 现浇混凝土 C15-40（碎石）	m³	176.48	–	–	–	7.480	10.200	10.200
水泥砂浆 M7.5	m³	150.88	–	3.690	2.570	–	–	–
矿渣硅酸盐水泥 32.5 袋装	kg	0.39	–	915.000	637.000	2065.000	2815.000	2815.000
砂	t	42.00	–	5.915	4.120	5.595	7.630	7.630
碎石 15mm	m³	55.00	–	–	–	5.129	6.995	6.995
水	t	4.00	–	1.110	7.230	9.250	12.650	12.650
块石	m³	64.00	–	12.240	–	2.750	–	–
木模板	m³	1389.00	–	–	–	0.577	0.577	0.788
红砖 240×115×53	千块	300.00	–	–	5.450	–	–	–
圆钉 2.1×45	kg	4.32	–	–	–	11.910	11.910	11.910
草袋	条	1.90	–	–	–	5.970	5.970	5.970
机械 汽车式起重机 5t	台班	546.38	–	–	–	0.035	0.035	0.044
滚筒式混凝土搅拌机(电动) 400L	台班	187.85	–	–	–	0.660	0.906	0.906
灰浆搅拌机 200L	台班	126.18	–	0.651	0.466	0.906	–	–
混凝土振捣器 插入式	台班	12.14	–	–	–	0.906	0.906	0.906
夯实机(电动) 20~62N·m	台班	33.64	1.267	–	–	–	–	–

十五、木制井字脚手架

工作内容:基础开挖,浆砌片石,挖运土填筑,车挡制作、安装。

单位:座

定　额　编　号			7-5-314	7-5-315
项　　　　　目			井深(m)	
			6.0以内	10.0以内
基　　价　（元）			**228.11**	**450.17**
其中	人　工　费　（元）		130.95	305.78
	材　料　费　（元）		97.16	144.39
	机　械　费　（元）		-	-
名　　　称	单位	单价(元)	数	量
人工　综合工日	工日	75.00	1.746	4.077
材料　木脚手板	m³	1487.00	0.020	0.020
镀锌铁丝8~12号	kg	5.36	1.840	1.840
木脚手杆	m³	1120.00	0.051	0.093
其他材料费	元	-	0.435	0.630

附　　录

道路工程混凝土砂浆配合比

单位:m³

定　额　编　号			7-5-316	7-5-317
项　　　　目			混凝土	
			抗折45号	抗折50号
基　　价　（元）			**239.25**	**255.25**
其中	人　工　费　（元）		－	－
	材　料　费　（元）		239.25	255.25
	机　械　费　（元）		－	－
名　　　　称	单位	单价(元)	数	量
材料	矿渣硅酸盐水泥32.5 袋装	kg	0.39	420.000	－
	矿渣硅酸盐水泥42.5 低碱 袋装	kg	0.45	－	397.000
	粗砂	m³	60.00	0.460	0.470
	碎石25mm	m³	55.00	0.870	0.880
	工程用水	t	－	(0.170)	(0.170)

定　额　编　号			7-5-318	7-5-319	7-5-320
项　　　　目			沥青混凝土		
			粗(中)粒式	细(微)粒式	黑色碎石
基　　　价　(元)			**560.49**	**614.97**	**515.10**
其 中	人　工　费　(元)		－	－	－
	材　料　费　(元)		560.49	614.97	515.10
	机　械　费　(元)		－		－
	名　　　　称	单位	单价(元)	数	量
材 料	中(粗)砂	m^3	60.00	0.510	0.690	0.500
	碎石 20mm	m^3	55.00	0.560	－	
	碎石 5～15mm	m^3	55.00	0.410	0.710	0.370
	碎石 25mm	m^3	55.00	－		0.850
	粉煤灰	t	14.00	0.110	0.180	
	石油沥青 76 号	kg	3.80	125.000	140.000	110.000

双峰检